南海区海草床生态调查研究

杨　熙　何　静　郭治明 ◎ 主编

海洋出版社

2023年 · 北京

图书在版编目（CIP）数据

南海区海草床生态调查研究 / 杨熙, 何静, 郭治明主编. — 北京 : 海洋出版社, 2023.9
ISBN 978-7-5210-1158-6

Ⅰ. ①南… Ⅱ. ①杨… ②何… ③郭… Ⅲ. ①海草－生态系统－调查研究－南海区 Ⅳ. ①Q949.2

中国国家版本馆CIP数据核字(2023)第156678号

策划编辑：刘　玥
责任编辑：刘　玥　江　波
责任印制：安　淼

海洋出版社 出版发行
http://www.oceanpress.com.cn
北京市海淀区大慧寺路 8 号　邮编：100081
鸿博昊天科技有限公司印刷
2023年9月第1版　2023年9月第1次印刷
开本：787mm × 1092mm　1 / 16　印张：16.25
字数：344千字　定价：138.00元
发行部：010-62100090　总编室：010-62100034

《南海区海草床生态调查研究》指导委员会及编委会

序

海草床是近海重要生态系统之一，有极高的生态价值与经济价值。繁茂的海草床如同陆地上的森林，是健康海洋环境的重要标志。海草床拥有极高的生产力，其能净化水体、稳定底质、维持高的海洋生物多样性，是海洋动物觅食、繁殖和生长的重要海底栖息地，维持着近海海域生态环境和海洋渔业资源的安全。从文献资料看，海草床生态系统还具有强大的储碳能力。全球海草生长区占海洋总面积不到0.2%，但每年海草床生态系统封存的碳占全球海洋碳封存总量的10% ~ 15%，海草床生态系统将在我国“双碳目标”的实现中发挥重要作用。

我国海草资源主要分布于南海区和黄渤海区，其中南海区在广东、广西、海南、香港、福建和台湾沿海一带有海草分布；黄渤海区在山东、河北、天津和辽宁沿海一带有海草分布。近年来，随着我国海岸带经济的强劲发展，人类活动对海草床生态系统的影响越来越大，如渔业捕捞、底栖动物采捕、海水养殖、海洋工程、船舶运输、污染排放等，我国海草床受损退化情况较为严重，出现面积缩减、种类单一化的现象。为加强对海草床生态系统的保护，扭转当前退化趋势，国家已出台了多项相关发展规划，如2015年国务院发布的《全国海洋主体功能区规划》中强调了加强对海草床等生态系统的保护；2020年国家发改委、自然资源部印发的《全国重要生态系统保护和修复重大工程总体规划（2021—2035年）》中提出了重点推动包括海草床在内的多种典型海洋生态类型的系统保护和修复，维护海岸带重要生态廊道；2021年10月国务院印发了《2030年前碳达峰行动方案》，“方案”明确提出巩固海洋生态系统固碳作用，整体推进海洋生态系统的保护和修复，提升海草床等海岸带蓝碳生态系统的固碳能力。近年来，各沿海地区开展的海洋生态红线划定工作，以及自然资源部开展的“全国海洋生态损害核查”“海岸带保护修复工程”“蓝碳生态系统调查评估试点工作”等，这些工作都旨在加强海草床等生态系统的保护和修复，为实现“美丽海洋、美丽中国”“碳达峰碳中和”等重大战略任务服务。

南海区是我国海岸线最长、海域面积最大的海区，海草资源丰富，且分布广泛，但目前关于南海区海草床调查研究方面的书籍还较少见。自然资源部南海生态中心（原国家海洋局南海环境监测中心）主持完成了多项南海区海草床调查研究任务，其海草床调查研究团队利用近些年在海草床方面的工作积累，结合历史调查资料，对我国南海区海草床生态系统情况进行了全面深入的分析研究，付出了辛勤的劳动，编写成了这本《南海区海草床生态调查研究》专著。该书系统地介绍了我国南海区海草床资源面积分布的最新情况，列举了一些重点区域海草床的生态现状和受损评估结果，对海草床生态的区域差异、长期变化趋势、储碳功能、威胁因素、保护修复等方面进行了全面介绍。作者除了参考国外的一些文献资料外，还特别注意结合我国的实际情况，尽量参考国内已有的文献资料。该书条理清晰、系统性强，有助于读者认识和了解我国南海区海草床生态系统情况，对所有从事海草床相关调查研究工作的同志非常有参考价值，对我国海草床生态系统的保护和修复工作也有很大的促进作用。

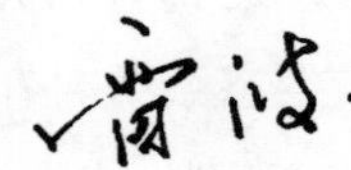

前　言

海草是地球上唯一一类可完全生活在海水中的被子植物，一种或多种海草组成的大面积连续成片的植物群落称为海草床。海草生态系统是全球生产力的重要组成部分，其单位面积生产力比热带雨林还要高。世界已发现的海草种类有6科13属72种，我国沿海海草种类有4科10属22种，约占世界海草物种数的31%。我国海草床分布区可划分为两个大区，分别为南海海草床分布区和黄渤海海草床分布区。海草床具有重要的生态功能，如稳定底质、净化水体、为海洋生物提供栖息繁育场所、为海洋生物提供食物来源、维持海洋生物多样性等，同时其具有较强的储碳能力，是海岸带“蓝碳”的重要组成部分。

海草床生态系统已成为地球生物圈中退化速度最快的生态系统之一，研究显示，自1879年有记录以来，全球已知海草床面积的29%已经消失。其消失速度从1940年以前的每年0.9%增长到1990年以来的每年7%，下降速度正在加快。我国在较长的一段时间内，海草床生态系统的重要性没有得到足够的重视，疏于保护，导致了一些沿海区域海草床生态系统退化形势严峻。如位于广西北海市铁山港附近海域的海草床面积大幅度缩减，面临完全消失的危险；曾广布于胶东半岛近海的鳗草、虾形草等海草床目前在该海域只有零星分布。海草种类多样性也丧失严重，如历史上有记录的海南的全楔草和毛叶喜盐草、广东的针叶草和全楔草、广西的针叶草在21世纪的调查中均未在相应省区发现。人类活动是造成我国海草床退化的主要原因。人口的快速增长直接导致对自然资源的需求增加。在我国，海草床大多位于经济欠发达的渔村附近，生存的需要，以及当地经济发展的要求，加上缺乏可持续发展的战略意识，往往造成当地人对海滩资源的过度开发。主要的人为破坏活动包括：渔业捕捞、底栖动物挖掘采捕、海水养殖排污、海上工程、旅游开发破坏、垃圾污染等。基于我国海草床生态系统目前面临的严峻形势，亟须采取强有力的保护修复措施，以扭转当前的退化趋势。

南海是我国三大边缘海之一，其自然海域面积约350万平方千米，大陆海岸线长达5 800多千米，为中国近海中面积最大、海岸线最长的海区。南海区海草资源丰富，在海南、广东、广西、香港等沿海地区均有分布，其中海南省海草床面积分布最大。该区域海草种类也较多，已发现并记录的海草种类有9属15种，其中优势种主要有卵叶喜盐草、贝克喜盐草、海菖蒲和泰来草等，又以卵叶喜盐草的分布最为广泛。虽然迄今为止，南海区已开展了一些海草资源相关的调查研究工作，但存在调查区域不全面、调查方法标准不统一等问题，目前仍对该海区海草资源分布、生态状况和受损情况等缺乏全面的掌握。随着人们对海草床生态服务价值的关注度越来越强，近年来，海草床生态系统的保护和修复得到了国家和地方政府部门的高度重视，自然资源部也于2018—2021年开展了多个与海草床生态系统相关的调查研究任务，其中包括“全国海洋生态系统损害核查”“海岸带保护修复项目工程”“海洋生态预警监测工作”“蓝碳生态系统调查评估试点工作”等。

本书是近些年来笔者研究团队对南海区海草床相关调查工作成果的总结，全书共8章，内容包括：海草床概述，南海区海草资源状况，重点区域海草床生态状况与评估，南海区海草床生物群落结构的区域差异及其与环境的关系，海草床生态系统的长期变化，南海区海草床储碳功能研究，南海区海草床生境威胁因素，以及海草床生态保护修复建议。本书对我国南海区海草床资源面积分布的最新调查情况进行了介绍，列举了一些重点区域海草床的生态现状和受损评估结果，对海草床生态的区域差异、长期变化趋势、储碳功能、威胁因素、保护修复方法等方面进行深入的分析，本书中的一些调查方法和调查结果可为海草研究工作者提供参考。此外，本书附有南海一些区域的海草床调查图谱，其中包括区域状况、海草群落、底上生物、威胁因素等相关的图片，可使读者对南海海草床生态系统情况有更直观的了解和认识。

本书得到了2020年度自然资源部新增项目“海岸带保护修复工程”（121208007000190001）、南海局科技发展基金项目（230106）、自然资源部海洋环境探测技术与应用重点实验室2020年度自主设立课题“潟湖海草群落结构特征及其对富营养化的响应——以海南新村港和黎安港为例”（MESTA-2020-C006）、广东省平台基地及科技基础条件建设项目（2021B1212050025）、中国海洋发展基金会项目（CODF-002-ZX-2021）等的资助。

本书的成形是集体劳动的结果，在此，感谢自然资源部海洋预警监测司的悉心指导，感谢海南南沙珊瑚礁生态系统国家野外站的大力支持，同时对自然资源部南海生态中心以及自然资源部南海局局属汕尾、深圳、珠海、北海、海口、三沙6个中心站所有参与海草床调查和分析工作的同事们表示最诚挚的谢意！

由于编写者撰写时间和水平有限，书中难免存在不足之处，敬请广大读者批评指正！

目 录

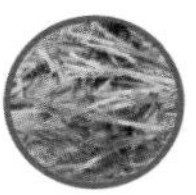

第 1 章

海草床概述

1.1 海草床生态系统介绍

1.1.1 海草生态特征

海草（Seagrass）是生长在潮间带和潮下带的沉水单子叶植物，一种或多种海草组成的海草群落称为海草床（Seagrass bed）。海草属于沼生目（Helobiae），有根、茎、叶分化，根状茎发育良好；适生于近海浅水水域和河口海湾环境，大多数生长于 4 m 浅水域，有些区域其分布能达水下 90 m 处（Den，1970）；繁殖方式包括有性繁殖和无性繁殖两种，绝大多数能在水中授粉，在海水中开花、结果、散播种子，完成生活史，其形态结构见图 1.1。

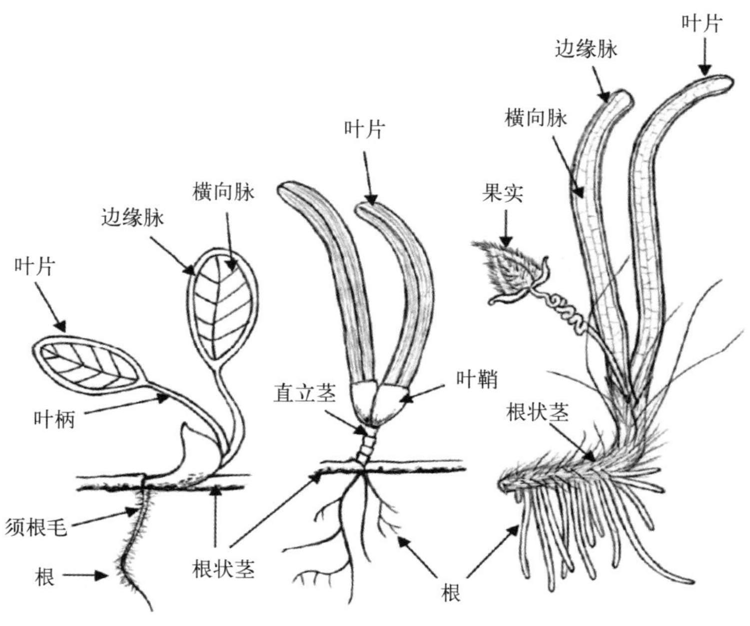

图1.1 海草形态结构（以小喜盐草*Halophila minor*、齿叶丝粉草*Cymodocea serrulata*和海菖蒲*Enhalus acoroides*为例）

1.1.2 海草种类分布

目前，世界上已发现的海草有 6 科 13 属 72 种（Short et al., 2011），而我国发现的海草共有 4 科 10 属 22 种（郑凤英等，2013）（表 1.1），占世界海草物种数的 31%。

表1.1 我国海草种类

科	属	种	形态大小
丝粉草科 Cymodoceaceae	丝粉草属 *Cymodocea*	圆叶丝粉草 *Cymodocea rotundata*	中型草
		齿叶丝粉草 *Cymodocea serrulata*	中型草
	二药草属 *Halodule*	羽叶二药草 *Halodule pinifolia*	小型草
		单脉二药草 *Halodule uninervis*	小型草
	针叶草属 *Syringodium*	针叶草 *Syringodium isoetifolium*	小型草
	全楔草属 *Thalassodendrom*	全楔草 *Thalassodendrom ciliatum*	中型草
水鳖科 Hydrocharitaceae	海菖蒲属 *Enhalus*	海菖蒲 *Enhalus acoroides*	大型草
	泰来草属 *Thalassia*	泰来草 *Thalassia hemprichii*	中型草
	喜盐草属 *Halophila*	贝克喜盐草 *Halophila beccarii*	小型草
		毛叶喜盐草 *Halophila decipiens*	小型草
		小喜盐草 *Halophila minor*	小型草
		卵叶喜盐草 *Halophila ovalis*	小型草
川蔓草科 Ruppiaceae	川蔓草属 *Ruppia*	短柄川蔓草 *Ruppia brevipedunculata*	中型草
		中国川蔓草 *Ruppia sinensis*	中型草
		大果川蔓草 *Ruppia megacarpa*	中型草
鳗草科 Zosteraceae	虾形草属 *Phyllospadix*	红纤维虾形草 *Phyllospadix iwatensis*	大型草
		黑纤维虾形草 *Phyllospadix japonicus*	大型草
	鳗草属 *Zostera*	宽叶鳗草 *Zostera asiatica*	大型草
		丛生鳗草 *Zostera caespitosa*	大型草
		具茎鳗草 *Zostera caulescens*	大型草
		日本鳗草 *Zostera japonica*	中型草
		鳗草 *Zostera marina*	大型草

海草广泛分布于世界沿岸海域，最北在北纬 70°30′ 的挪威 Veranger 海湾有发现海草，最南在南纬 54° 的麦哲伦海峡也有发现海草存在。世界上有三个明显的海草多样性中心，最大的位于东南亚岛国地区，其余两个海草多样性中心分别是日本与朝鲜半岛地区以及澳大利亚西南部沿岸地区（Short et al., 2007）。全球海草床分为 10 个区系，分别是北太平洋区系、智利区系、北大西洋区系、加勒比海区系、西南大西洋区系、地中海区系、东南大西洋区系、南非区系、印度洋太平洋区系和南澳大利亚区系（Kwokleung et al., 2006）。我国海草主要分布于黄渤海和南海沿岸，其中黄渤海海草床属于北太平洋区系，南海海草床属于印度洋太平洋区系。南海区海草在广东、广西、海南、香港、福建和台湾等沿海省区有分布；黄渤海区海草在山东、河北、天津和辽宁等沿海省区有分布。我国海草种类的分布表现出一定的区域差异，具体分布情况见表 1.2。

表1.2 我国各沿海地区海草种类分布情况

区域	海草种类
辽宁	鳗草、丛生鳗草、具茎鳗草、宽叶鳗草、日本鳗草、黑纤维虾形草、红纤维虾形草
河北	鳗草、丛生鳗草、日本鳗草、黑纤维虾形草、红纤维虾形草
山东	鳗草、丛生鳗草、日本鳗草、黑纤维虾形草、红纤维虾形草
江苏	无记录
浙江	无记录
福建	日本鳗草
广东	日本鳗草、圆叶丝粉草、单脉二药草、羽叶二药草、泰来草、针叶草、全楔草、卵叶喜盐草、小喜盐草、贝克喜盐草
香港	日本鳗草、卵叶喜盐草、小喜盐草、贝克喜盐草
广西	日本鳗草、单脉二药草、羽叶二药草、针叶草、卵叶喜盐草、小喜盐草、贝克喜盐草
海南	日本鳗草、圆叶丝粉草、齿叶丝粉草、单脉二药草、羽叶二药草、海菖蒲、泰来草、针叶草、全楔草、卵叶喜盐草、毛叶喜盐草、小喜盐草、贝克喜盐草
台湾	日本鳗草、圆叶丝粉草、齿叶丝粉草、单脉二药草、羽叶二药草、泰来草、针叶草、全楔草、卵叶喜盐草、毛叶喜盐草、贝克喜盐草
西沙群岛	泰来草、全楔草、卵叶喜盐草、小喜盐草、贝克喜盐草

南海区主要优势海草种类有卵叶喜盐草、贝克喜盐草、日本鳗草、海菖蒲和泰来草等。其中，卵叶喜盐草属于广温广盐性种类，在我国从最南的南沙群岛往北到海南、广西、香港、广东及台湾等沿海区域，都可见其分布。该海草属于多年海生沉水草本，但只有分布在热带海域（如我国海南和南海岛礁）的卵叶喜盐草全年都可见其生长、开花和结果，而分布于广东、广西等亚热带区域的卵叶喜盐草仅在春夏两季生长较为茂盛，可见大片该海草群落，而秋冬季该海草叶片会枯萎脱落，一些区域仅可见一些零星分布的海草群落，有些区域甚至消失不见。虽然该海草叶片在秋冬季会消失不见，但其埋在泥沙中的根状茎在翌年春夏季能再度萌发新芽，重新长出叶片。

贝克喜盐草是形态最小的海草之一，其生长特征与卵叶喜盐草较为相似，具有较强的季节性。邱广龙等（2013）在广西珍珠湾区域对该海草的生长情况进行过长时间跟踪监测，发现每年 4 月（春季）至 10 月（秋季）其处于一个快速生长的阶段，面积和盖度大幅度增加，至秋季达到最大值；而当年的 10 月至翌年的 4 月则处于一个衰退阶段，面积和盖度逐渐减小。

日本鳗草为多年生草本，具发达的根状茎，其分布面积虽然不及喜盐草，但其分布范围更广，除了在南海区有分布外，在我国北方也有分布。该海草一般在每年 11 月至翌年 2 月发芽，3—6 月生长茂盛，7 月以后开始苍老，埋在土里的根状茎于 11 月又开始发芽、生长。

海菖蒲和泰来草属于热带种类，在我国热带海域（海南、西南中沙群岛等）分布较广，面积较大。两者均属于多年生草本，其叶片的更新速率较慢，在海域一年四季均可见。

1.1.3 海草床的生态功能

海草床和红树林、珊瑚礁并称为地球上三大典型海洋生态系统，具有极其重要的生态功能。它是各种贝类、鱼类、甲壳类、海星类、海胆类、海参类等许多海洋生物的繁衍栖息地，是幼鱼、幼虾、幼蟹等海洋经济物种幼体生物的生存庇护场所，也是儒艮、海龟等许多珍稀生物的索饵场。海草能防浪固堤，其根系系统能黏聚泥沙、珊瑚屑、贝壳屑等沉积物，大片的海草床具有减缓潮流流速的功能。研究显示，潮滩中的海草能使其底层潮流流速减弱 40% ~ 60%，悬浮质含量减少 20% ~ 35%（庄武艺和 J. 谢佩尔，1991）。海草床能净化水质，减少污染，其能调节水体中的悬浮物、DO、叶绿素 *a* 含量，促进 N、P 以及重金属元素的吸收和转化，进而有效降低

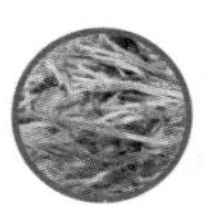

水体中污染物的浓度。有研究表明，大洋波喜荡草（*Posidonia Oceanica*）对重金属的生物储存能力比贝类还强，是很好的重金属生物指示因子（Ferrat et al., 2012）。此外，海草床生态系统具有较强的储碳能力，研究显示，全球海草床生态系统的有机碳储存量约 19.9 亿 t，海草床底质中碳的储存量高达 4.2 亿～ 8.4 亿 t，全球海草生长区占海洋总面积不到 0.2%，但每年海草床生态系统封存的碳占全球海洋碳封存总量的 10% ～ 15%（Fourqurean et al., 2012）。

1.1.4　海草床生态系统退化形势严峻

Waycott 等（2009）综合全球 215 项研究的评估发现，自 1980 年以来，海草的消失率为 110 km^2/a，自 1879 年海草地区开始记录以来，已知面积的 29% 已经消失。我国的海草床也遭到了严重的破坏，面积急剧减少（范航清等，2011；邓超冰，2002；杨宗岱，1979），如位于广西北海市合浦英罗港附近的海草床面积由 1994 年的 267 hm^2 减少到 2000 年的 32 hm^2、2001 年的 0.1 hm^2，面临完全消失的危险（邓超冰，2002）；曾广布于胶东半岛近海的鳗草、虾形草等海草床，目前在该海域只有零星分布（刘志刚，2008）。海草种类多样性也丧失严重，如历史上有记录的海南的全楔草和毛叶喜盐草、广东的针叶草和全楔草、广西的针叶草在 21 世纪的调查中均未在相应省区被发现，在仅分布于中国黄渤海、朝鲜和日本海域的 5 种海草中，黑纤维虾形草被列为濒危，红纤维虾形草和丛生鳗草被列为易危，宽叶鳗草和具茎鳗草被列为近危（Short et al., 2011）。

我国海草床退化原因主要包括自然因素和人为因素两大类，其中人为破坏活动是造成我国海草床退化的主要原因（Huang et al., 2006 ；Orth et al., 2006）。人口的快速增长直接导致对自然资源的需求增加。在我国，海草床大多位于经济欠发达的渔村附近。由于生存以及当地经济发展的需要，加上缺乏可持续发展的战略意识，往往造成当地人对海岸带资源的过度开发。主要的人为破坏活动包括：渔业捕捞、底栖动物挖掘采捕、海水养殖排污、海上工程、旅游开发破坏、垃圾污染等。随着近年来海岸带经济的强劲发展，人类对海岸带影响越来越大，海岸带的生态系统被破坏得越来越严重。人为影响以及全球气候变化使全球海草床加速衰退，已成为地球生物圈中退化速度最快的生态系统之一（Schlesinger et al., 2006），亟须采取强有力的保护修复措施来扭转当前海草床生态系统的退化趋势。

1.2 国内外海草床监测与评价方法

1.2.1 海草床监测规范

目前，关于海草监测方面的标准规范国外较为多见，其中由 SeagrassNet、Seagrass-Watch 和 Zen（Zostera Experimental Network）三大国际性海草监测计划网络所公布的相关海草资源监测手册是被引用最多、影响最大的海草床监测规范。纵观国际上的这些海草监测规范，海草调查方法均以人工现场布设样带样方调查为主，有些应用了遥感手段来监测海草床面积分布。国外已有的海草床监测标准中监测主要包括海草面积分布、海草群落（种类、盖度、生物量、密度、株冠高度）、海草种子库、底栖生物、沉积物质量、水质参数（水深、浊度、温度、盐度、光强、营养盐等），以及威胁因素调查。国内也已出版了一些海草监测规范。如 2005 年原国家海洋局组织编制了《海草床生态监测技术规程》（HY/T 083—2005）；广西红树林研究中心邱广龙等（2013）针对广西北部湾海草生态系统的特殊性与典型性，在全球海草监测网（SeagrassNet）监测方法的基础上对其进行了部分改进，提出了适合广西北部湾海草床的生态监测方案；2020 年自然资源部组织编制了《海岸带生态系统现状调查与评估技术导则 第 6 部分：海草床》（T/CAOE 20.6—2020）。不同海草床监测规程的监测内容及指标具体见表 1.3。

尽管世界范围内已有多种海草床相关的监测规范，但是不同区域、不同生境中的海草床生态系统结构和面临的生态环境压力均有所差异，因此，在对海草床进行调查监测时，监测指标体系需基于生态学理论和生态现状进行综合分析与筛选，选择能够更加准确反映生态系统状况、问题和潜在风险的关键指标作为监测对象。

目前，我国海草床的基础研究相对薄弱，本底数据尚不清晰，因此针对海草床生态系统的生态监测体系构建可分为三个阶段。第一阶段，对我国海草床进行全面调查，包括分布面积、生物群落结构、环境因素及威胁因素等（具体指标参考《海岸带生态系统现状调查与评估技术导则 第 6 部分：海草床》），查明我国海草床生态系统的家底及海草床生态系统存在的生态问题；同时加强海草床的基础研究，探明其退化机制。第二阶段，根据第一阶段的数据选取典型的海草床进行生态监测试点，对各指标进行筛选验证，优化监测方案，不断更新和提升海草床监测的科学性与可操作性。第三阶段，基于第一阶段和第二阶段的相关研究成果，完善海草床监测指标，并结合以往的业务化环境监测基础构建海草床生态监测体系。

表1.3　海草床监测规程监测内容及指标对比

<table>
<tr><th rowspan="2">调查内容</th><th colspan="5">调查指标</th></tr>
<tr><th>SeagrassNet</th><th>Seagrass-Watch</th><th>海草床生态监测技术规程</th><th>基于SeagrassNet的广西北部湾海草床生态监测</th><th>海岸带生态系统现状调查与评估技术导则 第6部分：海草床</th></tr>
<tr><td>海草植被</td><td>盖度、茎枝密度、茎枝高度、生物量、有性繁殖</td><td>面积、盖度、种类、茎枝密度、茎枝高度、地上生物量、种子库</td><td>面积、种类组成、密度、盖度、株冠高度、生物量</td><td>面积、种类、盖度、茎枝密度、茎枝高度、生物量、有性繁殖</td><td>面积、种类、盖度、茎枝密度、茎枝高度、生物量、有性繁殖</td></tr>
<tr><td>生物群落</td><td>—</td><td>大型藻类：盖度
附着生物：生物量
大型底栖动物：种类、数量</td><td>大型底栖动物：种类、数量</td><td>大型藻类：盖度
附着生物：生物量
大型底栖动物：种类、数量、生物量</td><td>大型藻类：盖度、种类
附着生物：生物量
大型底栖动物：种类、数量、生物量
游泳动物：种类、生物量
鱼卵仔鱼：种类、数量</td></tr>
<tr><td rowspan="2">环境要素</td><td>水环境：水深、潮汐类型、水温、盐度、光照</td><td>水环境：光照、盐度、温度、浊度</td><td>水环境：水温、盐度、悬浮物、透光率、营养盐</td><td>水环境：水温、盐度、光照</td><td>水环境：透明度、水温、盐度、溶解氧、悬浮物、无机氮、活性磷酸盐、石油类</td></tr>
<tr><td>底质环境：粒度、有机碳、碳酸盐</td><td>底质环境：底质类型、粒径</td><td>底质环境：底质类型、粒径、有机碳、硫化物</td><td>底质环境：温度</td><td>底质环境：粒度、有机碳、硫化物、总磷、总氮、断面高程</td></tr>
<tr><td>威胁因素</td><td>—</td><td>—</td><td>—</td><td>人为干扰：星虫与贝类挖掘（人数、强度）、滩涂养殖面积</td><td>自然因素：台风、风暴潮、生物入侵
人为因素：渔业捕捞（捕捞量、渔港分布、船只数量）、底栖动物采捕（从业人数、方式）、海水养殖（养殖类型、养殖面积、养殖时间）、海洋工程（类型、规模）、污染排放（排污口数量）</td></tr>
</table>

1.2.2 海草床监测手段

海草床的调查研究受到潮汐、水体透明度等海洋环境的限制，同时部分小型海草的生长存在季节性消失和更新，海草床调查与监测难度较大。目前，关于海草床的调查监测大多集中于分布在潮间带的海草床。地面勘查和采样是进行海草监测的一种经典监测方法，国内外大多数海草监测计划仍采用样带样方法进行监测。该方法取样受潮汐影响较大，有些参数的获取仅仅在退潮时才能取得，监测频率低；同时，由于近岸海草床受人为活动干扰较大，生态状况变化较大，每年仅进行有限次数的监测，由于时间间隔较长，数据的连续性不强，不能准确地反映海洋环境的动态变化过程。近 20 年来，海草调查技术快速进步，滩涂高位影像监测系统、水下原位监测系统、浮标等在线监测设备，以及声呐设备等在国内外海草床生态调查中的应用报道越来越多（McDonald et al., 2006；Lyons et al., 2011；Hossain et al., 2015；周毅等，2019）。我国早期受制于调查手段，很多有海草分布的区域没有被发现。近些年，由于调查手段的进步，一些新技术开始应用于海草床调查，一些此前从未有海草床报道的区域发现了大面积海草床存在，如在河北唐山乐亭 – 曹妃甸沿海区域利用水声声呐探测技术发现了我国面积最大的鳗草（*Zostera marina*）海草床，面积达 5 000 hm^2；此外，还在黄河河口区域发现了 1 000 hm^2 几乎连续分布的日本鳗草（*Zostera japonica*）海草床；在渤海兴城 – 觉华岛海域发现了面积为 791.61 hm^2 的鳗草（*Zostera marina*）海草床（周毅等，2020；周毅等，2019；周毅等，2016）。

1.2.3 海草床生态状况评价方法

国内已形成了一些海草床生态系统相关的评价标准，如原国家海洋局在 2005 年编制的《近岸海洋生态健康评价指南 第 6 部分：海草床生态系统》和 2020 年自然资源部组织编制的《海岸带生态系统现状调查与评估技术导则 第 6 部分：海草床》，其中都涉及了海草床生态系统的健康评价，二者均从海草床生态系统常规监测要素（海草群落、水环境、底质环境、附着生物、底栖动物、人为干扰等）中选取了一部分较为重要的指标要素，采用权重赋值法来进行评价。国外关于海草床生态系统评价方法报道较为多见，主要包括海草生物指标法、非海草生物指标法和指标体系法。

（1）海草生物指标法

海草作为海草床的关键物种，其个体生理生态状况及种群变化情况都可以很好地反映海草床受到人类活动和气候变化的干扰状况，以及海草床生态系统的健康状况（Montefalcone，2009）。例如，由于水质的透明度控制着鳗草的最大分布水深，因此

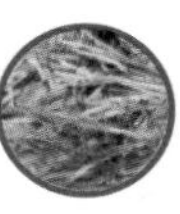

鳗草最大分布水深可以作为反映水质状况的有效指标，并被纳入《欧盟水框架指令》的水质评估指标（Krause-Jensen et al., 2005；Foden and Brazier，2007）。地中海地区将大洋波喜荡草（*Posidonia oceanica*）作为一个生态指标，广泛应用于海水质量评价以及沿海生态系统健康评价（Montefalcone，2009）。例如，用大洋波喜荡草的可溶性碳水化合物、氮、磷、$\delta^{15}N$、$\delta^{34}S$、重金属含量、叶片面积、叶片坏死率、茎枝密度、覆盖率等指标来评价海岸水质生态状况，取得良好的指示效果（Romero et al., 2007）。同样，海草盖度、植株高度、地上组织生物量也都可以很好地指示和区分海草床的健康状况（Wood and Lavery，2000）。最新研究表明，利用叶绿素荧光技术测定海草的有效量子产量（$\Delta F/F_m'$）与光强回归的关系，可以与该海湾水质透明度以及叶片篷盖光强变化相对应，比有效量子产量绝对值更能反映海草床的水质状况，可作为海草床管理中的一种早期预警系统（Durako，2012）。

（2）非海草生物指标法

相对海草，海草床某些其他指示生物可能对相同环境压力更加敏感，可以对原始生存结构生物提供一个早期亚致死压力预警，以便在海草床严重衰退之前就可以采取有效的管理措施（Burkholder et al., 2007 ；Martin et al., 2008）。有鉴于此，很多其他生物及相关指标都得到了应用和发展，如附生藻类生物量以及附生钙化藻的比例等。附生藻类生物量可以很好地指示海草床富营养化状况（Burkholder et al., 2007），而附生钙化藻的比例变化也可以很好地指示海洋酸化状况（Martin et al., 2008）。

（3）指标体系法

例如，Romero 等（2007）利用大洋波喜荡草多参数指标（*Posidonia oceanica* multivariate index，POMI）来评价海草床生态系统水质状况，并分析了受到的压力，如海岸侵占（人工岸线建设、海滩变更）、点源污染（城市污水排放）、面源污染（农业污水排放）以及其他压力（城市化、滨海旅游、渔业活动、港口建设）等，通过聚类分析的方法，发现 POMI 指标能够很好地把水质状况与受到的压力联系起来。同样，Gobert 等（2009）利用大洋波喜荡草快速指示指标（*Posidonia oceanica* Rapid Easy Index，PREI）来评价地中海海草床生态系统水质状况，发现 PREI 与人类干扰活动的相关性系数达到 0.74，可以应用到一系列的管理和保护目标中。另外，Oliva 等（2011）利用方差分析和聚类分析的方法，将组织水平（茎的 N、P、$\delta^{15}N$、$\delta^{34}S$、Cd、Cu、Zn）、个体水平（植株大小）、种群水平（根重比例）、群落水平（附生藻类生物量）中这 10 个参数综合得到小丝粉草生物指标（*Cymodocea nodosa* biotic index，

CYMOX）并进行评价，发现 CYMOX 指标与环境质量梯度状况显著相关。

1.3 我国已开展的海草床调查研究工作

我国对海草床的分布范围、面积、生物资源、生态状况，以及海草生理生化方面已开展了一些调查研究，其中开展相关研究的单位主要为国内涉海的一些科研院所、原国家海洋局和自然资源部等单位。中国科学院海洋研究所的杨宗岱、吴宝铃于 20 世纪 50 年代末开始对我国的海草床进行研究，1958—1979 年在我国沿海采集海草样品，并发表了形态分类研究成果。20 世纪 80 年代，中国科学院海洋研究所的范振刚开展了海草床生态学专题调查，对中国北方沿海海草种类、数量分布、季节变化、群落组成结构，以及鳗草生态习性、繁殖生长特点、利用途径等进行了研究。杨宗岱又于 1993 年利用支序分类，借助计算机技术，详细探讨了海草各科间的系统演化关系，对海草进行了新的分类划分。1998 年，中国水产科学研究院的刘志鸿、董树刚对青岛汇泉湾的鳗草种群的遗传多样性进行了探讨。2002 年，山东师范大学的叶春江和赵可夫对鳗草的形态解剖结构特点、生理学基本特点以及耐盐机制、环境限制因子做了详细的研究。2002—2003 年，中国科学院南海海洋研究所在 UNEP/GEF“扭转南中国海及泰国湾环境退化趋势”项目的支持下，对我国海南、广东和广西的海草进行了普查，基本上摸清了我国南部沿海主要海草床的现状，并在海南开展了海草光合生态研究。为了满足广西合浦儒艮自然保护区区划调整的要求，1994 年，广西海洋研究所开展了合浦海草床的调查。广西儒艮国家级自然保护区从 1994 年开始对合浦的海草资源进行了不定期的监测，到 2004 年，开始转为对合浦的海草资源、生物多样性和环境因子开展定期监测。广西红树林研究中心在防城港市珍珠港的黄鱼万红树林外缘发现约 1 hm^2 茂密的海草，后鉴定为日本鳗草；2003 年 5 月，在防城港市珍珠港的浅水下发现较大面积的单脉二药草；2005 年，开始对南方海草的分布动态、生物量、生产力、能量、光合特征、营养动态、生态恢复、生态监测技术等开展一系列研究工作；2008 年，建立了全球海草监测网北海监测点，其承担了多项国际及国内海草研究项目，同时成为全球海草监测网在中国的唯一合作机构。2004—2009 年开展的“我国近海海洋综合调查与评价”（“908 专项”），也对我国近海的海草床资源状况进行了一些调查，其调查主要集中在海南省的海草资源，通过弄清海南岛海草床的资源状况，揭示其生态过程与功能，分析其健康水平与面临的威胁，提出海草床科学管理与保护对策。2015—2019 年实施的国家科技基础性工作专项重点项目“我国近海重要海草资源及生境调查”项目对我国南北沿海 11 个省、市和自治区近海海草的资源分布现状，

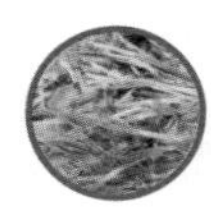

以及一些重点区域的海草床生态状况进行了较为全面的调查，调查要素也较为全面。

原国家海洋局组织地方自然资源监测单位在2004—2017年开展了广西北海、海南东海岸两个生态监控区的海草床生态系统监测与调查，监测项目包括了海草面积、海草群落、底栖动物、沉积物以及海草床的水文水质等指标，并对海草床生态系统状况进行评估，其监测频率为每年夏季监测1次。该工作已积累了10年以上的长期调查数据，且各承担单位每年会编写各区域的海草床年度监测报告，相关结果汇编入每年的《南海区海洋环境状况公报》。2018年，自然资源部三大海区局一起开展了全国海草床生态系统损害核查工作，工作内容包括：我国海草种类面积分布情况、重点区域海草群落特征现状和变化趋势、生境（底栖动物、沉积物环境、生物质量和水环境）现状和变化趋势、海草床面积退化情况、海草床受损退化原因，最终形成了《全国海草床损害状况核查专题报告》和各海区的分报告。此后，自然资源部于2020年开展了“海岸带保护修复项目工程”，对全国海草床生态系统面积分布和海草床生态状况进行了一次摸底调查，掌握了我国海草床生态系统的面积分布情况和生态现状，并对各区域海草床生态系统进行了受损评估。自然资源部又于2021年开展了“蓝碳生态系统调查评估试点工作”，选取海南陵水黎安港进行了海草床碳储量试点调查，旨在逐步建立我国海草床生态系统碳储量调查与评估的业务和标准体系，掌握其碳储量本底情况和潜力，提升生态系统碳汇增量，为落实国家“碳达峰碳中和”重大战略服务。

参考文献

邓超冰, 2002. 北部湾儒艮及海洋生物多样性 [M]. 南宁 : 广西科学技术出版社, 45-52.

范航清, 邱广龙, 石雅君, 等, 2011. 中国亚热带海草生理生态学研究 [M]. 近岸生态与环境实验室.

李聪, 沈新强, 晁敏, 等, 2010. 象山港河纯养殖区沉积物 – 海水界面 N, P 营养盐的扩散通量 [J]. 海洋环境科学, 29(6): 848-852.

刘志刚, 2008. 最后的海草房 [J]. 中华文化画报, 3: 86-95.

邱广龙, 范航清, 周浩郎, 等, 2013. 基于 SeagrassNet 的广西北部湾海草床生态监测 [J]. 湿地科学与管理, 01: 60-64.

杨宗岱, 1979. 中国海草植物地理学的研究 [J]. 海洋湖沼通报, (02): 41-46.

杨宗岱, 吴宝铃, 1981. 中国海草床的分布, 生产力及其结构与功能的初步探讨 [J]. 生态学报, 1(1): 84-89.

郑凤英, 邱广龙, 范航清, 等, 2013. 中国海草的多样性、分布及保护 [J]. 生物多样性, 021(005): 517-526.

周毅, 徐少春, 许帅, 等, 2020. 中国温带海域新发现较大面积（大于 50 hm^2）海草床：Ⅲ 渤海兴城 – 觉华岛海域大面积海草床鳗草种群动力学及补充机制 [J]. 海洋与湖沼, 51(4):

943-951.

周毅，许帅，徐少春，等，2019. 中国温带海域新发现较大面积（大于 0.5 km^2）海草床：Ⅱ声呐探测技术在渤海唐山沿海海域发现中国面积最大的鳗草海草床 [J]. 海洋科学，43(08): 50-55.

周毅，张晓梅，徐少春，等，2016. 中国温带海域新发现较大面积（大于 50 hm^2）的海草床：Ⅰ黄河河口区罕见大面积日本鳗草海草床 [J]. 海洋科学，40(9): 95-97.

庄武艺，J. 谢佩尔，1991. 海草对潮滩沉积作用的影响 [J]. 海洋学报，13(2): 230-239.

BURKHOLDER J, TOMASKO D A, TOUCHETTE B W, 2007. Seagrasses and eutrophication[J]. Journal of Experimental Marine Biology & Ecology, 350(1/2): 46-72.

DEN H C, 1970. The seagrasses of the world[M]. Amsterdam: North Holland Publication.

DENNISON W C, ORTH R J, MOORE K A, et al., 1993. Assessing Water Quality with Submersed Aquatic Vegetation[J]. Bioscience, 43(2): 86-94.

DUARTE C M, CHISCANO C L, 1999. Seagrass biomass and production: A reassessment[J]. Aquatic Botany, 65(1-4): 159-174.

DURAKO M J, 2012. Using PAM fluorometry for landscape-level assessment of *Thalassia testudinum*: Can diurnal variation in photochemical efficiency be used as an ecoindicator of seagrass health?[J]. Ecological Indicators, 18: 243-251.

FERRAT L, WYLLIE-ECHEVERRIA S, CATES G, et al., 2012. *Posidonia oceanica* and *Zostera marina* as potential biomarkers of heavy metal contamination in coastal systems[M]//Ecological Water Quality-Water Treatment and Reuse, Dr. Voudouris (Ed.), 123-140.

FODEN J, BRAZIER D P, 2007. Angiosperms (seagrass) within the EU water framework directive: A UK perspective[J]. Marine Pollution Bulletin, 55(1/6): 181-195.

FOURQUREAN J W, DUARTE C M, KENNEDY H, et al., 2012. Seagrass ecosystems as a globally significant carbon stock[J]. Nature Geoscience, 1(7): 297-315.

GOBERT S, SARTORETTO S, RICO-RAIMONDINO V, et al., 2009. Assessment of the ecological status of Mediterranean French coastal waters as required by the Water Framework Directive using the *Posidonia oceanica* Rapid Easy Index: PREI[J]. Marine Pollution Bulletin, 58(11): 1727-1733.

HOSSAIN M S, BUJANG J S, ZAKARIA M H, et al., 2015. The application of remote sensing to seagrass ecosystems: an overview and future research prospects[J]. International Journal of Remote Sensing, 36(1): 61-114.

HUANG X, HUANG L, LI Y, et al., 2006. Main seagrass beds and threats to their habitats in the coastal sea of South China[J]. Chinese Science Bulletin, 51(2): 136-142.

HY/T 083—2005, 2005. 海草床生态监测技术规程 [S]. 北京：国家海洋局 .

KRAUSE-JENSEN D, GREVE T M, NIELSEN K, 2005. Eelgrass as a Bioindicator Under the European Water Framework Directive[J]. Water Resources Management, 19(1): 63-75.

KWOKLEUNG Y, CHUENCHI L, PATRICK, et al., 2006. *Halophila minor* (Hydrocharitaceae), a new record with taxonomic notes of the Halophila from the Hong Kong Special Administrative Region, China[J]. Acta Phytotaxonomica Sinica, 44 (4): 457-463.

LARKUM A, ORTH R J, DUARTE C M, 2006. Seagrasses: Biology, Ecology and Conservation[M]. Springer Netherlands.

LYONS M, PHINN S, ROELFSEMA C, 2011. Integrating Quickbird multi-spectral satellite and field data: mapping bathymetry, seagrass cover, seagrass species and change in Moreton Bay, Australia in 2004 and 2007[J]. Remote Sensing, 3(1): 42-64.

MARTIN S, RODOLFO-METALPA R, RANSOME E, et al., 2008. Effects of naturally acidified seawater on seagrass calcareous epibionts[J]. Biology Letters, 4(6): 689-692.

MCDONALD J I, COUPLAND G T, KENDRICK G A, 2006. Underwater video as a monitoring tool to detect change in seagrass cover[J]. Journal of environmental management, 80(2): 148-155.

MONTEFALCONE M, 2009. Ecosystem health assessment using the Mediterranean seagrass *Posidonia oceanica*: A review[J]. Ecological Indicators, 9(4): 595-604.

OLIVA S, MASCARO O, LLAGOSTERA I, et al., 2012. Selection of metrics based on the seagrass *Cymodocea nodosa* and development of a biotic index (CYMOX) for assessing ecological status of coastal and transitional waters[J]. Estuarine Coastal & Shelf Science, 114(DEC.1): 7-17.

ORTH R J, CARRUTHERS T J B, DENNISON W C, et al., 2006. A global crisis for seagrass ecosystems[J]. Bioscience, 56(12): 987-996.

ROMERO J, MARTINEZ-CREGO B, ALCOVERRO T, et al., 2007. A multivariate index based on the seagrass *Posidonia oceanica* (POMI) to assess ecological status of coastal waters under the water framework directive (WFD)[J]. Marine Pollution Bulletin, 55(1/6): 196-204.

SCHAFFELKE B, MELLORS J, DUKE N C, 2005. Water quality in the Great Barrier Reef region: responses of mangrove, seagrass and macroalgal communities[J]. Marine Pollution Bulletin, 51(1/4): 279-296.

SCHLESINGER R B, KUNZLI N, HIDY G M, et al., 2006. The health relevance of ambient particulate matter characteristics: coherence of toxicological and epidemiological inferences[J]. Inhalation toxicology, 18(2): 95-125.

SHORT F T, MCKENZIE L J, COLES R G, et al., 2006. SeagrassNet Manual for Scientific Monitoring of Seagrass Habitat, Worldwide edition[M]. University of New Hampshire Publication.

SHORT F T, POLIDORO B, LIVINGSTONE S R, et al., 2011. Extinction risk assessment of the world's seagrass species[J].Biological Conservation, 144(7): 1961-1971.

SHORT F, CARRUTHERS T, DENNISON W, et al., 2007. Global seagrass distribution and diversity: a bioregional model[J]. Journal of Experimental Marine Biology and Ecology, 350(1-2): 3-20.

T/CAOE 20.6—2020, 2020. 海岸带生态系统现状调查与评估技术导则 第 6 部分：海草床 [S]. 北京：中国海洋工程咨询协会 .

WAYCOTT M, DUARTE C M, CARRUTHERS T J, et al., 2009. Accelerating loss of seagrasses across the globe threatens coastal ecosystems[J]. Proceedings of the National Academy of Sciences of the United States of America, 106(30): 12377-12381.

WOOD N, LAVERY P, 2000. Monitoring Seagrass Ecosystem Health-The Role of Perception in Defining Health and Indicators[J]. Ecosystem Health, 6(2): 134-148.

第 2 章

南海区海草资源状况

虽然南海区已开展了一些海草床种类、面积分布等调查工作（黄小平等，2010；范航清等，2007；蔡泽富等，2017；Jiang et al., 2017；Jiang et al., 2020；邱广龙等，2016），但由于调查时间、调查方法标准的不统一，以及调查区域不全面等问题，南海区海草床的种类、面积分布等本底数据依然十分匮乏。我国海草“家底”信息的极度匮乏大大地阻碍了国家层面上对海草保护与修复工作的开展，摸清海草资源家底成了当务之急。为此，自然资源部于 2020 年组织实施了“海岸带保护修复工程”，该任务包含对我国海草床资源情况的全面摸查。自然资源部南海局于 2020 年对我国南海区海草种类和海草床面积分布进行了全面摸查，并于 2021 年对一些存疑区域进行了补充调查，目的在于摸清我国南海区海草床资源家底情况，为我国海草床的保护与修复提供了基础支撑。

2.1　南海区海草种类

2020—2021 年间在南海区调查中共发现海草 3 科 7 属 10 种（图 2.1），所发现的这些海草种类可归属于 4 种生态类型，分别是热带种类：包括海菖蒲、泰来草和圆叶丝粉草；泛热带—亚热带种类：包括卵叶喜盐草、小喜盐草、贝克喜盐草和单脉二药草；亚热带种类：包括针叶草和针叶草（变种）；以及广布性种类：日本鳗草。从形态上来看，涵盖了大型、中型、小型 3 种不同的形态，其中大型海草为海菖蒲，中型海草有圆叶丝粉草、针叶草、泰来草和日本鳗草，小型海草为单脉二药草、卵叶喜盐草、小喜盐草和贝克喜盐草。与历史调查结果进行比较（表 2.1），以往调查在南海区共发现过 4 科 9 属 15 种海草，其中有 5 种海草（齿叶丝粉草、羽叶二药草、全楔草、毛叶喜盐草和川鳗草）在本次调查中没有发现。南海区各省份的海草种类变化显示，海南省本次调查发现 7 种海草，比历史调查减少 8 种；广东省本次调查发现 4 种海草，比历史调查减少 7 种；广西本次调查发现 3 种海草，比历史调查减少 5 种。上述结果表明，南海各省区海草种类多样性的丧失情况较为严重。

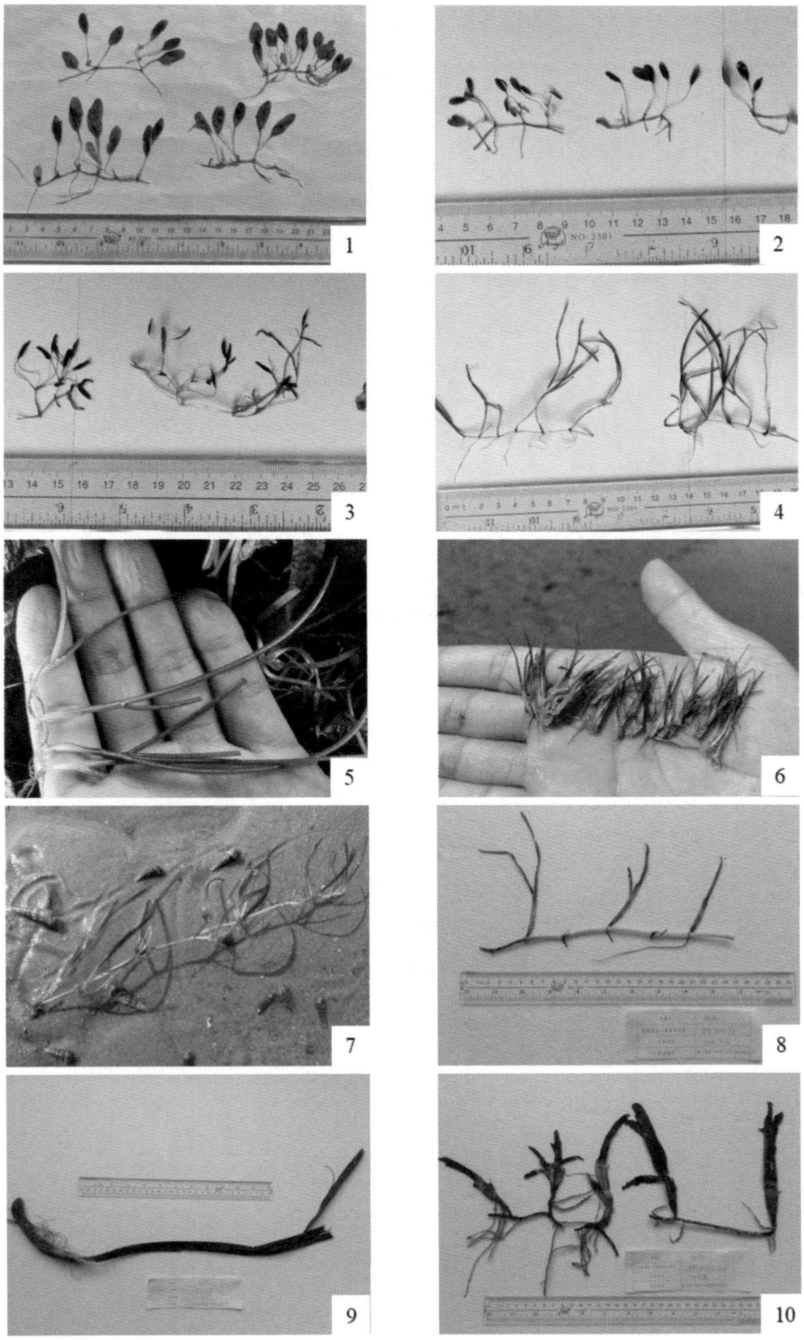

图2.1　南海区海草种类

1：卵叶喜盐草；2：小喜盐草；3：贝克喜盐草；4：单脉二药草；5：针叶草；6：针叶草变种；7：日本鳗草；8：圆叶丝粉草；9：海菖蒲；10：泰来草

表2.1　南海区三省区海草种类调查结果

科	属	种	历史调查			2020—2021 年调查		
			海南	广东	广西	海南	广东	广西
丝粉草科 Cymodoceaceae	丝粉草属 *Cymodocea*	圆叶丝粉草 *Cymodocea rotundata*	+	+		+		
		齿叶丝粉草 *Cymodocea serrulata*	+					
	二药草属 *Halodule*	羽叶二药草 *Halodule pinifolia*	+	+	+			
		单脉二药草 *Halodule uninervis*	+	+	+		+	
	针叶草属 *Syringodium*	针叶草 *Syringodium isoetifolium*	+	+	+	+		
		针叶草（变种）*Syringodium* sp.	+			+		
	全楔草属 *Thalassodendrom*	全楔草 *Thalassodendrom ciliatum*	+	+				
水鳖科 Hydrocharitaceae	海菖蒲属 *Enhalus*	海菖蒲 *Enhalus acoroides*	+			+		
	泰来草属 *Thalassia*	泰来草 *Thalassia hemprichii*	+	+		+		
	喜盐草属 *Halophila*	贝克喜盐草 *Halophila beccarii*	+	+	+	+	+	+
		毛叶喜盐草 *Halophila decipiens*	+					
		小喜盐草 *Halophila minor*	+		+		+	
		卵叶喜盐草 *Halophila ovalis*	+	+	+	+	+	+
川蔓草科 Ruppiaceae	川蔓草属 *Ruppia*	短柄川蔓草 *Ruppia brevipedunculata*	+	+	+			
		中国川蔓草 *Ruppia sinensis*		+				
		日本鳗草 *Zostera japonica*	+	+	+			+
合计			15	11	8	7	4	3

注：“+”表示发现该海草种类，空白表示未发现该海草种类。

2.2　南海区海草床面积分布

2020—2021 年在南海区调查发现的海草床总面积为 4 373.44 hm^2（不包含西南中沙海域海草床面积），其中文昌海草分布面积最大，为 1 860.00 hm^2。此外，面积较大的区域还有：湛江流沙湾（面积为 710.44 hm^2）、琼海（面积为 641.20 hm^2）、潮州柘林湾（面积为 378.41 hm^2）、汕头义丰溪（面积为 204.44 hm^2）、海口东寨港（面积为

168.73 hm^2）、陵水新村港（面积为 112.71 hm^2）和陵水黎安港（面积为 111.73 hm^2），其他区域面积均在 100 hm^2 以下。三省区中海南省海草分布面积最大，为 2 946.34 hm^2，占总发现面积的 67.37%；其次为广东省，海草分布面积为 1 297.85 hm^2，占总发现面积的 29.68%，广东省又以湛江流沙湾区域海草床分布面积最大，其占整个广东省海草总发现面积的 54.74%；广西海草分布面积最小，为 129.25 hm^2。各调查区域海草床分布面积具体情况见表 2.2。

表2.2　2020—2021年南海区海草床调查面积情况统计

省（区）	调查区域名称	2020—2021 年调查面积 / hm^2	文献报道面积 / hm^2
广东	湛江流沙湾	710.44	852.60 ①
	珠海唐家湾	4.56	7.60 ②
	阳江海陵岛	0	1.00 ③
	惠州考洲洋	0	6.95 ②
	潮州柘林湾	378.41	40 ②
	汕头义丰溪	204.44	417.95 ①
广西	北海竹林	2.62	—
	北海铁山港	53.99	699.70 ④
	防城港珍珠湾	72.64	150.00 ④
海南	海口东寨港	168.73	64.11 ⑤
	儋州黄沙港	2.01	—
	澄迈花场湾	49.96	99.69 ⑤
	文昌	1 860.00	3 100.00 ⑤
	琼海	641.20	1600 ⑤
	陵水新村港	112.71	175.00 ⑤
	陵水黎安港	111.73	240.00 ⑤
	海口马袅湾	0	47.50 ⑤
	三亚鹿回头	0	4.31 ⑤
合计		4 373.44	7 506.41

注：① 数据引自Jiang et al.（2020）；② 数据引自黄小平等（2010）；③ 数据引自黄小平和黄良民（2007）；④ 数据引自范航清等（2011）；⑤ 数据引自黄小平等（2019）。

将2020—2021年南海区海草床面积调查结果与同区域历史调查结果进行比较（表2.2），南海相同区域海草床历史调查面积总计为7 506.41 hm^2，本次调查的总面积为4 373.44 hm^2，与历史调查值相比出现大幅减少（减少幅度达41.74%）。从三个省区的情况来看，广东海草床面积由历史的1 326.10 hm^2减少为目前的1 297.85 hm^2，减少幅度不大，其中潮州柘林湾区域海草床面积出现大幅增加（由40.00 hm^2增加为现在的378.41 hm^2），除此之外，其他区域均出现减少。其中阳江海陵岛和惠州考洲洋此前报道过有海草存在，而本次调查未发现海草；惠州考洲洋以往海草床分布区已被开垦并种植了红树林幼苗。广西海草床面积由历史849.70 hm^2减少为目前的129.25 hm^2，减少幅度为84.79%，其中尤其是北海铁山港海草床面积出现大幅减少，面临消失风险。海南海草床面积由历史的5 330.61 hm^2减少为目前的2 946.34 hm^2，其中文昌和琼海海草床出现大幅减少，海口马袅湾和三亚鹿回头在此前报道过有海草存在，而本次调查未发现海草。上述结果表明，近年来南海区海草资源出现了较为严重的退化。

参考文献

蔡泽富，陈石泉，吴钟解，等，2017. 海南岛海湾与潟湖中海草的分布差异及影响分析 [J]. 海洋湖沼通报，3: 74-84.

范航清，彭胜，石雅君，等，2007. 广西北部湾沿海海草资源与研究状况 [J]. 广西科学，03: 289-295.

范航清，邱广龙，石雅君，等，2011. 中国亚热带海草生理生态学研究 [M]. 北京：科学出版社.

郭振仁，黄道建，黄正光，等，2009. 海南椰林湾海草床调查及其演变研究 [J]. 海洋环境科学，28(6): 706-709.

黄小平，黄良民，2007. 中国南海海草研究 [M]. 广东：广东经济出版社.

黄小平，江志坚，刘松林，等，2019. 中国热带海草生态学研究 [M]. 北京：科学出版社.

黄小平，江志坚，张景平，等，2010. 广东沿海新发现的海草床 [J]. 热带海洋学报，29(1): 132-135.

邱广龙，苏治南，钟才荣，等，2016. 濒危海草贝克喜盐草在海南东寨港的分布及其群落基本特征 [J]. 广西植物，36(7): 882-889.

JIANG Z, CUI L, LIU S, et al., 2020. Historical changes in seagrass beds in a rapidly urbanizing area of Guangdong Province: Implications for conservation and management[J]. Global Ecology and Conservation, 22 e01035.

JIANG Z, LIU S, ZHANG J, et al., 2017. Newly discovered seagrass beds and their potential for blue carbon in the coastal seas of Hainan Island, South China Sea[J]. Marine Pollution Bulletin, 125(1-2): 513-521.

第3章

重点区域海草床生态状况与评估

我国南海区拥有丰富的海草床生态资源，以往调查工作多数存在调查区域不够全面，调查时间和调查方法不统一等问题。自然资源部南海局于2020年在南海三省区选取13个重点区域开展了海草床生态状况调查研究工作（这13个重点区域海草床面积之和占目前已知的南海区近岸海草床总面积的90%以上），调查采取了统一的海草床调查标准，调查指标包括海草床面积、海草种类、海草群落特征（盖度、茎枝密度、茎枝高度、生物量、有性繁殖等），以及大型藻类、大型底栖动物、水环境、底质环境等。此外，还参考《海岸带生态系统调查与评估技术导则 第6部分：海草床》（T/CAOE 20.6—2020）对所有调查区域海草床生态受损状况进行了分级评估。通过此次调查，较为全面地掌握了我国南海区海草床生态现状，为南海区海草床保护修复工作的开展提供了支撑。

3.1 海草床生态现状调查与评估方法

3.1.1 调查方法

3.1.1.1 调查区域

本章节对南海区13个重点调查区域的海草床生态状况进行分析与评估，13个区域中广东省有4个，分别为湛江流沙湾、珠海唐家湾、汕头义丰溪和潮州柘林湾；广西有2个，分别为北海铁山港和防城港珍珠湾；海南省有7个，分别为文昌、琼海、陵水新村港、陵水黎安港、海口东寨港、澄迈花场湾和儋州黄沙港。

3.1.1.2 调查站位及样带样方布设

基于海草床的分布状况调查结果选取有代表性的地点布设断面和站位，断面和站位布设应考虑海草床环境要素（如盐度、水深、营养盐等）的梯度变化，且尽量包含所有海草物种。一般垂直于海岸带方向布设调查断面，在每个断面上沿水深（由浅到深）布设 3 个环境要素站位（用于开展水环境、底质环境和大型底栖动物调查），然后在每个环境要素站位附近设置 1 条平行于海岸带方向的 50 m 长样带，宽度为 3 m 左右，在每条样带中随机设置 6 个 0.5 m×0.5 m 的样方，用于海草群落、大型藻类等的调查。调查站位和样带布设示意图见图 3.1。

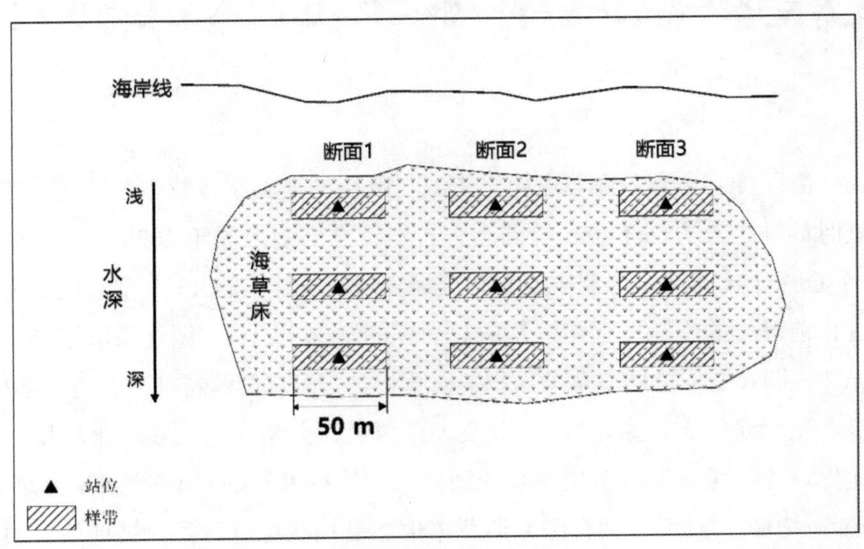

图3.1　海草床调查站位和样带布设示意图（引自T/CAO 20.6—2020）

3.1.1.3　调查内容和方法

各区域调查内容包括海草床、生物群落和环境要素三大类，具体调查指标详见表 3.1。

表3.1　海草床生态系统现状调查项目一览表

		指标 / 要素
海草床	面积分布、种类、盖度、茎枝密度、茎枝高度、生物量、有性繁殖	
生物群落	大型藻类：盖度、种类	
	大型底栖动物：种类、数量、生物量	
环境要素	水环境	透明度、水温、盐度、叶绿素 *a*、溶解氧、悬浮物、无机氮（亚硝酸盐－氮、硝酸盐－氮、氨－氮）、活性磷酸盐、活性硅酸盐
	底质环境	粒度、有机碳、硫化物

各指标具体的调查方法如下：

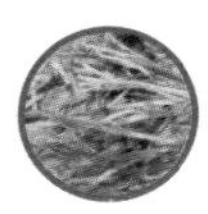

（1）海草群落

种类：记录样方中出现的海草物种。

盖度：对每个 0.5 m × 0.5 m 的样方进行拍照（水深较深时可借助水下摄像设备）并判读海草覆盖度。若为多物种混合样方，分别估算每个物种的盖度比例。

茎枝高度：在样方内随机选择 6 株海草，用卷尺测量每株海草最长的叶片长度（单位为 cm），计算平均叶片长度，即为样方内海草茎枝高度。若为多物种混合样方，分别测量每个物种的茎枝高度。

茎枝密度：记录样方内不同种类海草的植株数量，再除以样方面积，计算出每种海草的栖息密度及所有海草总栖息密度。对于大型海草，统计 0.5 m × 0.5 m 样方内的茎枝数量。对于中型海草，在 0.5 m × 0.5 m 固定样方中随机设置 0.25 m × 0.25 m 样方，统计其内的茎枝数量。对于小型海草，在 0.5 m × 0.5 m 固定样方中统计内径为 6.7 cm 的柱状取样器中的茎枝数量。海草类型划分参考《海岸带生态系统现状调查与评估技术导则 第 6 部分：海草床》（T/CAOE 20.6—2020）。

生物量：统计高度和密度后，调查样方内海草生物量。对于大型海草，生物量样方大小为 0.5 m × 0.5 m，取样深度为 30 cm。对于中型海草，生物量样方大小为 0.25 m × 0.25 m，取样深度为 20 ～ 30 cm。对于小型海草，采用内径为 6.7 cm 的柱状取样器获取植株生物量，取样深度为 15 cm。取得的海草样品放入塑料袋中密封保存，回到室内后迅速处理，将所取海草清洗干净，分为地上生物量和地下生物量两部分。分别放入恒温的干燥箱中（60 ～ 80℃）烘干 24 ～ 48 h，直至完全干燥为止，称重。

（2）生物群落调查

大型藻类：与海草样方调查同步进行，调查每个 0.5 m × 0.5 m 样方内大型藻类的种类和对应的盖度。

大型底栖动物：在每个环境要素站位取样，调查样方内（0.25 m × 0.25 m）底表及底内大型底栖动物的种类、密度和生物量，取样深度为 20 ～ 30 cm。大型底栖动物可与海草生物量一起取样，但另行处理。处理方法见 GB/T 12763.6—2007。

（3）水环境

水文调查：水温、盐度调查按照《海洋调查规范》（GB/T 12763.2—2007）的规定执行。

光学要素：透明度调查按照《海洋监测规范》（GB 17378.4—2007）的规定执行。

海水化学要素：溶解氧、无机氮（硝酸盐－氮、亚硝酸盐－氮和氨－氮）、无机磷（活性磷酸盐）的调查按照 GB/T 12763.4—2007 的规定执行，悬浮物的调查按照 GB 17378.4—2007 的规定执行。

各水环境调查项目及分析方法见表 3.2。

表3.2 水环境调查项目及分析方法

序号	项目	分析方法	方法标准
1	温度	颠倒温度表法	GB/T 12763.2—2007
2	盐度	盐度计法	GB/T 12763.2—2007
3	透明度	透明圆盘法	GB/T 17378.4—2007
4	悬浮物	重量法	GB 17378.4—2007
5	溶解氧	碘量法	GB/T 12763.4—2007
6	活性磷酸盐	抗坏血酸还原磷钼蓝法	GB/T 12763.4—2007
7	亚硝酸盐－氮	重氮－偶氮法	GB/T 12763.4—2007
8	硝酸盐－氮	锌镉还原法	GB/T 12763.4—2007
9	氨－氮	次溴酸钠氧化法	GB/T 12763.4—2007

（4）底质环境

粒度的调查按 GB/T 12763.8—2007 的规定执行，有机碳和硫化物的调查按 GB/T 17378.5—2007 的规定执行，各底质环境调查项目及分析方法见表 3.3。

表3.3 底质环境调查项目及分析方法

序号	项目	分析方法	方法标准
1	粒度	激光法	GB/T 12763.8—2007
2	硫化物	亚甲基蓝分光光度法	GB/T 17378.5—2007
3	有机碳	重铬酸钾氧化－还原容量法	GB/T 17378.5—2007

3.1.1.4 调查时间

各区域的具体调查时间见表 3.4。

表3.4 各区域具体调查时间一览表

省（区）	区域	调查时间
广东	湛江流沙湾	2020 年 7 月
	珠海唐家湾	2020 年 9 月
	汕头义丰溪	2020 年 8 月
	潮州柘林湾	2020 年 8 月、2021 年 5—6 月（补充调查）

续表

省（区）	区域	调查时间
广西	北海铁山港	2020 年 7 月
	防城港珍珠湾	2020 年 7 月
海南	文昌	2020 年 10 月
	琼海	2020 年 10 月
	陵水新村港	2020 年 6 月
	陵水黎安港	2020 年 6 月
	海口东寨港	2020 年 9 月
	儋州黄沙港	2020 年 8 月
	澄迈花场湾	2020 年 8 月

3.1.2　海草床生态系统受损评估方法

根据《海岸带生态系统现状调查与评估技术导则 第 6 部分：海草床》（T/CAOE 20.6—2020）中的评估方法，对 13 个重点区海草床生态状况进行评估，海草床生态系统一级评估指标分类与评级分类见表 3.5，二级评估指标与赋值见表 3.6，海草床生态状况综合评估指数（ISG）评估结果分级说明见表 3.7。评估所用到的参照系按以下方法选取和使用：

①收集调查区域的历史资料，包括常规监测、专项调查、文献资料等，建立参照系；

②参照系宜采用上述数据中有代表性、能够反映生态系统变化的相关资料；

③当历史资料齐全时，以历史资料作为综合评估的参照系；

④当有部分历史资料时，以部分历史数据作为单项评估的参照系；

⑤当无历史资料时，仅作现状描述，其结果宜作为以后评估的参照系。

表3.5　海草床生态状况评估一级指标与评级分类

指标	Ⅰ稳定 / 适宜	Ⅱ受损 / 中度适宜	Ⅲ严重受损 / 不适宜
海草床状况指数	$37 < I_V < 50$	$30 < I_V < 37$	$10 < I_V < 30$
生物群落状况指数	$19 < I_B < 25$	$15 < I_B < 19$	$5 < I_B < 15$
水环境状况指数	$12 < I_W < 15$	$10 < I_W < 12$	$5 < I_W < 10$
底质环境状况指数	$7 < I_S < 10$	$5 < I_S < 7$	$1 < I_S < 5$

表3.6 海草床生态状况评估二级指标与赋值

评估要素	评估指标	Ⅰ稳定 / 适宜		Ⅱ受损 / 中度适宜		Ⅲ严重受损 / 不适宜	
		要求	赋值	要求	赋值	要求	赋值
海草床（I_V）	海草床面积变化	≥ −10%	50	≥ −30% ~ < −10%	30	< −30%	10
	盖度变化	≥ −10%	50	≥ −30% ~ < −10%	30	< −30%	10
	茎枝密度变化	≥ −10%	50	≥ −30% ~ < −10%	30	< −30%	10
生物群落（I_B）	大型藻类盖度	< 15%	25	> 15% ~ < 30%	15	> 30%	5
	大型底栖动物生物量变化	≥ −5%	25	> −10% ~ < −5%	15	< −10%	5
水环境（I_W）	溶解氧 / (mg/L)	> 6	15	> 5 ~ < 6	10	< 5	5
	悬浮物 / (mg/L)	< 10	15	> 10 ~ < 50	10	> 50	5
	无机氮 / (μg/L)	< 200	15	> 200 ~ < 300	10	> 300	5
	活性磷酸盐 / (μg/L)	< 15	15	> 15 ~ < 30	10	> 30	5
底质环境（I_S）	有机碳含量 / %	< 2.0	10	> 2.0 ~ < 3.0	5	> 3.0	1
	硫化物含量 / （μg/g)	< 300	10	> 300 ~ < 500	5	> 500	1

海草床状况指数（I_V）、生物群落状况指数（I_B）、水环境状况指数（I_W）、底质环境状况指数（I_S）和海草床生态状况综合评估指数（I_{SG}）的计算公式分别为：

$$I_V = \frac{\sum_{i=1}^{q} V_i}{q} \tag{3-1}$$

$$I_B = \frac{\sum_{i=1}^{q} V_i}{q} \tag{3-2}$$

$$I_W = \frac{\sum_{i=1}^{q} V_i}{q} \tag{3-3}$$

$$I_S = \frac{\sum_{i=1}^{q} V_i}{q} \tag{3-4}$$

$$I_{SG} = I_V + I_B + I_W + I_S \tag{3-5}$$

式中：

V_i——第 i 个海草床评估指标赋值；

q——海草床评估指标总数。

表3.7 海草床生态状况评估结果分级说明

	分级	分级说明
$I_{SG} \geqslant 75$	Ⅰ级	生态系统相对稳定。海草植被、生物群落和环境要素等方面整体稳定，可自我维持
$60 \leqslant I_{SG} < 75$	Ⅱ级	生态系统受损。海草植被、生物群落和环境要素等方面出现受损，尚可维持生态系统基本结构，自我恢复能力下降
$I_{SG} < 60$	Ⅲ级	生态系统严重受损。海草植被、生物群落和环境要素等出现严重受损，难以维持生态系统基本结构，自我恢复能力明显下降

3.2 广东

广东省现有海草床面积 1 297.85 hm^2，占南海区近岸海草床总面积的 29.68%，主要分布于湛江流沙湾、珠海唐家湾、汕头义丰溪、潮州柘林湾等区域。2020 年对广东省上述 4 个重点区域的海草床生态状况开展了调查和评估，相关结果如下。

3.2.1 湛江流沙湾海草床

3.2.1.1 区域概况

流沙湾地处广东省湛江市雷州半岛西南部，曾名翁家港，因海湾东北侧的流沙港而闻名。海湾总跨度面积约 69 km^2，属于腹大口小、北西朝向、形状似葫芦的半封闭型海湾，自然地理条件十分优越。流沙湾内港是一个港口宽度约为 750 m，且港汊为长尖形的潟湖，最远可深入到内陆约 16 km，可直抵徐闻县的那练村东部，而且流沙湾外港的整个水域范围差不多有近 70 km^2，中央溺谷状深槽的水深为 10 ～ 20 m，槽长达 8 km 左右，周围无大河注入，底质类型以砾石、沙和泥沙为主，只有很少一部分是沙质泥和淤泥。流沙湾属热带海洋性季风气候，全年平均温度在 23℃以上，年降水量为 1 300 ～ 1 700 mm，降水集中在夏秋两季，多暴雨，台风年均 5.1 次。流沙湾内分布有较大面积的红树林和海草床，由于红树林、海草床等生态系统的存在，其内部生物资源非常丰富，盛产青蟹、梭子蟹、鲦鱼、沙虫及 20 多种贝类。流沙湾还是我国水产养殖分布较为密集的海域，水产养殖所占的面积约占总面积的25%，其中养殖面积较大的当属贝类，占到总养殖面积的91.9%（苏家齐等，2019）。海水珍珠的养殖在流沙湾盛行已久，自古以来此地出产的珍珠驰名中外，颇负盛名。流沙湾珍珠年产量约占全国海水珍珠总产量的70%以上，是我国重要的海水珍珠培育和养殖基地之一。

3.2.1.2 海草床生态现状

3.2.1.2.1 海草床面积分布

通过船舶走航摸排和无人机拍摄的方式，获得流沙湾2020年夏季的海草分布面积为710.44 hm^2，具体分布情况见图3.2。该区域海草床的分布为两大斑块，均位于流沙湾内港的北部沿岸。其中，北部小斑块面积约为106.00 hm^2，大斑块面积约为604.44 hm^2。

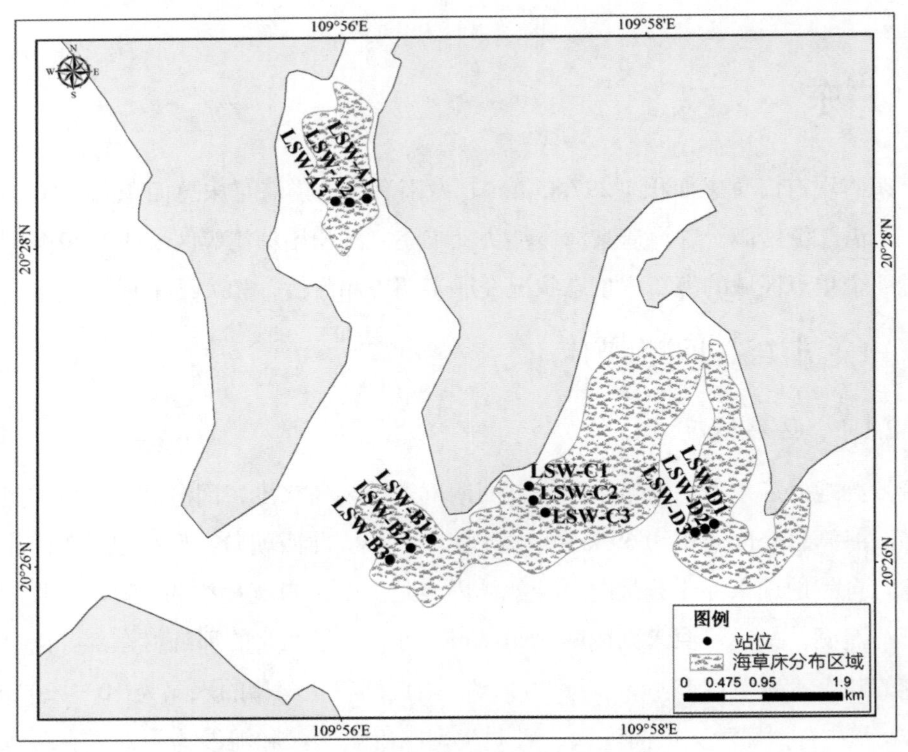

图3.2 流沙湾海草床分布和调查站位布设

3.2.1.2.2 海草群落特征

流沙湾内共布设4条断面12个调查站位（图3.2）。该区域共发现4种海草，分

别为卵叶喜盐草、小喜盐草、贝克喜盐草和单脉二药草。4 条调查断面中 LSW-A 断面的海草多样性水平最高，合计发现 3 种海草，其次为 LSW-C 断面，发现两种海草，LSW-B 和 LSW-D 断面均只发现卵叶喜盐草 1 种海草。小喜盐草主要集中在 LSW-A 断面的近岸和中部区域；贝克喜盐草仅在 LSW-A 断面近岸区域有发现，单脉二药草仅在 LSW-C 断面的近岸和中部区域有零星分布，卵叶喜盐草为流沙湾的绝对优势种。

海草盖度方面，流沙湾海草床各调查站位平均盖度范围在 5.3% ~ 88.3%，其中 LSW-C 断面的海草平均覆盖度最高，LSW-D 断面最低，整个流沙湾海域海草的平均覆盖度为 44.4%（表 3.8）。

表3.8　流沙湾各站位海草平均盖度　　%

断面	站位	卵叶喜盐草	小喜盐草	贝克喜盐草	单脉二药草	合计	平均
LSW-A	LSW-A1	13.8	2.3	0.2	—	16.3	39.4
	LSW-A2	18.0	7.8	—	—	25.8	
	LSW-A3	75.8	0.2	—	—	76.0	
LSW-B	LSW-B1	34.3	—	—	—	34.3	43.1
	LSW-B2	42.5	—	—	—	42.5	
	LSW-B3	52.5	—	—	—	52.5	
LSW-C	LSW-C1	71.2	—	—	0.2	71.3	65.2
	LSW-C2	87.5	—	—	0.8	88.3	
	LSW-C3	35.8	—	—	—	35.8	
LSW-D	LSW-D1	5.3	—	—	—	5.3	29.8
	LSW-D2	40.0	—	—	—	40.0	
	LSW-D3	44.2	—	—	—	44.2	

注：“—”表示未发现该种海草。

茎枝高度方面，此次调查卵叶喜盐草平均株高为 2.13 cm，小喜盐草平均株高为 0.97 cm，贝克喜盐草平均株高为 0.65 cm，单脉二药草平均株高为 6.91 cm（图 3.3）。

茎枝密度方面，各调查点海草平均密度变化范围为 520.0 ~ 6 196.1 shoots/m^2，4 条断面海草平均密度由高到低依次为：LSW-C ＞ LSW-B ＞ LSW-A ＞ LSW-D。不同海草之间密度差异很大，其中卵叶喜盐草的密度最高，为 3 610.8 shoots/m^2；小喜盐草的密度为 241.9 shoots/m^2；贝克喜盐草的密度为 7.2 shoots/m^2；单脉二药草的密度为 32.5 shoots/m^2（表 3.9）。

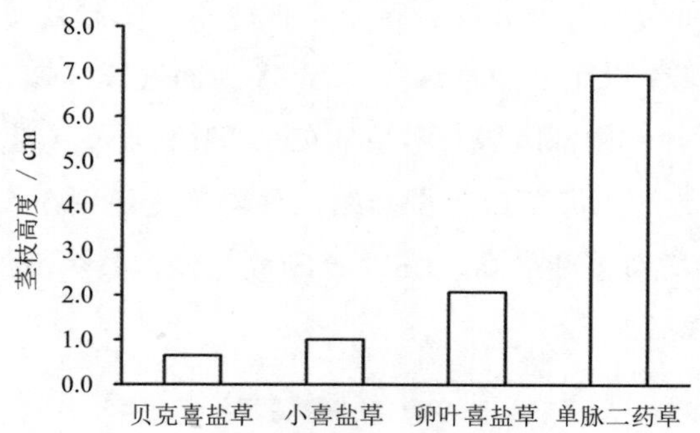

图3.3　广东流沙湾不同种类海草茎枝高度

表3.9　流沙湾各站位海草密度　　　　单位：shoots/m^2

断面	站位	卵叶喜盐草	小喜盐草	贝克喜盐草	单脉二药草	合计	平均
LSW-A	LSW-A1	1 039.9	1 126.6	86.7	—	2 253.1	3 105.3
	LSW-A2	2 036.5	1 689.8	—	—	3 726.3	
	LSW-A3	3 249.7	86.7	—	—	3 336.4	
LSW-B	LSW-B1	2 253.1	—	—	—	2 253.1	4 448.5
	LSW-B2	5 026.2	—	—	—	5 026.2	
	LSW-B3	6 066.1	—	—	—	6 066.1	
LSW-C	LSW-C1	6 152.8	—	—	43.3	6 196.1	4 925.1
	LSW-C2	5 329.5	—	—	346.6	5 676.2	
	LSW-C3	2 903.1	—	—	—	2 903.1	
LSW-D	LSW-D1	520.0	—	—	—	520.0	3 090.8
	LSW-D2	3 336.4	—	—	—	3 336.4	
	LSW-D3	5 416.2	—	—	—	5 416.2	

注：“—”表示未发现该种海草。

海草生物量方面，各调查站位海草总生物量平均值的变化范围为 5.68 ~ 46.88 g DW/m^2，区域平均值为 28.42 g DW/m^2，其中，以 LSW-C 断面的生物量最高，LSW-D 断面最低。调查区域不同海草种类平均生物量统计结果为：卵叶喜盐草为 26.39 g DW/m^2，小喜盐草为 1.68 g DW/m^2，贝克喜盐草为 0.011 g DW/m^2，单脉二药草为 0.34 g DW/m^2，该区域海草地下生物量总体上要高于地上生物量（图 3.4）。

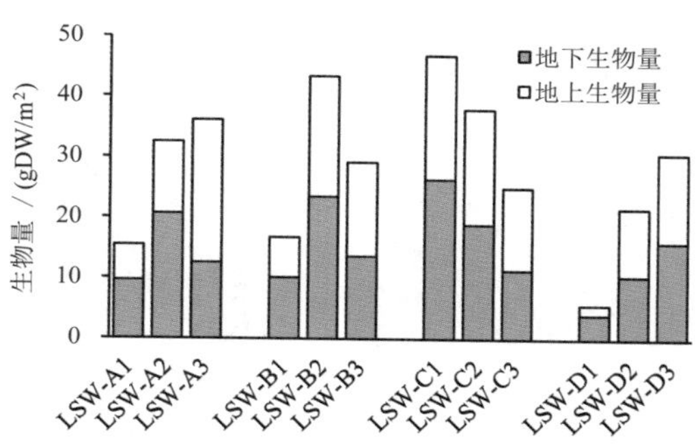

图3.4　广东流沙湾各站位海草生物量

有性繁殖方面，调查期间，4 种海草中仅卵叶喜盐草被观察到有开花结果现象，其余海草均未发现。卵叶喜盐草花的个体密度为 57.8 个 /m^2，果实个体密度为 267.2 个 /m^2，以 LSW-B 断面海草花和果个体密度最高。

3.2.1.2.3　大型藻类

本次调查流沙湾共发现大型藻类 3 门 5 科 5 属 5 种，其中红藻门有 3 种，为缢江蓠（*Gracilaria salicornia*）、刺枝鱼栖苔（*Acanthophora spicifera*）和蓝子藻（*Spyridia filamentosa*）；绿藻门 1 种，为石莼（*Ulva lactuca*）；蓝藻门 1 种，为巨大鞘丝藻（*Lyngbya majuscule*）（图 3.5）。流沙湾各调查站位大型藻类覆盖度情况见表 3.10，各调查站位大型藻类覆盖度变化范围为 0 ~ 68.50%，平均覆盖度为 19.33%。LSW-B 断面和 LSW-D 断面的大型藻类覆盖度较高，LSW-B 断面以刺枝鱼栖苔为主，LSW-D 断面主要为巨大鞘丝藻，石莼在该断面也具有较高的覆盖度。调查中发现，该区域大型藻类覆盖度较高的地方海草生长密度明显偏低，或无海草分布，这可能与大型藻类大量增殖覆盖在海草表面产生遮光效应，导致海草窒息死亡有关（Deegan，2002；Harlin，1995）。

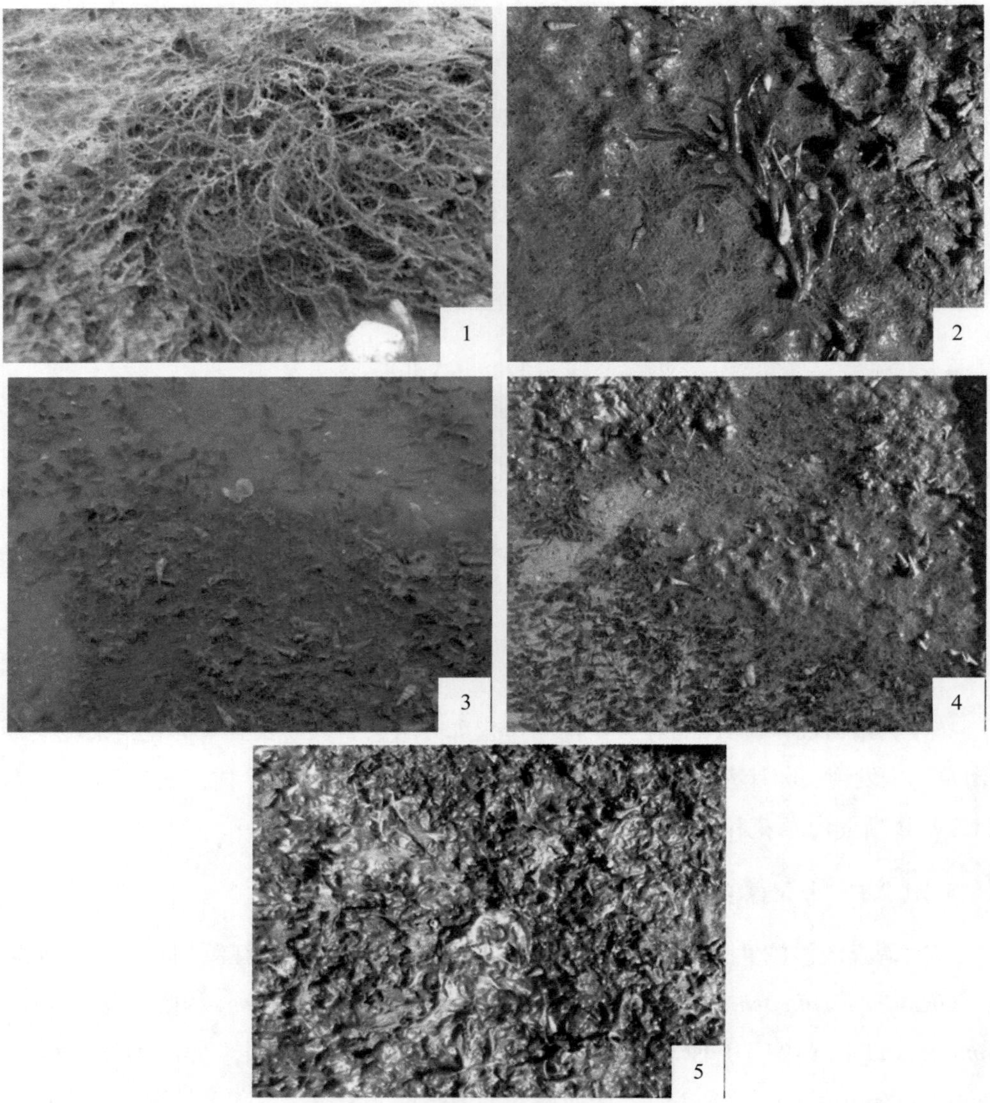

图3.5　流沙湾海草床中的大型藻类

1：刺枝鱼栖苔；2：缢江蓠；3：蓝子藻；4：巨大鞘丝藻；5：石莼

表3.10　流沙湾大型藻类覆盖度　　%

断面	站位	刺枝鱼栖苔	巨大鞘丝藻	蓝子藻	石莼	缢江蓠	合计
LSW-A	LSW-A1	—	—	—	—	—	—
	LSW-A2	—	—	—	—	—	—
	LSW-A3	0.20	—	7.30	—	—	7.50

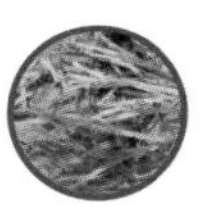

续表

断面	站位	刺枝鱼栖苔	巨大鞘丝藻	蓝子藻	石莼	缢江蓠	合计
LSW-B	LSW-B1	0.80	—	17.50	—	—	18.30
	LSW-B2	43.30	0.50	—	0.20	—	44.00
	LSW-B3	35.80	—	—	—	—	35.80
LSW-C	LSW-C1	—	—	0.20	—	—	0.20
	LSW-C2	0.50	—	—	—	—	0.50
	LSW-C3	1.80	—	—	—	—	1.80
LSW-D	LSW-D1	0.30	6.00	—	8.20	0.20	14.70
	LSW-D2	—	49.50	—	18.70	0.30	68.50
	LSW-D3	—	33.70	—	6.80	0.20	40.70

注：“—”表示未发现该种藻类。

3.2.1.2.4 大型底栖动物

流沙湾海草床大型底栖动物样品经鉴定共发现 6 大门类 47 种。其中，环节动物种类最多，其次是软体动物和节肢动物，其余门类生物种类均很少［图 3.6(a)］，大型底栖动物种类组成以潮间带泥沙底质底内生活的种类为主。各站位大型底栖动物的平均栖息密度为 280.0 ind/m^2，平均生物量为 189.31 g/m^2。软体动物栖息密度和生物量均远高于其他类群；环节动物栖息密度仅次于软体动物，节肢动物生物量仅次于软体动物，其他生物类群无论是栖息密度还是生物量均较小［图 3.6(b), (c)］。与流沙湾周边海域潮间带底栖贝类调查结果相比（表 3.11），本次在海草床区的贝类生物平均栖息密度和生物量均高于其他潮间带生境，侧面说明了大型底栖动物喜好在海草床中觅食或寻求庇护。

该区域大型底栖动物优势种共有两种，均为软体动物（表 3.12），第一优势种为凸加夫蛤（*Gafrarium tumidum*），第二优势种为纵带滩栖螺（*Batillaria zonalis*）。该区域大型底栖动物物种多样性指数 H' 为 0.28 ～ 1.72，平均值为 0.92；均匀度 J 为 0.12 ～ 0.78，平均值为 0.49；丰富度指数 D 为 0.38 ～ 3.01，平均值为 1.71。

将流沙湾海草床各调查断面主要海草群落参数（海草种类数、海草总生物量平均值和海草密度平均值）与相应的大型底栖动物物种多样性指数 H' 进行皮尔森（Pearson）相关性分析，发现大型底栖动物的物种多样性指数 H' 与所在断面海草种类数、总生物量和密度均存在一定的正相关性，尤其是海草种类数和总生物量，其相关性系数均达 0.7 以上。说明区域中海草种类越多，海草生物量越丰富，大型底栖动物多样性指数也越高。

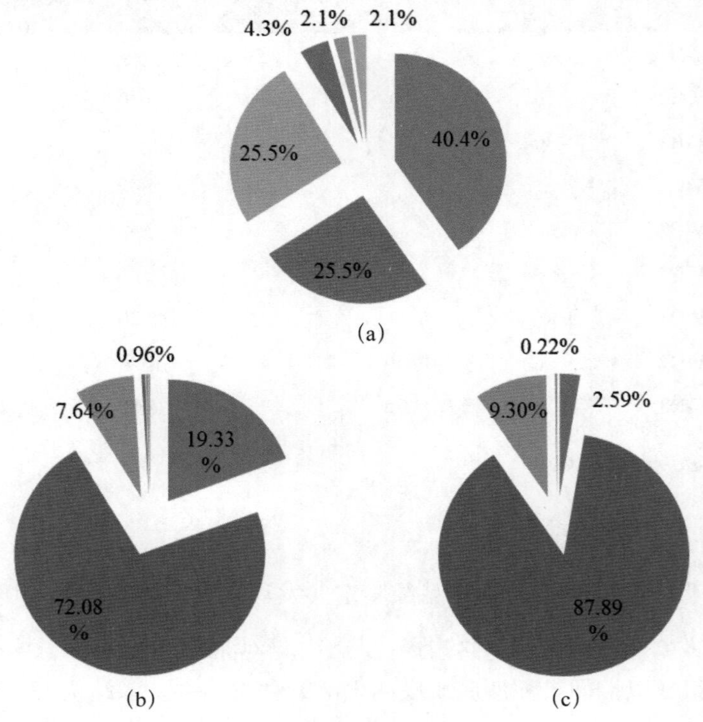

图3.6 流沙湾大型底栖动物种类组成（a）、栖息密度组成（b）和生物量组成（c）

表3.11 流沙湾海草床区与近岸潮间带/潮下带贝类栖息密度及生物量比较

调查时间	调查区域	平均栖息密度 / (ind/m^2)	平均生物量 / (g/m^2)
2008 年 3 月	流沙湾潮间带 / 潮下带*	118.2	66.10
2008 年 5 月	流沙湾潮间带 / 潮下带*	57.4	63.42
2008 年 7 月	流沙湾潮间带 / 潮下带*	174.6	133.10
2008 年 9 月	流沙湾潮间带 / 潮下带*	134.0	159.96
2008 年 11 月	流沙湾潮间带 / 潮下带*	183.2	109.76
2009 年 1 月	流沙湾潮间带 / 潮下带*	108.9	73.99
2020 年 7 月	流沙湾海草床区域	201.3	164.37

注：*数据来源于柯盛（2010）。

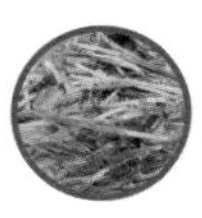

表3.12 流沙湾海草床大型底栖动物优势种及优势度

优势种	优势度	站位覆盖度
凸加夫蛤	0.161	50.0%
纵带滩栖螺	0.030	8.3%

3.2.1.2.5 环境状况

水环境调查结果显示，调查期间流沙湾各站位海水水温变化范围为 31.6 ~ 31.9℃，平均值为 31.8℃；盐度变化范围为 33.25 ~ 34.16，平均值为 33.73。悬浮物浓度变化范围为 3.8 ~ 42.6 mg/L，平均值为 18.5 mg/L；透明度变化范围为 0.5 ~ 0.8 m，平均值为 0.7 m，流沙湾为潟湖型海湾，调查时间为汛期，海水呈现高悬浮物低透明度特征（张才学等，2012）。溶解氧浓度变化范围为 5.08 ~ 8.31 mg/L，平均值为 6.12 mg/L，调查区域 75% 站位表层溶解氧浓度符合第一类海水水质标准（> 6 mg/L），可能与流沙湾高密度养殖活动有关。无机氮浓度变化范围为 24.6 ~ 150.0 μg/L，平均值为 101.0 μg/L；无机磷浓度变化范围为（未检出 ~ 8.2 μg/L），平均值为 3.7 μg/L，无机氮和无机磷含量均符合第一类海水水质标准（无机氮 < 200.0 μg/L，无机磷 < 150.0 μg/L），海域 N/P=60 > 16，表明该区域海草床可能存在磷限制。

底质环境调查结果显示，该区域沉积物粒级组分中砾、砂、粉砂和黏土的平均含量分别为 0.8%、76.0%、19.1% 和 4.2%，砂含量占绝对优势，粉砂次之，砾石含量极低；中值粒径均小于 3Φ，中值粒径的变化范围为 1.693Φ ~ 2.865Φ（0.137 3 ~ 0.309 2 mm），平均值为 2.245Φ（0.137 3 mm），粒径较粗。沉积物有机碳含量变化范围为 0.23% ~ 0.65%，平均值为 0.40%，有机碳含量分布均匀；硫化物含量范围在（未检出 ~ 142 μg/g）平均值为 62 μg/g，区域内各站位间硫化物含量差异较大，养殖区附近区域硫化物较高，远离养殖区区域硫化物含量偏低。根据《海洋沉积物质量》（GB18668—2002）中规定的第一类海洋沉积物质量标准评价，调查区域沉积物有机碳和硫化物的含量均符合第一类海洋沉积物质量标准，无超标现象。

3.2.1.3 海草床生态状况评估

流沙湾海草床生态状况评估中，海草床总面积、茎枝密度、盖度、大型底栖动物生物量等指标的评估以黄小平和黄良民（2007）、曾园园（2015）中的调查结果为参照系。

评估结果见表 3.13，流沙湾海草床生态系统状况综合评估指数（ISG）得分为

60.42，评级为Ⅲ 级（严重受损），主要表现为海草床生境的丧失和海草植被的减少。其中流沙湾海草床面积、茎枝密度和盖度均有较大幅度减少，海草植被评估指数(I_V)得分为16.67，评级为Ⅲ级（严重受损）。生物群落评估指数（I_B）得分为20，评级为Ⅰ级（稳定）。其中，生物群落中大型藻类盖度较高，评级为Ⅱ级（受损）；底栖动物生物量较2002年调查结果增加了59.3%，评级为Ⅰ级（稳定）。水环境指标（I_W）得分为13.0，评级为Ⅰ级（适宜）。但值得注意的是，调查区域水体中悬浮物含量较高，评级为Ⅱ级（中度适宜）；同时，溶解氧浓度虽然评级为Ⅰ级（适宜），但调查区域有75%站位表层溶解氧浓度不满足第一类海水水质标准（$>$6 mg/L），存在缺氧的风险。底质环境指标（I_S）得分为10，调查区域沉积物有机碳和硫化物的含量均未超标，底质环境良好。

表3.13　流沙湾海草床生态状况评估结果

评估要素	指标	参照系	本调查	变化幅度	分级	赋值	平均得分	评级
海草植被 (I_V)	总面积 / hm^2	900①	710.44	−21.1%	Ⅱ	30	16.67	Ⅲ
	茎枝密度 / ($shoots/m^2$)	5 958①	3 892.4	−34.7%	Ⅲ	10		
	盖度 / %	64.6②	44.4	−31.3%	Ⅲ	10		
生物群落 (I_B)	大型底栖动物生物量 / (g/m^2)	118.81①	189.3	59.3%	Ⅰ	25	20	Ⅰ
	大型藻类盖 / %	—	19.3	—	Ⅱ	15		
水环境 (I_W)	溶解氧 / (mg/L)	—	6.12	—	Ⅰ	15	13.75	Ⅱ
	悬浮物 / (mg/L)	—	18.5	—	Ⅱ	10		
	无机氮 / (μg/L)	—	100.70	—	Ⅰ	15		
	活性磷酸盐 / (μg/L)	—	3.70	—	Ⅰ	15		
底质环境 (I_S)	有机碳 / %	—	0.40	—	Ⅰ	10	10	Ⅰ
	硫化物 / (μg/g)	—	62.00	—	Ⅰ	10		
综合评估	综合评估指数：60.42；评级：Ⅲ级（严重受损）							

注：① 引自黄小平于2002年10月的调查结果：黄小平和黄良民（2007）；② 引自曾园园于2014年9月的调查结果：曾园园（2015）。“—”表示无需参照系。

3.2.2　珠海唐家湾海草床

3.2.2.1　区域概况

唐家湾位于珠海市香洲区北部，珠江口西岸，与香港大屿山隔海相望。该区域南

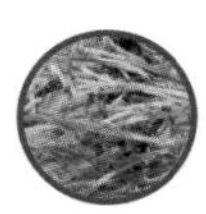

北长约 12 km，东西长约 17 km，海岸线长约 20 km。底质类型方面，粗砂、砂砾主要分布在上栅、淇澳夹洲；细粉砂、黏土主要分布在外沙、上栅、东岸、前环、后环和淇澳岛北。唐家湾年平均气温约 22.5℃，光照充足，日照时间较长，年降雨量为 2 000 ～ 2 200 mm，雨量多集中在每年 5—10 月，夏季风和冬季风交替明显。黄小平等（2009）于 2008 年对该区域海草床生态状况进行了首次调查，发现该区域海草床面积约 7.6 hm^2，种类均为贝克喜盐草。

3.2.2.2　海草床生态现状

3.2.2.2.1　海草床面积分布

本次调查唐家湾海草床分布面积为 4.56 hm^2，集中分布在鸡山村情侣路外围滩涂上（图 3.7）。该区域在 2008 年首次报道的海草床分布面积为 7.60 hm^2（黄小平等，2010），在 2017 年的调查结果为 2.85 hm^2（Jiang et al., 2020）。该区域海草床面积在 2008—2017 年间出现较大幅度减少的原因可能与周边开展沙滩修复工程有关，该工程导致一部分海草床分布区被沙滩覆盖，以及施工期间工程周围海水变浑浊，悬浮物含量上升，也不利于海草进行光合作用，综合作用导致了海草床面积的缩减。此后，随着工程结束环境稳定，调查区域的海草床面积有所回升。

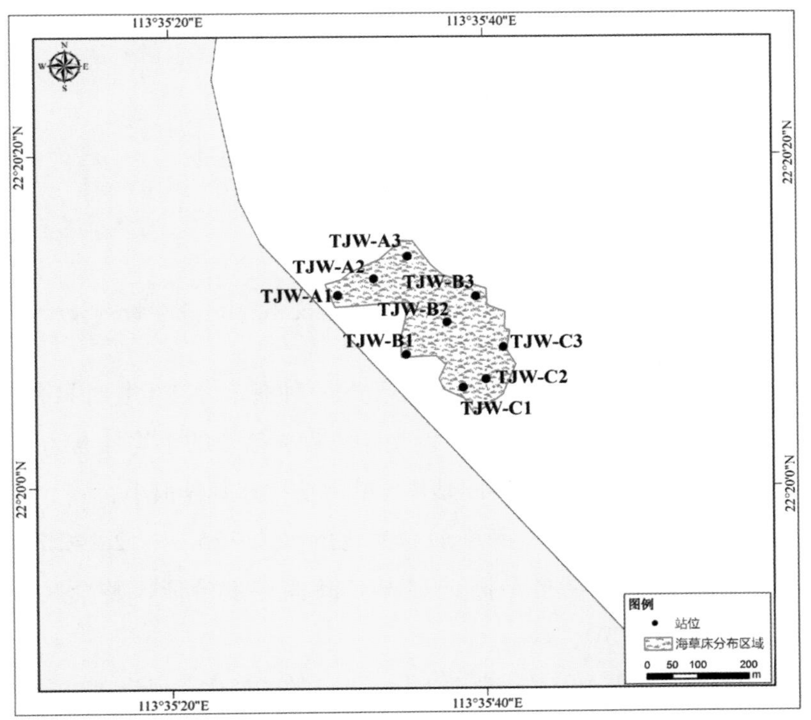

图3.7　唐家湾海草床分布和调查站位布设

3.2.2.2.2　海草群落特征

唐家湾海草床海草种类为单一的贝克喜盐草。海草盖度方面，各调查站位海草盖度变化范围为 6.2% ～ 72.5%，其中，以 TJW-A 断面海草平均盖度最高，TJW-C 断面平均盖度最低，整个区域海草平均盖度为 33.4%。垂直于岸线分布上，TJW-A 断面远岸点盖度最高，TJW-B 和 TJW-C 断面则在中部区域盖度最高，3 条断面的盖度最低值均位于近岸区域［图 3.8(a)］。

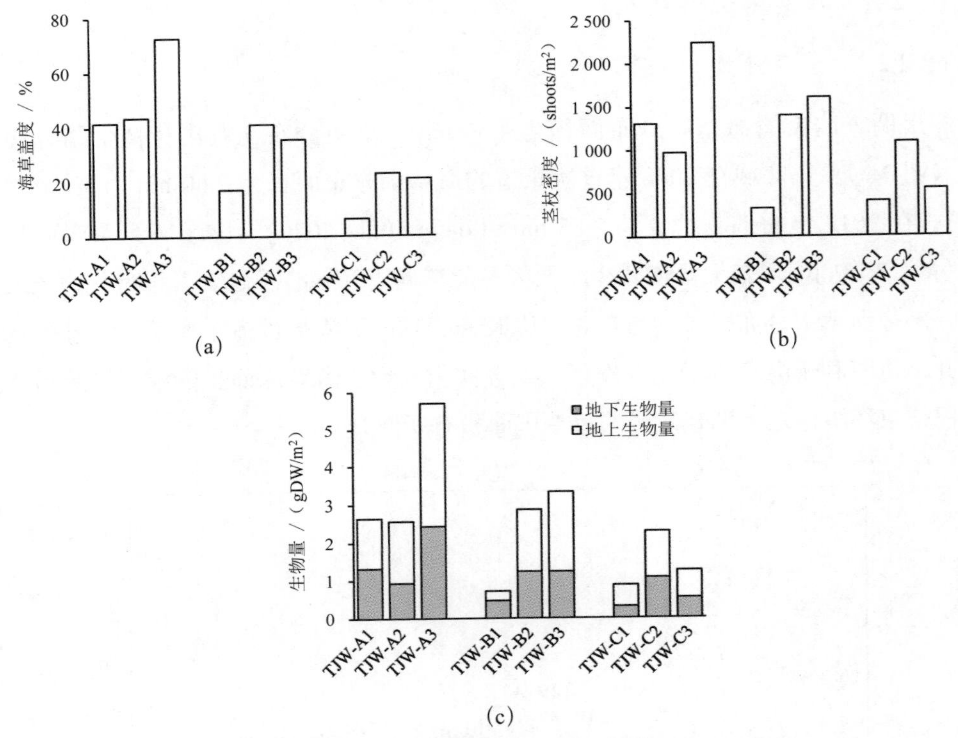

图3.8　珠海唐家湾各站位海草盖度（a）、茎枝密度（b）和生物量（c）

茎枝高度方面，由于贝克喜盐草为最小型的一种海草，其生长时只有叶片上部露出，调查时仅测量其露出的部分。整个调查区贝克喜盐草的平均株高为 0.51 cm，各站位变化范围为 0.44 ～ 0.60 cm，不同站位间的海草株高差异很小。

茎枝密度方面，各调查站位海草平均密度范围为 325.0 ～ 2 242.3 shoots/m^2，3 条断面中以 TJW-A 断面密度最高，TJW-C 断面密度最低，整个区域平均值为 1 097.7 shoots/m^2［图 3.8(b)］。

海草生物量方面，各调查站位海草总生物量平均值的变化范围为 0.7 ～ 5.7 g DW/m^2。其中，以 TJW-A 断面的生物量最高，TJW-C 断面生物量最低，整个区域总生物量平

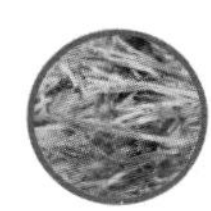

均值为 2.5 g DW/m^2，生物量分布规律与海草密度的分布规律基本一致。地上生物量与地下生物量的比值范围为 0.53 ~ 1.86，除 TJW-B 断面近岸点外，其余站位的地上生物量均高于地下生物量［图 3.8(c)］。

调查期间未发现贝克喜盐草开花结果现象。

3.2.2.2.3 大型藻类

此次在唐家湾仅发现扁浒苔（*Ulva compressa*）一种大型藻类（图 3.9）。在 3 个调查断面的覆盖度在 0 ~ 0.61%，区域盖度平均值为 0.34%。其中，TJW-B 断面的大型藻类覆盖度最高，为 0.61%，其次为 TJW-A 断面（0.42%），TJW-C 断面未发现大型海藻。

图3.9 唐家湾海草床中的大型藻类——扁浒苔

3.2.2.2.4 大型底栖动物

唐家湾大型底栖动物样品经鉴定共发现 3 大门类 17 种。其中，环节动物种类最多，共 7 种，占总种数的 41.2%［图 3.10(a)］，大型底栖动物种类组成以潮间带泥沙底质底内生活的种类为主。各站位大型底栖动物的平均栖息密度为 42.6 ind/m^2，平均生物量为 13.56 g/m^2。软体动物栖息密度和生物量均远高于其他类群；环节动物仅次于软体动物，节肢动物的栖息密度和生物量最低［图 3.10(b)、图 3.10(c)］。

该区域大型底栖动物优势种共有两种，包括软体动物和环节动物各一种，第一优势种为中国绿螂（*Glaucomya chinensis*），第二优势种为羽须鳃沙蚕（*Dendronereis pinnaticirris*）（表 3.14）。大型底栖动物物种多样性指数 H' 为 0 ~ 1.56，平均值为 0.58；均匀度 J 为 0 ~ 0.97，平均值为 0.48；丰富度指数 D 在 0 ~ 1.03，平均值为 0.37。

将大型底栖动物和海草的几个主要参数进行皮尔森（Pearson）相关性分析（表

3.15），结果显示，海草总生物量均值和海草盖度均值分别与大型底栖动物平均栖息密度和生物量都表现为显著正相关（$P < 0.05$），说明海草密度越高的区域，大型底栖动物的栖息密度、生物量和多样性参数也越高。将本次调查与历史调查结果对比（表3.16），发现除平均栖息密度外，本次调查大型底栖动物平均生物量、多样性指数均值和均匀度指数均值等参数均低于2008年的调查结果（黄小平等，2010）。值得一提的是，2008年的调查仅针对底上生活的那部分大型底栖动物，说明相比于2008年，唐家湾海草床区大型底栖动物群落表现为一定程度的退化。结合海草群落的对比，本次调查海草分布面积、平均盖度、平均生物量和平均密度均低于2008年的调查结果，可见大型底栖动物群落的退化与该区域海草床的退化可能存在一定的关联。

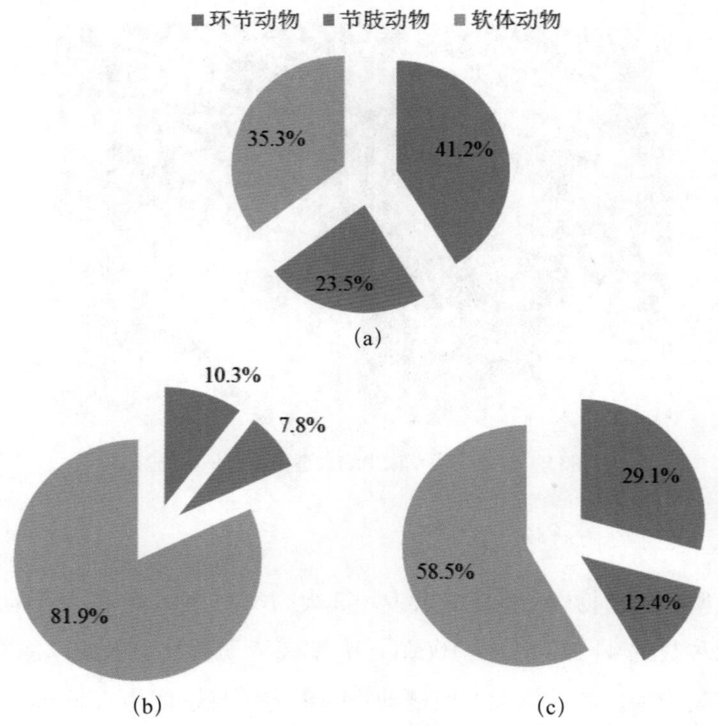

图3.10　唐家湾大型底栖动物种类组成（a）、栖息密度组成（b）和生物量组成（c）

表3.14　唐家湾海草床大型底栖动物优势种及优势度

优势种	优势度	站位覆盖度
中国绿螂	0.139	33.3%
羽须鳃沙蚕	0.028	22.2%

表3.15　唐家湾海草床海草与大型底栖动物主要群落特征参数之间的相关性指数

参数	海草总生物量 /（g/m^2）	海草密度 /（$shoots/m^2$）	海草盖度 / %
底栖动物栖息密度 /（ind/m^2）	1.000*	0.986	1.000*
底栖动物生物量 /（g/m^2）	0.996*	0.973	0.995*
底栖动物 *H'*	0.873	0.935	0.880
底栖动物 *D*	0.948	0.985	0.952

注："*"表示相关性显著（$P<0.05$）。

表3.16　唐家湾海草床大型底栖动物历史数据对比

调查时间	平均栖息密度（ind/m^2）	平均生物量（g/m^2）	*H'* 均值	*J* 均值	*D* 均值	优势种
2008 年 8—10 月 *	18.7	19.12	1.23	0.89	—	悦目大眼蟹（*Macrophthalmus erato*）
2020 年 9 月	42.6	13.56	0.58	0.48	0.37	中国绿螂、羽须鳃沙蚕

注：*数据引自黄小平等（2010）。

3.2.2.2.5　环境状况

水环境方面，调查期间唐家湾海水水温变化范围为 30.6 ~ 30.8℃，平均值为 30.7℃；盐度变化范围为 8.17 ~ 8.96，平均值为 8.73；透明度变化范围为 0.6 ~ 0.8 m，平均值仅 0.7 m；pH 变化范围为 8.12 ~ 8.14，平均值为 8.13；溶解氧浓度变化范围为 6.05 ~ 6.55 mg/L，平均值为 6.31 mg/L。该区域海水 pH 和 DO 均符合第一类海水水质标准（7.8 < pH < 8.5，DO > 6 mg/L）。无机氮浓度变化范围为 0.263×10^3 ~ 1.52×10^3 μg/L，平均值为 1.27×10^3 μg/L；无机磷浓度变化范围为 $0.021\,4 \times 10^3$ ~ $0.048\,7 \times 10^3$ μg/L，平均值为 $0.042\,0 \times 10^3$ μg/L；硅酸盐浓度变化范围为 0.981×10^3 ~ 3.07×10^3 μg/L，平均值为 1.92×10^3 μg/L。叶绿素 *a* 浓度变化范围为 3.80 ~ 7.95 μg/L，平均值为 6.04 μg/L。区域无机氮平均浓度达到劣四类海水水质标准（DIN > 500 μg/L）；无机磷平均浓度满足第四类海水水质标准（30 μg/L < DIP < 45 μg/L）。调查结果表明，该区域富营养化严重，其无机氮和无机磷可能来自河水或近岸污水。

底质环境方面，唐家湾底质以砾和砂为主，粒级组分以砾和砂为主，其中砾、砂、粉砂和黏土的平均含量分别为 44.2%、55.4%、0.4% 和 0，砾和砂含量占绝对优势，砂组分含量普遍在 60% 以上，砾组分含量普遍在 40% 以上，仅有极少量粉砂，不含黏土，中值粒径基本上都在 1 mm 以上，中值粒径的变化范围为 −1.071Φ ～ 0.194Φ（0.874 2 ～ 2.100 7 mm），平均值为 −0.639Φ（1.596 1 mm），粒径粗。该地区水动力条件较弱，属于高淤积区，沉积环境相对稳定，沉积物粒径变化小，粒径较大，沉积物颗粒较粗，砂和砾石含量高。该海域受河口径流影响较小，近年来，唐家湾情侣路沙滩修复项目的启动，制造人工沙滩，为底质中的砂和砾石提供了来源。同时，该海域存在大量的生蚝养殖，生蚝养殖投放的大量碎石块，为底质中的砂和砾石提供了重要的来源，加大了该海域沉积物中砂和砾石的含量。区域有机碳含量范围为 0.10% ～ 0.95%，平均值为 0.62%；硫化物含量范围在未检出～ 89 μg/g，平均值为 30 μg/g。根据《海洋沉积物质量》（GB 18668—2002）中规定的第一类海洋沉积物质量标准评价，调查区域有机碳和硫化物的含量均符合第一类海洋沉积物质量标准，无超标现象。

3.2.2.3 海草床生态状况评估

唐家湾海草床生态系统生态综合评价指数得分为 48.33，分级为Ⅲ级（严重受损）。从表 3.17 可以看出，唐家湾海草床生态状况受损主要表现为海草植被（包括海草面积、茎枝密度和盖度）的大幅下降，以及水体的严重富营养化。

表3.17　唐家湾海草床生态状况评估结果

评估要素	指标	参照系	本次调查	变化幅度	分级	赋值	平均得分	评级
海草植被 (I_V)	总面积 / hm^2	7.60 ①	4.56	−40.0%	Ⅲ	10	10	Ⅲ
	茎枝密度 / (shoots/m^2)	9 523.81 ①	1 097.7	−88.5%	Ⅲ	10		
	盖度 / %	53.33 ①	33.4	−37.4%	Ⅲ	10		
生物群落 (I_B)	大型底栖动物生物量 / (g/m^2)	19.12 ①	13.56	−29.1%	Ⅱ	15	20	Ⅰ
	大型藻类盖度 / %	—	0.34	—	Ⅰ	25		
水环境 (I_W)	溶解氧 / (mg/L)	—	6.31	—	Ⅰ	15	8.33	Ⅲ
	悬浮物 / (mg/L)	—	\	—	\	\		
	无机氮 / (μg/L)	—	1.27×10^3	—	Ⅲ	5		
	活性磷酸盐 / (μg/L)	—	42.00	—	Ⅲ	5		

续表

评估要素	指标	参照系	本次调查	变化幅度	分级	赋值	平均得分	评级
底质环境 (I_S)	有机碳 / %	—	0.62	—	Ⅰ	10	10	Ⅰ
	硫化物 / (μg/g)	—	30.00	—	Ⅰ	10		
综合评分	综合评估指数：48.33；分级：Ⅲ级（严重受损）							

注：① 数据引自黄小平等于2008年夏季的调查结果：黄小平等（2010）；"\"表示由于缺少数据，该项目不予评价；"—"表示无需参照系。

与2008年的调查结果相比，本次调查海草床面积下降了40%，海草茎枝密度和盖度也有大幅降低，海草植被（I_V）综合得分为23.3，评级为Ⅲ级（严重受损）。

生物群落中大型藻类盖度很低，平均盖度仅0.34%，评级为Ⅰ级（稳定）；大型底栖动物生物量较2008年调查结果减少了29.1 %，评级为Ⅱ级（受损）。生物群落（I_B）综合得分为20，评级为Ⅰ级（稳定）。但值得一提的是，2008年的调查仅针对底上生活的底栖动物，这说明唐家湾海草床区大型底栖动物群落实际受损程度可能更严重。

水环境（I_W）得分为8.33，评级为Ⅲ级（不适宜），其主要受损原因是调查区域营养盐超标情况严重。

沉积物有机碳和硫化物的含量均较低，评级均为Ⅰ级（适宜），底质环境（I_S）综合得分为10分，分级为Ⅰ级（适宜）。

3.2.3 汕头义丰溪海草床

3.2.3.1 区域概况

义丰溪位于汕头市澄海区，距离广东南澳候鸟省级自然保护区的凤屿仅7.8 km，属于保护区的外围保护地带。义丰溪为一小型河口区域，由韩江支流北溪与人工运河南溪在东里桥闸处汇合形成，水面最宽处300 m，平均200 m，沿途流经溪南和东里镇至六合围出海。该区域全年气温较高，多年平均气温为22.2 ℃，平均气温年变幅不大。降水充沛，累年平均降水量为1 222.1 mm，降水集中在汛期（4—9月），汛期降水量约占全年降水量的80%，枯水期为10月至翌年3月，降水量年际变化较大。该区域位于季风区，其一年四季均可出现大风（≥ 8级），大风日年均32.1天，累年平均风速为4.0 m/s，年主导风向为东北东和东向。该区域潮流在广东沿岸属于强流区之一，表层实测流速最大可达101 cm/s，底层为87 cm/s。地形地貌方面，该区域主要由淤泥质海滩、沙洲 / 沙岛、河口水域等组成，整体呈西高东低趋势。入海口处水下坡度平缓，河流携带着大量泥沙进入后堆积在河口前方，引起河口内浅滩发育。

3.2.3.2 海草床生态现状

3.2.3.2.1 海草床面积分布

汕头义丰溪海草床分布面积合计 204.44 hm^2，呈现多斑块状分布，具体分布情况见图 3.11。该区域周边存在较多围海养殖现象，西侧围堤向海分布有潮沟，潮沟向海侧分布有大面积潮滩，潮滩上生长着大面积的海草，海草长势较好，广泛分布于调查区域泥质滩涂上。

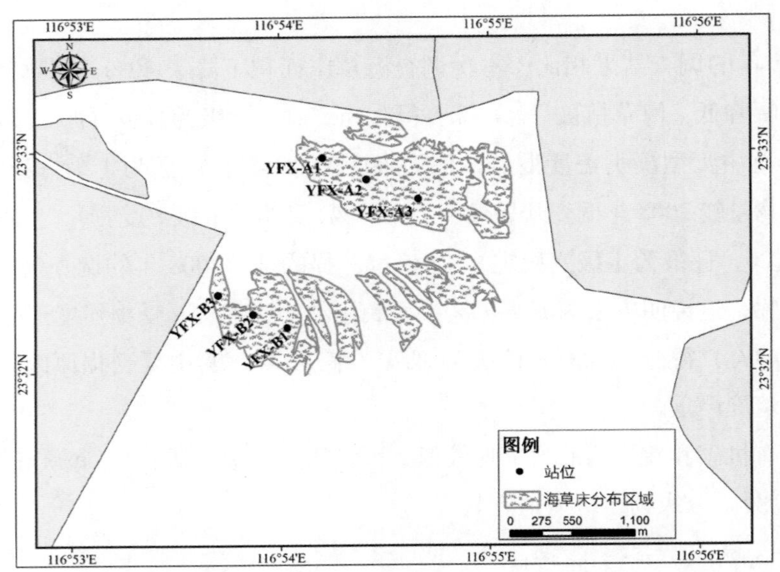

图3.11 义丰溪海草床分布和调查站位布设

3.2.3.2.2 海草群落特征

该区域海草种类单一，为贝克喜盐草，各调查站位间海草盖度变化范围为 56.7% ~ 80.0%，区域平均值为 70.0%。其中，最低值位于 YFX-B2 站位，最高值位于 YFX-B1 站位［图 3.12(a)］。

茎枝高度方面，该区域贝克喜盐草平均株高为 1.43 cm，各调查站位变化范围为 1.41 ~ 1.47 cm，不同站位间的株高差异较小。

茎枝密度方面，各调查站位间的海草密度差异不大，变化范围为 1 256.7 ~ 1 690.0 shoots/m^2，平均值为 1 531.1 shoots/m^2。其中，最低值位于 YFX-B3 站位，最高值位于 YFX-B1 站位，贝克喜盐草密度呈由近岸向远岸递减的趋势［图 3.12(b)］。

海草生物量方面，各站位间海草总生物量的差异较小，其变化范围为 23.2 ~

26.0 g DW/m^2，平均值为 24.3 g DW/m^2［图 3.12(c)］。

本次调查期间未发现贝克喜盐草开花结果现象。

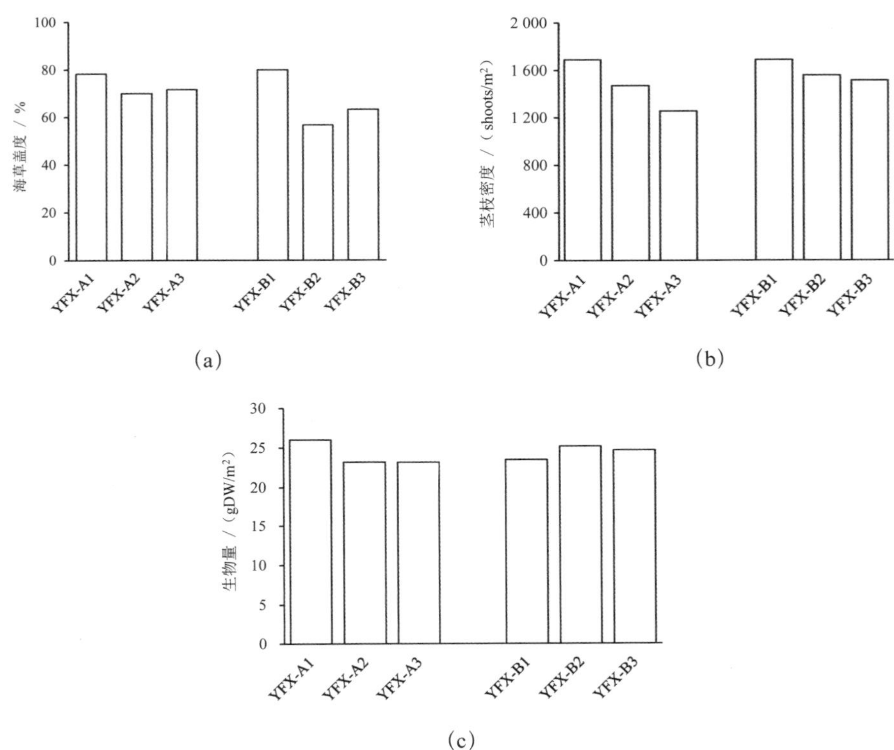

图3.12　汕头义丰溪各站位海草盖度（a）、茎枝密度（b）和生物量（c）

3.2.3.2.3　大型藻类

本次调查发现该区域海草床滩涂上混生着许多条浒苔（*Ulva clathrata*）（图 3.13），样方定量调查结果显示，海草分布区条浒苔的平均盖度为 14.5%。其中，YFX-A 断面条浒苔覆盖度变化范围为 17.5% ~ 31.7%，平均值为 23.6%；YFX-B 断面条浒苔覆盖度变化范围为 3.0% ~ 14.5%，平均值为 5.3%。

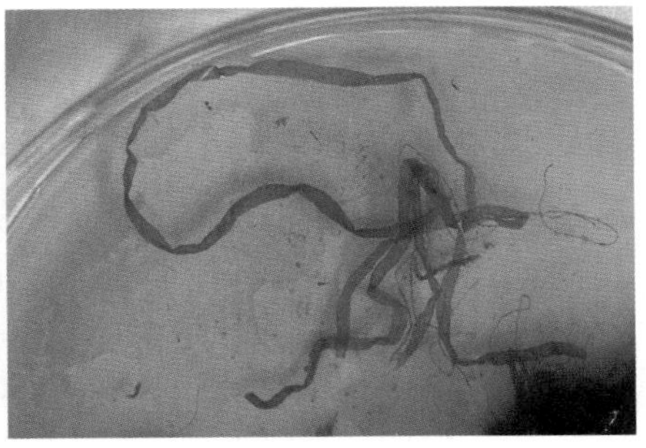

图3.13　汕头义丰溪海草床中的大型海藻——条浒苔

3.2.3.2.4　大型底栖动物

该区域共发现大型底栖动物 5 种，其中节肢动物 4 种、环节动物 1 种。主要优势种为淡水泥蟹（*Ilyoplax tansuiensis*）。大型底栖动物密度平均值为 101.3 ind/m^2，生物量平均值为 5.80 g/m^2。

大型底栖动物物种多样性指数 *H'* 为 0.22 ～ 1.05，平均值为 0.67；均匀度 *J* 为 0.32 ～ 1.00，平均值为 0.88；丰富度指数 *D* 为 0.18 ～ 0.46，平均值为 0.29。

3.2.3.2.5　环境状况

水环境调查结果显示，调查期间该区域海水温度平均值为 30.5℃；盐度变化范围为 17.98 ～ 20.44，平均值为 19.13；悬浮物浓度变化范围为 4.5 ～ 25.8 mg/L，平均值为 12.8 mg/L；透明度平均值为 0.5 m。高悬浮物低透明度可能跟河流输沙有关。溶解氧浓度变化范围为 3.96 ～ 4.08 mg/L，平均值仅为 4.03 mg/L，海水溶解氧浓度均处在第三类和第四类海水水质标准分界点（DO=4 mg/L）附近，表明调查区域表层海水溶解氧亏损严重。无机氮浓度变化范围为 257 ～ 359 μg/L，平均值为 310 μg/L；无机磷浓度变化范围为 80.0 ～ 101.0 μg/L，平均值为 93.8 μg/L。无机氮浓度均不满足第一类海水水质标准（DIN ＜ 200 μg/L），50% 符合第二类海水水质标准（200 μg/L ＜ DIN ＜ 300 μg/L），50% 符合第三类海水水质标准（300 μg/L ＜ DIN ＜ 400 μg/L）；无机磷含量较高，均达到劣四类海水水质标准（DIP ＞ 45 μg/L）。高无机氮无机磷浓度表明该区域海水存在严重富营养化。

底质环境方面，该区域底质粒度组分以粉砂和砂为主，其次为黏土，不含砾石，其中砂、粉砂和黏土的平均含量分别为 32.39%、47.91% 和 19.7.0%。有机碳含量变化范围为 0.54% ～ 0.80%，平均值为 0.72%，各站位间有机碳含量变化不大，分布比较均匀。硫化物含量变化范围为 101 ～ 175 μg/g，平均值为 130 μg/g。根据《海洋沉积物质量》（GB 18668—2002）中规定的第一类海洋沉积物质量标准评价，调查区域有机碳和硫化物的含量均符合第一类海洋沉积物质量标准限值要求，无超标现象。

3.2.3.3　海草床生态状况评估

义丰溪区域历史文献资料中仅见 Jiang 等（2020）于 2017 年间在该区域进行过海草调查，本次评估中海草床的面积和茎枝密度以 Jiang 等（2020）在 2017 年间的调查结果为参照系。由于海草盖度和大型底栖生物生物量无历史数据，该区域海草床生态系统综合评估指数不予评价。

由表 3.18 可见，该区域海草床面积和茎枝密度相较于 2017 年分别减少了 51.1%

和 86.2%，评级均为Ⅲ级（严重受损）。其他生物群落中大型藻类盖度为 15.8%，评级为Ⅱ级（受损）。水环境（I_W）综合得分为 6.25，评级为Ⅲ级（不适宜），该区域存在明显的氧亏损现象，无机氮和无机磷含量评级均为Ⅲ级（不适宜），水体富营养化严重。底质环境中有机碳和硫化物含量评级均为Ⅰ级（适宜），底质环境（I_S）综合得分为 10 分，评级为Ⅰ级（适宜）。

表3.18 义丰溪海草床生态状况评估结果

评估要素	指标	参照系	本调查	变化幅度	分级	赋值	平均得分	评级
海草植被（I_V）	总面积 / hm^2	417.95*	204.44	−51.1%	Ⅲ	10	\	\
	茎枝密度 / ($shoots/m^2$)	1 1066*	1 531	−86.2%	Ⅲ	10		
	盖度 / %	无数据	70	\	\	\		
生物群落（I_B）	大型底栖动物生物量 / (g/m^2)	无数据	5.8	\	\	\	\	\
	大型藻类盖度 / %	—	15.8	—	Ⅱ	15		
水环境（I_W）	溶解氧 / (mg/L)	—	4.03	—	Ⅲ	5	6.25	Ⅲ
	悬浮物 / (mg/L)	—	12.8	—	Ⅱ	10		
	无机氮 / (μg/L)	—	310.00	—	Ⅲ	5		
	活性磷酸盐 / (μg/L)	—	93.80	—	Ⅲ	5		
底质环境（I_S）	有机碳 / %	—	0.72	—	Ⅰ	10	10	Ⅰ
	硫化物 / (μg/g)	—	130.00	—	Ⅰ	10		
综合评分	\							

注：“*”标记的数据引自Jiang等（2020）于2017年的调查结果；“\”表示数据缺失，不予评价；“—”表示无需参照系。

3.2.4 潮州柘林湾海草床

3.2.4.1 区域概况

柘林湾位于潮州市饶平县南部，是一个半封闭“C”形河口湾，三面为陆地包围，北依饶平县黄冈镇，南有海山岛、汛洲岛和西澳岛，东靠柘林镇和所城镇，西邻汫洲镇与三门口。进湾航道有东小门、大金门和小金门三条水道，海域面积约 68 ~ 70 km^2，平均水深 4.8 m。柘林湾平均潮差 1.69 m，落潮流速一般大于涨潮流速，最大落潮流为 71.1 cm/s，最大涨潮流速为 35.5 cm/s。余流主要受沿岸流、风海流、径流及地形边界条件等因素制约，余流流速一般小于 15 cm/s，夏季表底层的余流方向均指向东北，与大潮涨潮流向基本吻合，冬季的余流方向也大致与涨潮方向相同。该区域年平均气温为 21.4℃，年平均降雨量为 1 466 mm，雨季为 4—9 月，雨季降水量约占全年的 88.4%。柘林湾地理环境优越，为当地海水养殖发展提供了良好条件，海水养殖业发达，该区域拥有着全国最大的海水网箱养殖示范基地，其中，海水网箱养鱼是饶平渔业经济的重要支柱，主要的海水养殖方式有池塘养殖、滩涂插养区、浮筏养殖以及网箱养殖等。滩涂养殖主要以牡蛎养殖为主，浮筏养殖主要以贝类为主。

3.2.4.2　海草床生态现状

3.2.4.2.1　海草床面积分布

2020 年 9 月对柘林湾进行了海草床生态调查，发现该区域潮滩上广泛分布有蚝桩等各类渔业养殖捕捞设施，卵叶喜盐草在这些设施的空白区域中生长，主要零散分布在滩涂的中潮带。于 2021 年 5—6 月大潮低潮期对该区域海草面积分布情况进行了一次补充调查，此次调查发现柘林湾西侧区域分布有大片海草床，总面积约 378.41 hm^2。黄小平等（2010）于 2008 年对该区域海草床生态状况进行了首次调查，发现该区域海草床面积约 40 hm^2。本次调查海草床分布面积较历史调查结果有大幅度增加。柘林湾海草床分布情况见图 3.14。

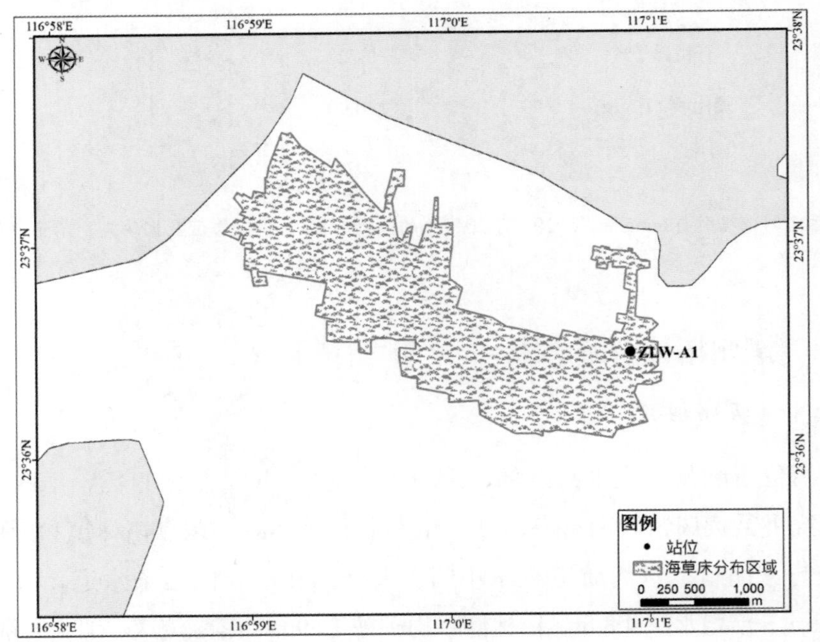

图3.14　柘林湾海草床分布和调查站位布设

3.2.4.2.2　海草群落特征

历史调查显示，该区域海草种类为单一的卵叶喜盐草（黄小平等，2010），本次调查发现，该区域分布有卵叶喜盐草和贝克喜盐草两种海草，并且贝克喜盐草为优势种类。柘林湾的海草生长表现出明显的季节性差异，其在春夏季可见大片喜盐草群落，而到了秋冬季海草叶片枯萎脱落，有些区域甚至消失不见。

柘林湾海草群落数据主要基于 2020 年 9 月的调查结果（仅布设了 1 个调查站位），该调查站位的海草种类为卵叶喜盐草，海草平均盖度为 44.0%，总生物量平均值为 21.39 g DW/m^2，平均茎枝密度为 1 508 shoots/m^2，平均茎枝高度为 4.2 cm，未发现卵叶喜盐草开花结果现象。

3.2.4.2.3　大型藻类

该区域在本次调查中未发现大型藻类存在。

3.2.4.2.4　大型底栖动物

该区域共发现大型底栖动物 4 种，全部为环节动物。主要优势种为背褶沙蚕（*Tambalagamia fauveli*）。大型底栖动物密度平均值为 192.0 ind/m^2，生物量平均值为 4.40 g/m^2。大型底栖动物的物种多样性指数 H' 为 1.20；均匀度 J 为 0.86；丰富度指数 D 为 0.57。

与黄小平等（2010）2008 年在柘林湾海草床的调查结果相比（见表 3.19），本次调查大型底栖动物平均栖息密度远高于 2008 年的调查结果，而平均生物量却低于 2008 年的调查结果，物种多样性指数和均匀度与 2008 年相当。

表3.19　柘林湾海草床大型底栖动物历史数据对比

调查时间	平均栖息密度（ind/m^2）	平均生物量（g/m^2）	H' 均值	J 均值	D 均值	优势种
2008 年 8—10 月*	16.7	15.39	1.01	0.85	—	珠带拟蟹守螺（*Cerithidea cingulata*）、日本沙钩虾（*Byblis japonicus*）
2020 年 9 月	192.0	4.40	1.20	0.86	0.57	背褶沙蚕

注：“*”数据来源于黄小平等（2010）；“—”表示无数据。

3.2.4.2.5　环境状况

水环境方面，调查期间（2020 年 9 月），柘林湾海水温度变化范围为 31.9 ～ 32.0℃，平均值为 32.0℃；盐度变化范围为 23.80 ～ 24.19，平均值为 23.95；悬浮物浓度变化范围为 4.8 ～ 6.9 mg/L，平均值为 5.9 mg/L；透明度变化范围为 0.6 ～ 0.7 m，平均值为 0.6 m。

溶解氧浓度变化范围为 5.78 ~ 6.04 mg/L，平均值为 5.95 mg/L，该区域海水溶解氧含量无明显异常。无机氮浓度变化范围为 332 ~ 350 μg/L，平均值为 339 μg/L；无机磷浓度变化范围为 110 ~ 113 μg/L，平均值为 112 μg/L。调查区域海水无机氮含量符合第三类海水水质标准（300 μg/L < DIN < 400 μg/L），无机磷含量均达到劣四类海水水质标准（DIP > 45 μg/L），表明该区域水体存在富营养化趋势，这与该海域发达的海水养殖业有关（黄小平等，2010）。

底质环境方面，该区域底质类型主要为粉砂质砂，粒度组分以粉砂为主，含量为 56.4%，其次为砂和黏土，其含量分布为 24.6% 和 19.0%，不含砾石。有机碳含量为 0.44%，硫化物含量为 75.4 μg/g，根据《海洋沉积物质量》（GB 18668—2002）中规定的第一类海洋沉积物质量标准评价，调查区域有机碳和硫化物的含量均符合第一类海洋沉积物质量标准，无超标现象。

3.2.4.3　海草床生态状况评估

柘林湾海草床生态状况评估结果见表 3.20。该区域海草床生态状况综合评估指数得分为 70.42，分级为Ⅱ级（受损）。其中，海草植被状况（I_V）评估结果为Ⅱ级（受损），受损原因主要是由于海草茎枝密度较 2008 年有较大幅度减少，但海草分布面积和盖度均优于 2008 年的调查结果。

表3.20　柘林湾海草床生态状况评估结果

评估要素	指标	参照系	本调查	变化幅度	分级	赋值	平均得分	评级
海草植被 (I_V)	总面积 / hm^2	40*	378.4	846.0%	Ⅰ	50	36.67	Ⅱ
	茎枝密度 / ($shoots/m^2$)	6 540.08*	1 508	−76.9%	Ⅲ	10		
	盖度 / %	35*	44	25.7%	Ⅰ	50		
生物群落 (I_B)	大型底栖动物生物量 / (g/m^2)	15.39*	4.4	−71.4%	Ⅲ	5	15	Ⅱ
	大型藻类盖度 / %	—	0.00	—	Ⅰ	25		
水环境 (I_W)	溶解氧 / (mg/L)	—	5.95	—	Ⅱ	10	8.75	Ⅲ
	悬浮物 / (mg/L)	—	5.9	—	Ⅰ	15		
	无机氮 / (μg/L)	—	339.00	—	Ⅲ	5		
	活性磷酸盐 / (μg/L)	—	112.00	—	Ⅲ	5		
底质环境 (I_S)	有机碳 / %	—	0.44	—	Ⅰ	10	10	Ⅰ
	硫化物 / (μg/g)	—	75.40	—	Ⅰ	10		
综合评估	综合评估指数：70.42；等级：Ⅱ级（受损）							

注："*"标记的数据引自黄小平等（2010）于2008年夏季的调查结果；"—"表示无需参照系。

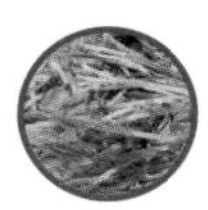

生物群落（I_B）综合评估结果为Ⅱ级（受损），其中大型底栖动物生物量减少幅度较大，评估结果为Ⅲ级（严重受损）；海草床定量调查样方内未发现大型海藻的分布，评估结果为Ⅰ级（稳定）。

水环境状况（I_W）得分为8.75，评估结果为Ⅲ级（不适宜），其中溶解氧评估结果为Ⅱ级（中度适宜），无机氮和无机磷的评价结果均为Ⅲ级（不适宜），这与柘林湾水域内存在大规模海水养殖有关。

沉积物有机碳和硫化物含量均较低，底质环境（I_S）综合得分为10，分级为Ⅰ级（适宜）。

3.3　广西

广西现有海草床面积129.25 hm^2，占南海区已知近岸海草床总面积的2.96%，主要分布于北海铁山港和防城港珍珠湾。2020年对广西上述两个重点区域的海草床生态状况开展了调查和评估，相关结果如下。

3.3.1　北海铁山港海草床

3.3.1.1　区域概况

铁山港位于广西北海市，是一个狭长的台地溺谷型海湾，形似喇叭状，呈南北走向，水域南北长约40 km，东西宽约4 km，西南侧与北海市铁山港区相接，北部和东侧与北海市合浦县相连。沿岸有南康、闸口、公馆、白沙、山口、沙田等镇，地貌为低丘及台地，海拔一般在15 m左右。港北和丹兜海北分别有公馆河和白沙河流入，径流量及输沙量不大。该区域年平均降水量为1 500 ~ 1 700 mm，蒸发量为1 000 ~ 1 400 mm，平均相对湿度为80%，海水年平均温度为23.5℃，盐度约为20，pH为7.6 ~ 7.8。铁山港所在海区属于以不正规日潮为主的混合潮型，多年平均潮差2.45 m，历年最大潮差6.25 m。港内分布有海草床、红树林等生态系统，还有中华白海豚、儒艮等珍稀保护动物存在，其周边设有英罗港儒艮国家级自然保护区。此外，该区域渔业资源丰富，是多种经济水产品的索饵、繁殖场所，分布有多种底栖经济鱼类、贝类、棘皮动物等经济动物，其中特色资源种类有近江牡蛎、马氏珠母贝、文蛤、锯缘青蟹、鲈鱼、中华乌塘鳢等。

3.3.1.2 海草床生态现状

3.3.1.2.1 海草床面积分布

本次调查在铁山港 3 个区域发现有海草分布，分别是：沙尾村附近，生长于红树林外侧约 0.8 km 的砂质岸滩上，海草面积约为 38.9 hm^2；铁山港中部的下龙尾沙丘上，海草面积约 9.28 hm^2；丹兜海西侧，海草面积约 5.81 hm^2。3 个区域海草面积合计 53.99 hm^2。铁山港海草床分布情况见图 3.15。

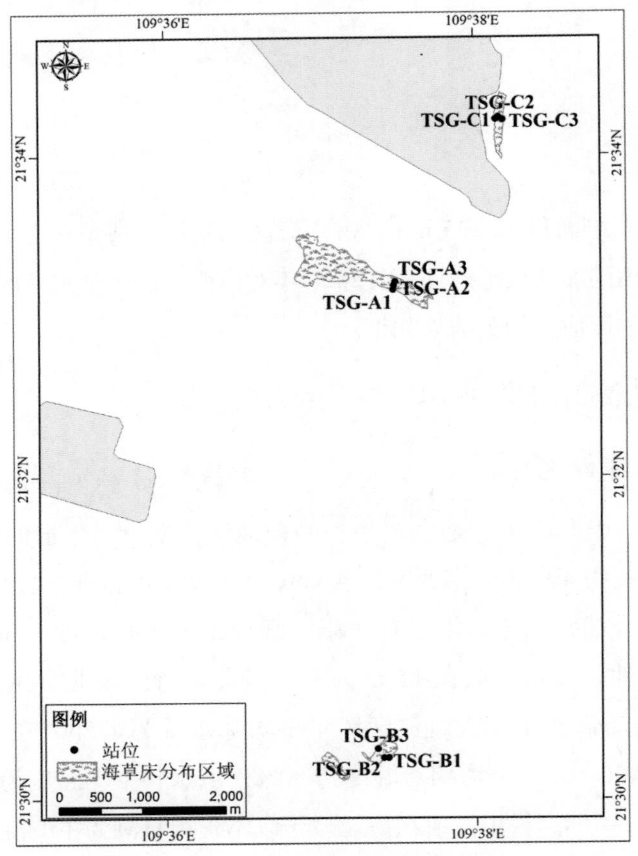

图3.15 铁山港海草床分布和调查站位布设

3.3.1.2.2 海草群落特征

调查发现铁山港存在卵叶喜盐草和贝克喜盐草两种海草。其中，TSG-A 和 TSG-B 断面分布的海草种类为卵叶喜盐草，TSG-C 断面分布的海草为贝克喜盐草。早期调查显示，铁山港区域存在过日本鳗草、单脉二药草、卵叶喜盐草和贝克喜盐草 4 种海草（陈永宁，2004；黄小平等，2006；范航清等，2011），本次调查仅发现两种，表

明该区域出现了海草种类丧失现象。

海草盖度方面，TSG-A 断面各站位卵叶喜盐草盖度变化范围为 30.0% ~ 40.0%，平均值为 35.4%；TSG-B 断面各站位卵叶喜盐草盖度变化范围为 43.8% ~ 78.8%，平均值为 57.1%；TSG-C 断面的贝克喜盐草盖度变化范围为 2.8% ~ 10.0%，平均值为 6.9% [图 3.16(a)]。

茎枝高度方面，TSG-A 断面卵叶喜盐草的茎枝高度平均值为 2.0 cm；TSG-B 断面卵叶喜盐草的茎枝高度平均值为 3.9 cm；TSG-C 断面贝克喜盐草的茎枝高度平均值为 0.63 cm。

茎枝密度方面，TSG-A 断面各站位的卵叶喜盐草茎枝密度变化范围为 3 122.0 ~ 6 127.0 shoots/m^2，平均值为 4 540.7 shoots/m^2；TSG-B 断面各站位卵叶喜盐草茎枝密度变化范围为 5 747.0 ~ 5 888.0 shoots/m^2，平均值为 5 841.0 shoots/m^2；TSG-C 断面各站位的贝克喜盐草茎枝密度变化范围为 8 017.0 ~ 15 679.0 shoots/m^2，平均值为 11 564.0 shoots/m^2 [图 3.16(b)]。

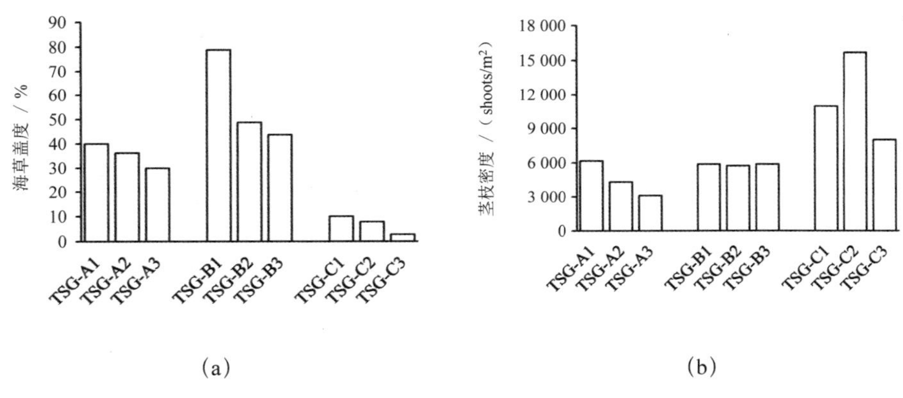

图3.16　广西北海铁山港各站位海草盖度（a）和茎枝密度（b）

3.3.1.2.3　大型藻类

该区域在本次调查中未发现大型藻类存在。

3.3.1.2.4　大型底栖动物

铁山港大型底栖动物样品经鉴定共发现 8 大门类 52 种，其中环节动物最多，节肢动物和软体动物次之，其他门类动物种类很少。大型底栖动物的平均栖息密度为 115.1 ind/m^2，平均生物量为 146.84 g/m^2。环节动物和软体动物的栖息密度较高，其次为节肢动物，其余门类的栖息密度很低；生物量分布方面，软体动物最高，节肢动物和环节动物次之，其余门类的生物量很低（图 3.17）。

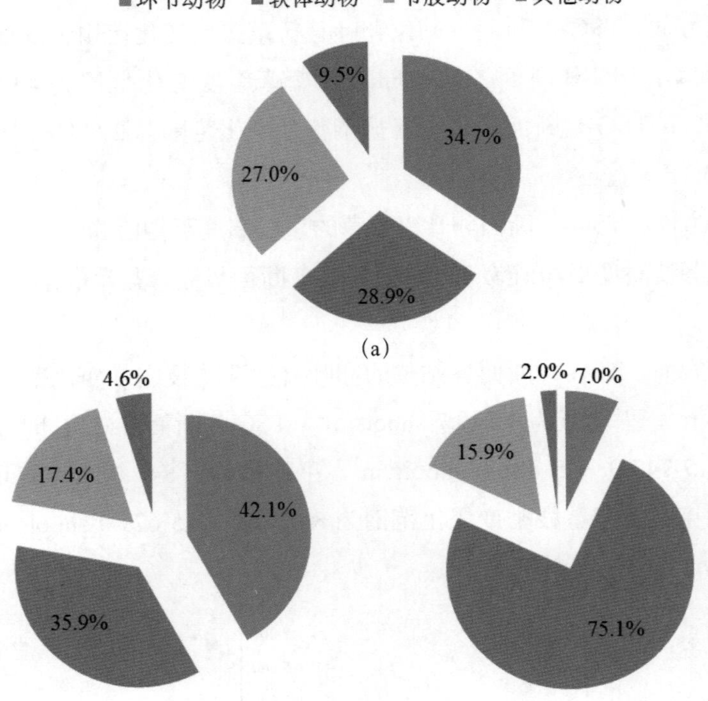

图3.17　铁山港大型底栖动物种类组成（a）、栖息密度组成（b）和生物量组成（c）

大型底栖动物的优势种共 3 种（表 3.21），按优势度从大到小依次为琴蛰虫（*Lanice conchilega*）、珠带拟蟹守螺和青蛤（*Cyclina sinensis*）。大型底栖动物物种多样性指数 H' 为 1.86 ~ 2.81，平均值为 2.42；均匀度 J 为 0.62 ~ 0.98，平均值为 0.79；丰富度指数 D 为 1.39 ~ 2.52，平均值为 1.77。

表3.21　铁山港海草床大型底栖动物优势种及优势度

优势种	优势度	站位覆盖度
琴蛰虫	0.099	55.5%
珠带拟蟹守螺	0.056	33.3%
青蛤	0.024	33.3%

3.2.1.2.5　环境状况

水环境方面，调查期间，铁山港海水温度变化范围为 30.8 ~ 31.4℃，平均值为 31.1℃；盐度变化范围为 27.26 ~ 31.19，平均值为 29.78；悬浮物浓度变化范围为

13.4 ~ 72.9 mg/L，平均值为 37.3 mg/L；透明度变化范围为 0.4 ~ 0.6 m，平均值为 0.5 m。调查区域海水高悬浮物低透明度可能跟河流输沙有关。溶解氧浓度变化范围为 4.66 ~ 5.70 mg/L，平均值为 5.32 mg/L。其中，77.8% 站位溶解氧浓度符合第二类海水水质标准（5 mg/L ＜ DO ＜ 6 mg/L），22.2% 站位溶解氧浓度符合第三类海水水质标准（4 mg/L ＜ DO ＜ 5 mg/L），表明调查区域表层海水存在一定程度的氧亏损。无机氮浓度变化范围为 34.4 ~ 158.0 μg/L，平均值为 80.8 μg/L；无机磷浓度变化范围为 1.5 ~ 24.9 μg/L，平均值为 10.2 μg/L。调查区域海水无机氮浓度均符合第一类海水水质标准（DIN ＜ 200 μg/L），无机磷浓度均符合第一类海水水质标准（DIP ＜ 15 μg/L）。其中，近岸的断面（TSG-C）无机氮浓度和无机磷浓度明显高于远岸的两个断面（TSG-A 和 TSG-B），溶解氧浓度和盐度却低于远岸的两个断面，这可能跟近岸海水受陆源径流和污染物输入影响更大有关。

底质环境方面，该区域底质类型主要为中细砂，底质粒级组分以砂为主，砂和粉砂的含量两者占比达到 90% 以上，含有少量的黏土，不含砾石，其中砂的含量普遍达到了 70% 以上，占有绝对优势，砂质、粉砂和黏土的平均含量分别为 86.08%、11.12% 和 2.83%。中值粒径的变化范围为 121.7 ~ 280.0 μm，平均值为 194.1 μm，底质粒径较小。有机碳的含量变化范围为 0.02% ~ 0.35%，平均值为 0.17%，有机碳的含量较低，区域内有机碳含量差别不大，分布较均匀。硫化物的含量变化范围为未检出 ~ 18.5 μg/g，平均值为 8.1 μg/g，硫化物含量较低，区域内硫化物含量差异较小。有机碳和硫化物的环境质量评价指数均满足第一类海洋沉积物质量标准，未见超标现象。

3.3.1.3 海草床生态状况评估

铁山港海草床生态状况评估中，海草植被指标评估以范航清等（2011）于 2008 年的调查结果作为参照系，大型底栖动物生物量评估以《2015 年广西海草床监测报告》中的调查结果为参照系，评价结果见表 3.22。

根据海草床生态状况综合评估指数（I_{SG}）的计算公式，铁山港海草床生态系统综合得分为 84.17，评价等级为Ⅰ级（稳定）。

海草植被指数（I_V）综合得分为 36.67，评估结果为Ⅱ级（受损）。本次调查海草分布面积较 2008 年减少了 92.28 %，评级为Ⅲ级（严重受损）；海草平均盖度增加了 75.2 %，评级为Ⅰ级（稳定）；海草茎枝密度增加了 1847.0 %，评级为Ⅰ级（稳定）。

生物群落指标（I_B）综合得分为 25，评级为Ⅰ级（稳定）。其中大型底栖动物生物量较 2008 年调查结果增加了 93.7%，评级为Ⅰ级（稳定）。此次调查未发现大型海藻，大型藻类盖度指标评级为Ⅰ级（稳定）。

水环境指标（I_W）得分为12.5，评级为Ⅱ级（中度适宜）。受损原因主要是溶解氧浓度较低，悬浮物浓度较高。调查区表层海水存在一定程度的氧亏损，溶解氧得分为10，评价等级为Ⅱ级（中度适宜）；悬浮物浓度同样评价等级为Ⅱ级（中度适宜）；无机氮和无机磷均符合第一类海水水质标准，评级为Ⅰ级（适宜）。

底质环境指标（IS）得分为10分，评价等级为Ⅰ级（适宜）。

表3.22　铁山港海草床生态状况评估结果

评估要素	指标	参照系	本次调查	变化幅度	分级	赋值	平均得分	评级
海草植被（I_V）	总面积 / hm^2	699.70 ①	53.99	−92.28%	Ⅲ	10	36.67	Ⅱ
	茎枝密度 / ($shoots/m^2$)	300.0 ①	5 841	1 847.0%	Ⅰ	50		
	盖度 / %	25 ①	43.8	75.2%	Ⅰ	50		
生物群落（I_B）	大型底栖动物生物量 / (g/m^2)	75.81 ②	146.84	93.7%	Ⅰ	25	25	Ⅰ
	大型藻类盖度 / %	—	0.00	—	Ⅰ	25		
水环境（I_W）	溶解氧 / (mg/L)	—	5.32	—	Ⅱ	10	12.5	Ⅱ
	悬浮物 / (mg/L)	—	37.3	—	Ⅱ	10		
	无机氮 / (μg/L)	—	80.80	—	Ⅰ	15		
	活性磷酸盐 / (μg/L)	—	10.20	—	Ⅰ	15		
底质环境（I_S）	有机碳 / %	—	0.17	—	Ⅰ	10	10	Ⅰ
	硫化物 / (μg/g)	—	8.10	—	Ⅰ	10		
综合评分	得分：84.17；评级：Ⅰ（稳定）							

注：① 数据引自范航清等（2011）；② 数据引自《2015年广西海草床监测报告》；“—”表示无需参照系。

3.3.2　防城港珍珠湾海草床

3.3.2.1　区域概况

珍珠湾位于广西防城港市防城区，海湾呈漏斗状，口门西起万尾岛的东沙头，东至江山半岛的白龙台，南部开口与北部湾相连，口门宽约3.5 km，海岸线长46 km，海湾面积94.2 km^2，其中滩涂面积53.33 km^2。年平均气温22～23℃，年降雨量1 700～2 900 mm，全年降雨量集中在夏季，6—8月的降雨量约占全年总降雨量的50%～60%，是广西沿海降雨量较丰富的地区。珍珠湾沿岸海域潮汐现象显著，潮差

大，有宽阔的潮间带，多年平均潮差 2.2 m，最大潮差 5.1 m。潮流的主轴方向，在外海大致为东北—西南向，近岸则与地形和水道走向一致。涨潮流向为东北，落潮流向为西南。潮流流速在 70 ～ 80 cm/s。波浪平均波高 0.56 m，平均周期 3.2 s。珍珠湾是北仑河口国家级自然保护区的重要区域之一，是候鸟的重要繁殖地和迁徙停歇地。该海域自然条件优越，具有丰富的饵料生物、较高的海洋生物多样性及优良的生态环境，是多种重要水生生物的种质资源库，也是广西沿岸海域最重要的渔业水域之一。

3.3.2.2　海草床生态现状

3.3.2.2.1　海草床面积分布

珍珠湾发现了两个海草分布斑块，海草的种类均为日本鳗草，生长在红树林区域外侧约 0.7 km 的砂质岸滩上，两个斑块的总面积约 72.64 hm^2。具体分布情况见图 3.18。

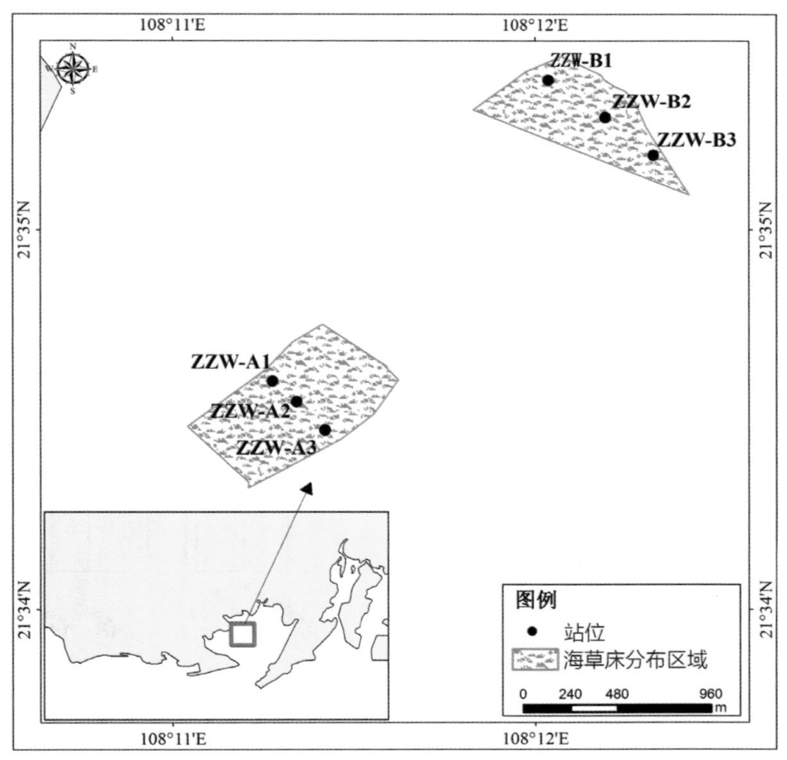

图3.18　珍珠湾海草床分布和调查站位布设

此次调查在珍珠湾发现了日本鳗草 1 种海草。历史资料显示，黄小平等（2006）研究发现珍珠湾海域的海草种类主要为日本鳗草，还有少量的贝克喜盐草，海草床面积约 150 hm^2。范航清等（2007）调查显示，珍珠湾海草床面积约 100 hm^2。邱广龙等

(2013）调查显示珍珠湾还有贝克喜盐草分布，但不同月份间该种群的面积、覆盖率、茎枝密度、生物量、繁殖器官密度等差异明显。范航清等（2015）在珍珠湾顶部的交东村和班埃村沿岸淤泥质潮滩记录日本鳗草海草床面积约 41.6 hm^2。

3.3.2.2.2　海草群落特征

此次调查在珍珠湾仅发现了日本鳗草 1 种海草。历史资料显示，该区域除了日本鳗草外，还有贝克喜盐草分布，不同月份贝克喜盐草的生长状况差异较大（黄小平等，2006；邱广龙等，2013）。

海草盖度方面，ZZW-A 断面各站位的盖度变化范围为 4.4% ~ 10.3%，平均值为 7.1%；ZZW-B 断面各站位的盖度变化范围为 20.3% ~ 37.5%，平均值为 30.3%，ZZW-B 断面的盖度明显高于 ZZW-A 断面，区域盖度平均值为 18.7% [图 3.19(a)]。

茎枝高度方面，日本鳗草的平均株高为 4.4 cm。其中，ZZW-A 断面的株高变化范围为 2.1 ~ 3.4 cm，平均值为 2.9 cm。ZZW-B 断面的株高变化范围为 3.8 ~ 7.0 cm，平均值为 5.8 cm。此次调查期正处于日本鳗草发芽生长期。

茎枝密度方面，珍珠湾日本鳗草密度平均值为 1 282 shoots/m^2。其中，ZZW-A 断面各站位的茎枝密度变化范围为 848 ~ 948 shoots/m^2，平均值为 908 shoots/m^2。ZZW-B 断面的茎枝密度变化范围为 1 548 ~ 1 824 shoots/m^2，平均值为 1 656 shoots/m^2，ZZW-B 断面的茎枝密度明显高于 ZZW-A 断面 [图 3.19(b)]。

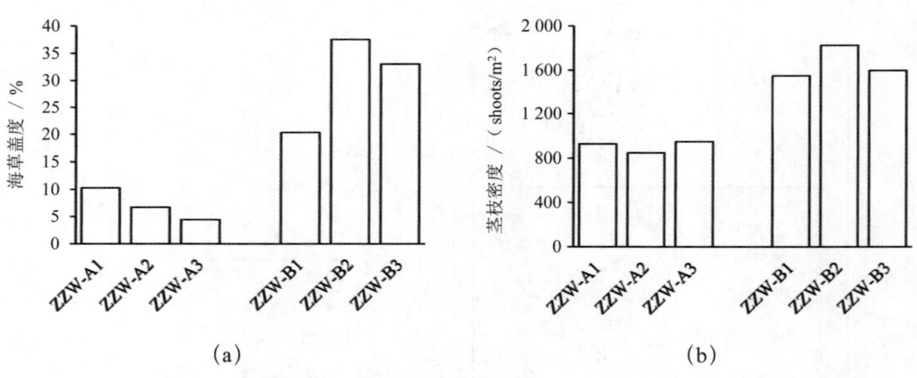

图3.19　广西防城港珍珠湾各站位海草盖度（a）和茎枝密度（b）

3.3.2.2.3　大型藻类

该区域在本次调查中未发现大型藻类。

3.3.2.2.4　大型底栖动物

珍珠湾大型底栖动物样品经鉴定共有 4 大门类 32 种，其中环节动物 14 种、软体

动物 14 种、节肢动物 3 种以及星虫动物 1 种。大型底栖动物的平均栖息密度为 494.0 ind/m^2，平均生物量为 344.98 g/m^2。由于调查区域出现了大量的珠带拟蟹守螺，使得软体动物的栖息密度和生物量均明显高于其他类群。大型底栖动物种类组成、栖息密度组成和生物量组成见图 3.20。

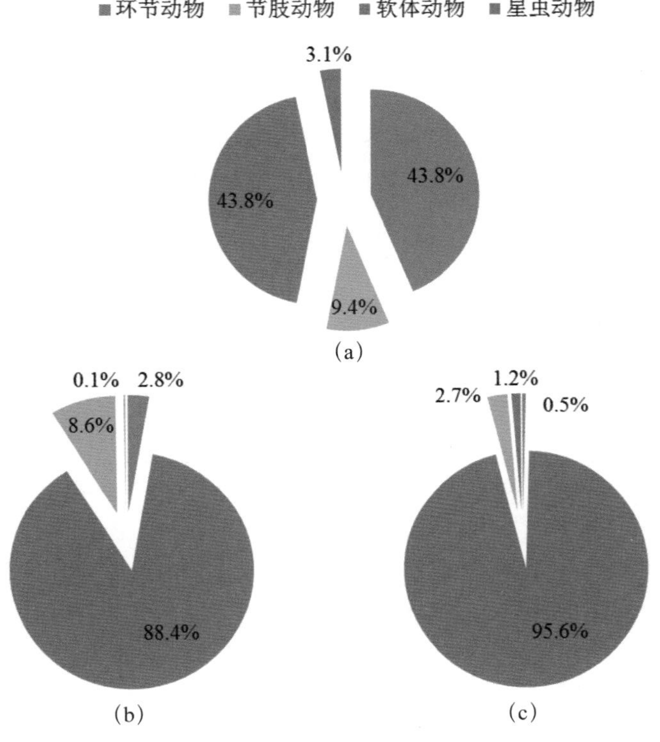

图3.20　珍珠湾大型底栖动物种类组成（a）、栖息密度组成（b）和生物量组成（c）

珍珠湾海草床大型底栖动物的优势种共 3 种（表 3.23），优势度从大到小依次为珠带拟蟹守螺、日本镜蛤（*Dosinia japonica*）和毛掌活额寄居蟹（*Diogenes penicillatus*）。大型底栖动物物种多样性指数 H' 为 0.82 ~ 1.99，平均值为 1.31；均匀度 J 为 0.26 ~ 0.63，平均值为 0.41；丰富度指数 D 为 1.01 ~ 1.76，平均值为 1.35。

表3.23　珍珠湾海草床大型底栖动物优势种及优势度

优势种	优势度	站位覆盖度
珠带拟蟹守螺	0.750	100.0%
日本镜蛤	0.066	100.0%
毛掌活额寄居蟹	0.056	66.7%

将本次调查与毗邻的北仑河口红树林区大型底栖动物调查进行比较，结果显示（表 3.24），相对于毗邻的红树林区，珍珠湾海草床大型底栖动物的栖息密度和生物量处于较高水平，而多样性指数、均匀度和丰富度指数则处于较低的水平，这可能与生境面积和异质性大小的差异有关。对该区域 2015—2020 年大型底栖动物情况进行了分析（图 3.21），该结果显示，该区域大型底栖动物的平均栖息密度和平均生物量近年来均处于较高的水平，这与该区域大型底栖动物优势种常密集成群出现有关。该区域物种多样性指数 *H*′、均匀度 *J* 和丰富度指数 *D* 变化趋势基本一致：2015—2017 年呈现出升高的趋势，2020 年却有所回落。2015—2017 年大型底栖动物优势种较相似，纵带滩栖螺（*Batillaria zonalis*）均为最主要优势种；2020 年主要优势种出现了明显变化（表 3.25）。

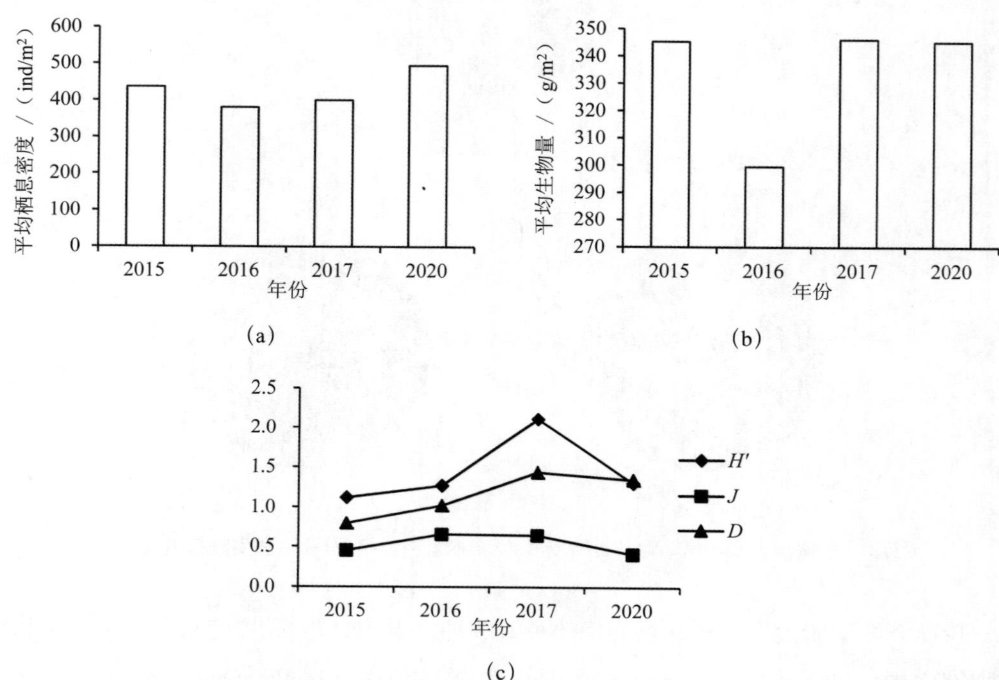

图3.21　珍珠湾海草床大型底栖动物平均栖息密度（a）、平均生物量（b）和生物多样性（c）的年际变化

表3.24　珍珠湾海草床区与北仑河口红树林区大型底栖动物比较

调查时间	调查区域	平均栖息密度（ind/m^2）	平均生物量（g/m^2）	*H*′ 均值	*J* 均值	*D* 均值
2010 年 7 月①	北仑河口红树林区	196.0	103.09	3.20	0.69	3.50
2011 年 11 月②	北仑河口红树林区	343.8	155.06	2.27	0.48	3.53
2020 年 7 月	珍珠湾海草床	280.0	189.31	1.31	0.41	1.35

注：①数据来源于何祥英等（2012）；②数据来源于许铭本等（2015）。

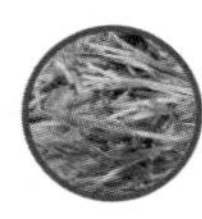

表3.25 珍珠湾海草床大型底栖动物历年主要优势种调查结果

调查时间	主要优势种
2015 年 5 月	纵带滩栖螺
2016 年 8 月	纵带滩栖螺、南海毛满月蛤（*Pillucina vietnamica*）
2017 年 6 月	纵带滩栖螺、小翼拟蟹守螺
2020 年 7 月	珠带拟蟹守螺、日本镜蛤

3.3.2.2.5 环境状况

水环境方面，调查期间，防城港珍珠湾海水温度变化范围为 31.4 ～ 31.8℃，平均值为 31.6℃；盐度变化范围为 24.69 ～ 26.97，平均值为 25.92。悬浮物浓度变化范围为 10.7 ～ 26.0 mg/L，平均值为 17.8 mg/L；透明度变化范围为 0.50 ～ 0.80 m，平均值为 0.66 m。溶解氧浓度变化范围为 5.74 ～ 6.32 mg/L，平均值为 6.03 mg/L，平均浓度符合第一类海水水质标准（DO ＞ 6 mg/L）。无机氮浓度范围 61.8 ～ 97.3 μg/L，平均值为 78.7 μg/L；无机磷浓度范围 2.5 ～ 6.3 μg/L，平均值为 3.9 μg/L。无机氮含量均符合第一类海水水质标准（DIN ＜ 200 μg/L），无机磷含量均符合第一类海水水质标准（DIP ＜ 15 μg/L）。

底质环境方面，底质粒级组分以砂为主，底质类型主要为细砂，砂的含量普遍高于 80% 以上，占有绝对优势，砂质、粉砂和黏土的平均含量分别为 89.17%、8.05% 和 2.8%。中值粒径的变化范围为 121.9 ～ 165.5 μm，平均值为 144.7 μm，粒径较小。有机碳含量变化范围为 0.16% ～ 0.27%，平均值为 0.23%。硫化物含量变化范围为未检出～ 37.5 μg/g，平均值为 13.4 μg/g，含量较低。有机碳和硫化物的环境质量评价指数均满足第一类海洋沉积物质量标准，未见超标现象。

3.3.2.3 海草床生态状况评估

防城港珍珠湾海草床生态状况评估中，海草植被指标以范航清等（2011）于 2008 年的调查结果为参照系，大型底栖动物生物量评估以广西壮族自治区海洋研究院编制的《2015 年广西海草床监测报告》中的调查结果为参照系，评价结果见表 3.26。

珍珠湾海草床生态系统状况综合评估指数得分为 92.08，评估等级为 I 级（稳定）。

与 2008 年相比，珍珠湾海草分布面积扩大了 74.6 %，海草密度增加了 9.6%，但海草盖度有所减少，降低了 12.7 %，海草植被（I_V）指数综合得分为 43.33，分级为 I 级（稳定）。

大型底栖动物生物量两次调查结果差异不大，此次调查也未发现大型藻类覆盖。生物群落群落（I_B）指数得分为 25，评级为 I 级（稳定）。

水环境状况（I_W）除悬浮物为Ⅱ级（中度适宜）外，其他二级指标评级均为Ⅰ级（适宜）。

底质环境中的有机碳和硫化物含量均很低，符合一类海洋沉积物质量标准，底质环境指数（I_S）综合评分为10，评级为Ⅰ级（适宜）。

表3.26　珍珠湾海草床生态状况评估结果

评估要素	指标	参照系	本次调查	变化幅度	分级	赋值	平均得分	评级
海草植被（I_V）	总面积 / hm^2	41.6①	72.64	74.6%	Ⅰ	50	43.33	Ⅰ
	茎枝密度 / ($shoots/m^2$)	1 187①	1 301	9.6%	Ⅰ	50		
	盖度 / %	22①	19.2	−12.7%	Ⅱ	30		
生物群落（I_B）	大型底栖动物生物量 / (g/m^2)	345.2②	344.98	−0.1%	Ⅰ	25	25	Ⅰ
	大型藻类盖度 / %	—	0.00	—	Ⅰ	25		
水环境（I_W）	溶解氧 / (mg/L)	—	6.03	—	Ⅰ	15	13.75	Ⅰ
	悬浮物 / (mg/L)	—	17.8	—	Ⅱ	10		
	无机氮 / (μg/L)	—	78.80	—	Ⅰ	15		
	活性磷酸盐 / (μg/L)	—	3.90	—	Ⅰ	15		
底质环境（I_S）	有机碳 / %	—	0.23	—	Ⅰ	10	10	Ⅰ
	硫化物 / (μg/g)	—	13.40	—	Ⅰ	10		
综合评分	综合评估指数：92.08；评级：Ⅰ级（稳定）							

注：① 数据引自范航清等（2011）于2008年的调查结果；② 数据引自《2015年广西海草床监测报告》；“—”表示无需参照系。

3.4　海南

海南省现有海草床面积为2 946.34 hm^2，占南海区海草床总面积的67.37%，其主要分布于文昌、琼海、陵水新村港、陵水黎安港、海口东寨港、澄迈花场湾和儋州黄沙港等区域。2020年对海南省上述7个重点区域的海草床生态状况开展了调查和评估，相关结果如下。

3.4.1　文昌海草床

3.4.1.1　区域概况

文昌市位于海南岛东北部，东、南、北三面临海，西面与海口市美兰区和琼山区

相邻，西南面与定安县和琼海市接壤，海岸线长 278.5 km。在文昌市东侧海域，各岛屿附近都有礁石或浅滩发育，地形起伏变化不大，为水下堆积平原，地形平坦，底质类型以砂质粉砂为主。该区域旱季和雨季分明，气温高，热量丰富，光照充足，雨量充沛，表层海水盐度在 33.2 ~ 33.8，近海月平均水温 20.3 ~ 30.3℃，水质透明度 1 ~ 7 m，pH 变化范围为 7.9 ~ 8.25。文昌沿海海洋生态系统多样，有珊瑚礁、红树林、海草床等典型海洋生态系统，海洋生物资源丰富。

3.4.1.2 海草床生态现状

3.4.1.2.1 海草床面积分布

文昌海域合计发现海草床 1 860.0 hm^2（图 3.22）。其中高隆湾到长圮段斑块最大，面积约为 1 562.2 hm^2；冯家湾岬角东部斑块面积约 280.0 hm^2；东郊椰林湾发现海草面积约为 17.8 hm^2。

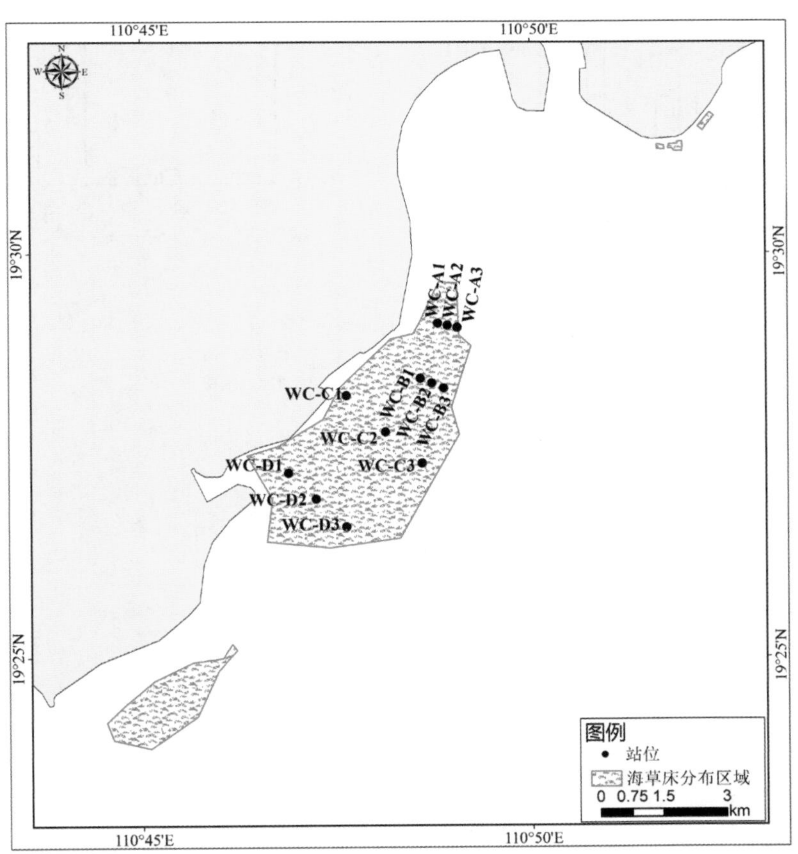

图3.22 文昌海草床分布和调查站位布设

3.4.1.2.2　海草群落特征

该区域调查共发现海草2科5属5种，分别为海菖蒲、泰来草、卵叶喜盐草、针叶草和圆叶丝粉草。其中卵叶喜盐草集中分布在良田村至盐僚村近岸，紧靠红树林下部分布，海菖蒲和泰来草在整个文昌沿岸的礁坪上均有分布，针叶草和圆叶丝粉草在文昌东郊椰林湾区域有少量分布。早期调查显示，文昌沿岸分布有多种海草，包括圆叶丝粉草、齿叶丝粉草、单脉二药草、针叶草、海菖蒲、泰来草、卵叶喜盐草和小喜盐草8种海草（王道儒等，2012；黄小平等，2019），其中齿叶丝粉草、单脉二药草和小喜盐草在本次调查中未发现。

海草盖度方面，各调查站位海草盖度变化范围为0.5%～51.7%，平均值为20.3%[图3.23(a)]。

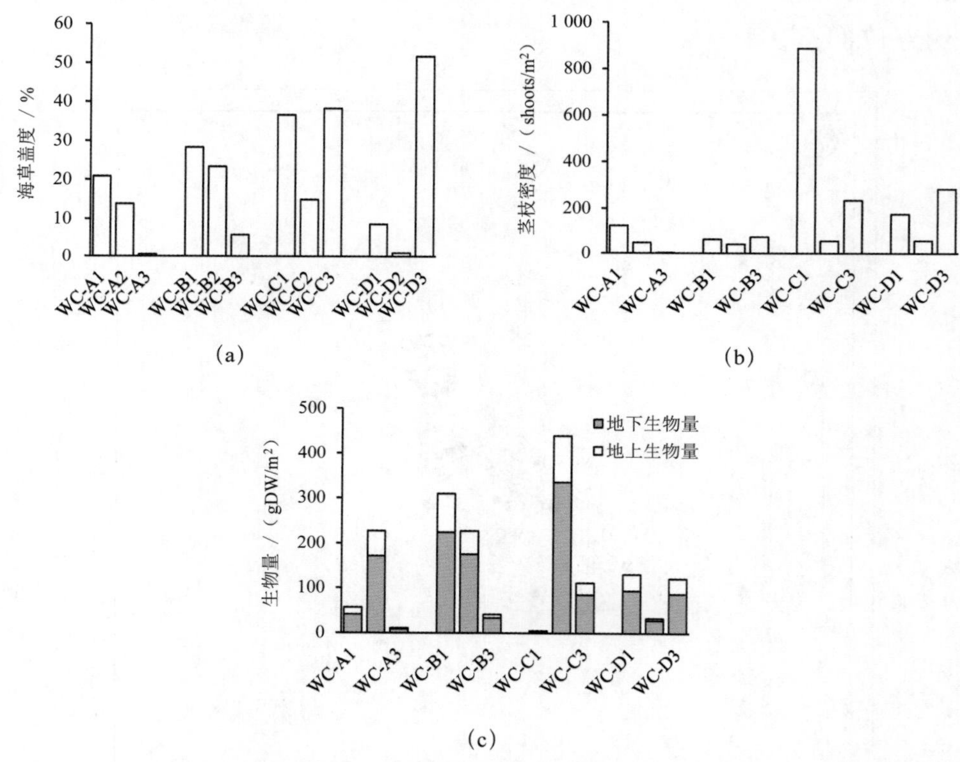

图3.23　文昌各调查站位海草盖度（a）、茎枝密度（b）和生物量（c）

茎枝高度方面，各调查站位海菖蒲平均株高为9.7～43.5 cm，平均值为26.2 cm；泰来草平均株高为3.2～8.2 cm，平均值为6.2 cm；卵叶喜盐草平均株高为1.9 cm。

茎枝密度方面，海草密度范围在2.0～888.0 shoots/m^2，平均值为170.6 shoots/m^2。

其中，海菖蒲的密度变化范围为 0 ～ 62.7 shoots/m^2，平均值为 21.0 shoots/m^2；泰来草密度变化范围为 0 ～ 284.7 shoots/m^2，平均值为 75.6 shoots/m^2；卵叶喜盐草密度变化范围为 0 ～ 888.0 shoots/m^2，平均值为 74.0 shoots/m^2，仅在 WC-C 断面的近岸站位有发现［图 3.23(b)］。

海草生物量方面，各调查站位海草总生物量平均值的变化范围为 5.1 ～ 439.9 g DW/m^2，平均值为 159.9 g DW/m^2。最低值为 WC-C 断面近岸站位，该站位海草种类全部为卵叶喜盐草，最高值为 WC-C 断面中部站位，海草组成全部为海菖蒲［图 3.23(c)］。

有性繁殖方面，在 WC-C3 站位和 WC-D1 站位有发现海菖蒲开花现象，在 WC-C2 站位发现海菖蒲有开花结果现象。调查区域海菖蒲花朵平均密度为 0.22 朵 /m^2，果实平均密度为 0.11 个 /m^2。

3.4.1.2.3　大型藻类

该区域在本次调查中未发现大型藻类存在，这可能与本次调查时间较晚有关（秋末），此时的水文环境已不适合大型藻类生长，而且调查期间该区域受多个台风影响，大型藻类易被台风破坏。

3.4.1.2.4　大型底栖动物

文昌大型底栖动物样品经鉴定共有 3 大门类 22 种，其中，软体动物种类最多，环节动物次之，节肢动物最少，大型底栖动物种类组成以潮间带泥沙底质底内生活的种类为主。大型底栖动物的平均栖息密度为 52.7 ind/m^2，平均生物量为 163.14 g/m^2。软体动物栖息密度和生物量均远高于环节动物和节肢动物，尤其是生物量（图 3.24）。

文昌海草床大型底栖动物优势种共有 4 种（表 3.27），其中软体动物 3 种，环节动物 1 种。第一优势种为特氏蟹守螺（*Cerithium trailii*），第二优势种为加夫蛤（*Gafrarium pectinatum*），另外两个优势种分别为珠带拟蟹守螺和索沙蚕属未定种（*Lumbrineris* sp.）。大型底栖动物物种多样性指数 H' 为 0 ～ 1.93，平均值为 0.89；均匀度 J 为 0 ～ 1.00，平均值为 0.66；丰富度指数 D 为 0 ～ 1.63，平均值为 0.58。

表 3.28 列出了文昌海草床海草群落和大型底栖动物群落的主要特征参数间的相关性分析结果，文昌海草床大型底栖动物群落各主要特征参数（栖息密度、生物量、多样性指数和丰富度指数）均与海草密度呈显著正相关（$P < 0.05$），即海草密度较高的区域，大型底栖动物群落各主要特征参数也明显较高；大型底栖动物群落各主要特征参数与海草盖度之间也存在一定的正相关关系，但与海草总生物量之间的相关性指数较低，相关关系较不明显。

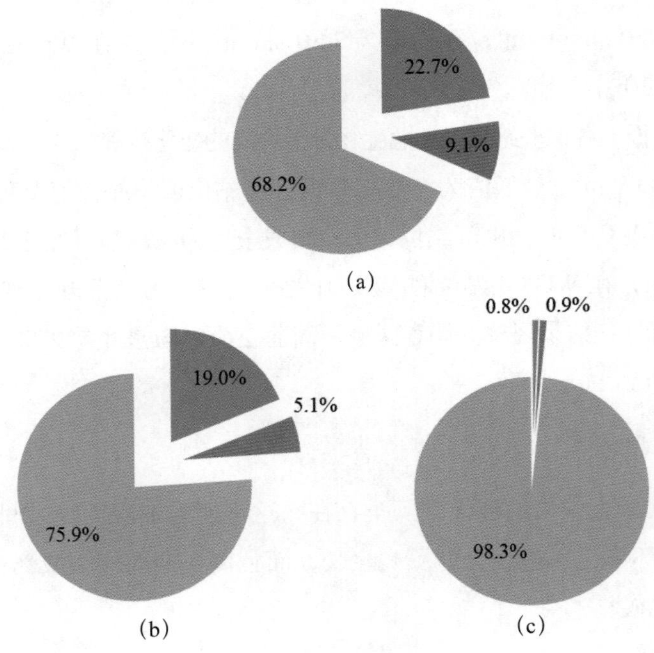

图3.24 文昌海草床大型底栖动物种类组成（a）、栖息密度组成（b）和生物量组成（c）

表3.27 文昌海草床大型底栖动物优势种及优势度

优势种	优势度	站位覆盖度
特氏蟹守螺	0.219	66.7%
加夫蛤	0.084	55.6%
珠带拟蟹守螺	0.051	44.4%
索沙蚕属	0.021	33.3%

表3.28 文昌海草床海草与大型底栖动物主要群落特征参数之间的相关性指数

海草 / 大型底栖动物群落特征参数	海草总生物量均值 / (g/m^2)	海草密度均值 / ($shoots/m^2$)	海草盖度均值 / %
大型底栖动物平均栖息密度 / (ind/m^2)	0.381	0.964*	0.785
大型底栖动物平均生物量 / (g/m^2)	0.177	0.908*	0.610
大型底栖动物 H' 均值	0.533	0.966*	0.896
大型底栖动物 D 均值	0.459	0.976*	0.856

注：*表示相关性显著（$P<0.05$）。

3.4.1.2.5　环境状况

水环境方面，调查期间，文昌海水水温变化范围为 24.8 ~ 32.4℃，平均值为 27.5℃；盐度变化范围为 28.33 ~ 32.59，平均值为 30.32。悬浮物浓度变化范围为 16.8 ~ 49.4 mg/L，平均值为 30.1 mg/L；透明度变化范围为 0.2 ~ 0.6 m，平均值为 0.4 m。溶解氧浓度变化范围为 6.69 ~ 7.40 mg/L，平均值为 7.04 mg/L，所有站位溶解氧浓度均符合第一类海水水质标准（DO > 6 mg/L）。无机氮含量变化范围为 92.1 ~ 244 μg/L，平均值为 176 μg/L；无机磷含量变化范围为 6.2 ~ 22.0 μg/L，平均值为 15.6 μg/L。调查区域 75% 站位无机氮浓度符合第一类海水水质标准（DIN < 200 μg/L），25% 站位无机氮浓度符合第二类海水水质标准（200 μg/L < DIN < 300 μg/L）；25% 站位无机磷浓度符合第一类海水水质标准（DIP < 15 μg/L），75% 站位无机氮浓度符合第二（三）类海水水质标准（15 μg/L < DIP < 30 μg/L），上述结果表明，调查海域存在一定程度的富营养化。

底质环境方面，该区域底质类型以砂或砾质砂为主，颗粒较粗，粒度组分中砾、砂、粉砂和黏土的平均含量分别为 24.4%、74.9%、0.7% 和 0，砂含量占绝对优势，砾次之，仅有少量粉砂，不含黏土，中值粒径的变化范围为 0.385 6 ~ 2.261 4 mm，平均值为 0.924 7 mm，粒径较粗。有机碳含量变化范围为 0.09% ~ 0.48%，平均值为 0.22%，硫化物含量范围在未检出 ~ 214 μg/g，平均值为 45 μg/g。有机碳和硫化物的含量均符合第一类海洋沉积物质量标准，无超标现象。

3.4.1.3　海草床生态状况评估

文昌海草床生态状况评估选用的参照系为原国家海洋局 2009 年海南东海岸生态监控区的调查结果，各项评价指标评价赋值情况见表 3.29。

文昌海草床生态系统状况综合评价指数（I_{SG}）得分为 57.50，评价等级为Ⅲ级（严重受损），主要表现为海草生境的丧失和大型底栖动物的减少。

海草床海草植被（I_V）综合评分为 10，评级为Ⅲ级严重受损。与 2009 年调查结果相比，文昌海草床分布面积减少了 41.1%；海草平均密度减少了 78.8%；平均盖度减少了 50.4%，这三个海草群落二级指标评级均为Ⅲ级（严重受损）。

生物群落状况指数（I_B）综合得分为 25，评级为Ⅰ级稳定。与 2009 年的调查结果相比，本次调查中大型底栖动物生物量有小幅度增加，增加了 2.1%，评级为Ⅰ级（稳定）。

水环境状况指数（I_W）综合得分为 12.50，评级为Ⅰ级（适宜）。

调查区域沉积物中有机碳和硫化物的含量均较低，无超标现象。底质环境状况指数（I_S）的评估等级为Ⅰ级（适宜）。

表3.29 文昌海草床生态状况评估结果

评估要素	指标	参照系	本次调查	变化幅度	分级	赋值	平均得分	评级
海草植被（I_V）	总面积 / hm^2	3158*	1860	−41.1%	Ⅲ	10	10	Ⅲ
	茎枝密度 / ($shoots/m^2$)	804*	170.6	−78.8%	Ⅲ	10		
	盖度 / %	43.54*	21.6	−50.4%	Ⅲ	10		
生物群落（I_B）	大型底栖动物生物量 / (g/m^2)	159.73*	163.14	2.1%	Ⅰ	25	25	Ⅰ
	大型藻类盖度 / %	—	0.00	—	Ⅰ	25		
水环境（I_W）	溶解氧 / (mg/L)	—	7.04	—	Ⅰ	15	12.50	Ⅰ
	悬浮物 / (mg/L)	—	30.1	—	Ⅱ	10		
	无机氮 / (μg/L)	—	176.00	—	Ⅰ	15		
	活性磷酸盐 / (μg/L)	—	15.60	—	Ⅱ	10		
底质环境（I_S）	有机碳 / %	—	0.22	—	Ⅰ	10	10	Ⅰ
	硫化物 / (μg/g)	—	45.00	—	Ⅰ	10		
综合评估	得分：57.50；分级：Ⅲ级（严重受损）							

注：“*”表示数据引自原国家海洋局2009年海南东海岸生态监控区的调查结果；“—”表示无需参照系。

3.4.2 琼海海草床

3.4.2.1 区域概况

琼海市位于海南省东部，属热带季风气候区北缘，受季风影响大，光照充足，高温多雨，台风频繁，四季不明显，旱季和雨季分明。年平均气温24℃，年平均日照2 155 h，年平均降雨量2 042.6 mm。年平均风速为1.9 m/s，最大平均风速为2.2 m/s，最大风速一般出现在冬季风期和热带气旋影响期。全年的主导波型是以风浪为主的混合浪，其次是以涌浪为主的混合浪。全年以3级浪占绝对主导，出现频率达82.75%，其次是4级浪，频率为12.71%。全年的强浪向为东向，最大波高达8.60 m。琼海市海岸线长约80.07 km，主要港湾有4个，分别为潭门渔港、龙湾港、博鳌港和青葛港。该区域海洋自然资源丰富，盛产石斑鱼、红鱼、鲷鱼、马鲛鱼、鲳鱼、龙虾等上百种优质海产品。

3.4.2.2 海草床生态现状

3.4.2.2.1 海草床面积分布

琼海分布有海草床641.2 hm^2，分为两个斑块，其中龙湾港北部斑块面积较大，

约为 632.9 hm^2；青葛港附近的斑块面积较小，约为 8.3 hm^2，具体分布情况见图 3.25。

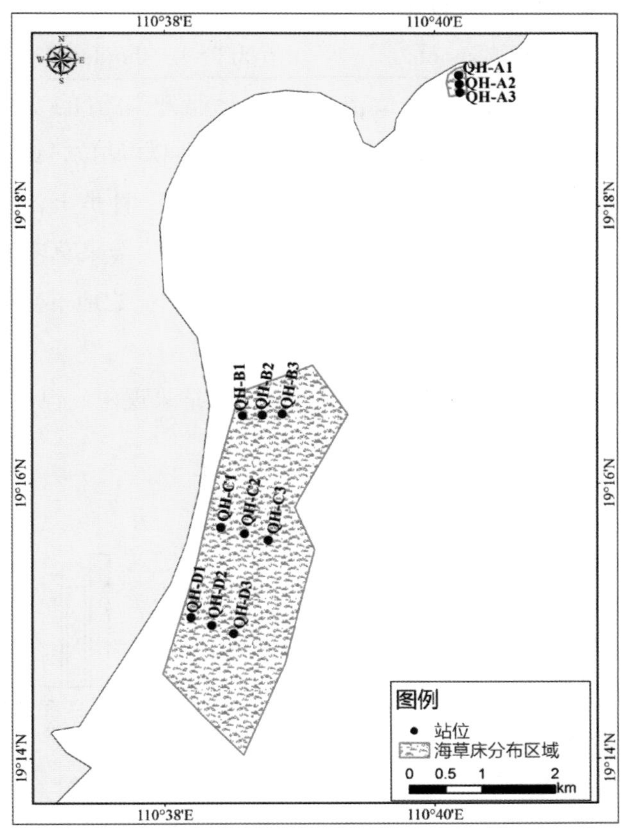

图3.25　琼海海草床分布的调查站位布设

3.4.2.2.2　海草群落特征

该区域发现海草种类 1 科 2 属 2 种，分别为海菖蒲和泰来草。其中，位于青葛港的 QH-A 断面海草组成全部为海菖蒲，龙湾港至潭门港区域的海草床主要以泰来草群落为主，也见少量泰来草和海菖蒲的混合群落。历史报道显示，该区域分布的海草种类有圆叶丝粉草、单脉二药草、针叶草、海菖蒲、泰来草和卵叶喜盐草 6 种（王道儒等，2012；黄小平等，2006），其中圆叶丝粉草、单脉二药草、针叶草和卵叶喜盐草在本次调查中未发现。

海草盖度方面，调查区各站位海草盖度变化范围为 5.7% ～ 40.0%，平均值 21.5%。最低值位于 QH-C1 站位，最高值为 QH-D2 站位［图 3.26(a)］。

茎枝高度方面，各调查站位海菖蒲平均株高为 7.8 ～ 24.3 cm，平均值为 18.3 cm；泰来草平均株高为 4.5 ～ 8.8 cm，平均值为 7.0 cm。

茎枝密度方面，各调查站位海草密度范围为 46.0 ～ 554.7 $shoots/m^2$，平均值为 275.3 shoots/m²，最低值位于 QH-A2 站位，最高值为 QH-C2 站位［图 3.26(b)］。其中，海菖蒲的密度变化范围为 0 ～ 54.7 shoots/m²，平均值为 15.9 shoots/m²；泰来草密度变化范围为 0 ～ 554.7 shoots/m²，平均值为 259.3 shoots/m²。

海草生物量方面，各调查站位海草总生物量平均值的变化范围为 73.1 ～ 246.1 g DW/m²，平均 170.2 g DW/m²。最低值为 QH-D3 站位，该站位海草种类为泰来草，最高值为 QH-A1 站位，海草组成全部为海菖蒲。种类上，海菖蒲的生物量变化范围为 0 ～ 246.1 g DW/m²，平均值为 63.7 g DW/m²；泰来草密度变化范围为 0 ～ 238.0 g DW/m²，平均值为 106.5 g DW/m²。所有调查站位的地下生物量均明显高于地上生物量［图 3.26(c)］。

有性繁殖方面，仅在 QH-A1 站位发现海菖蒲有结果现象，但果实数量稀少。

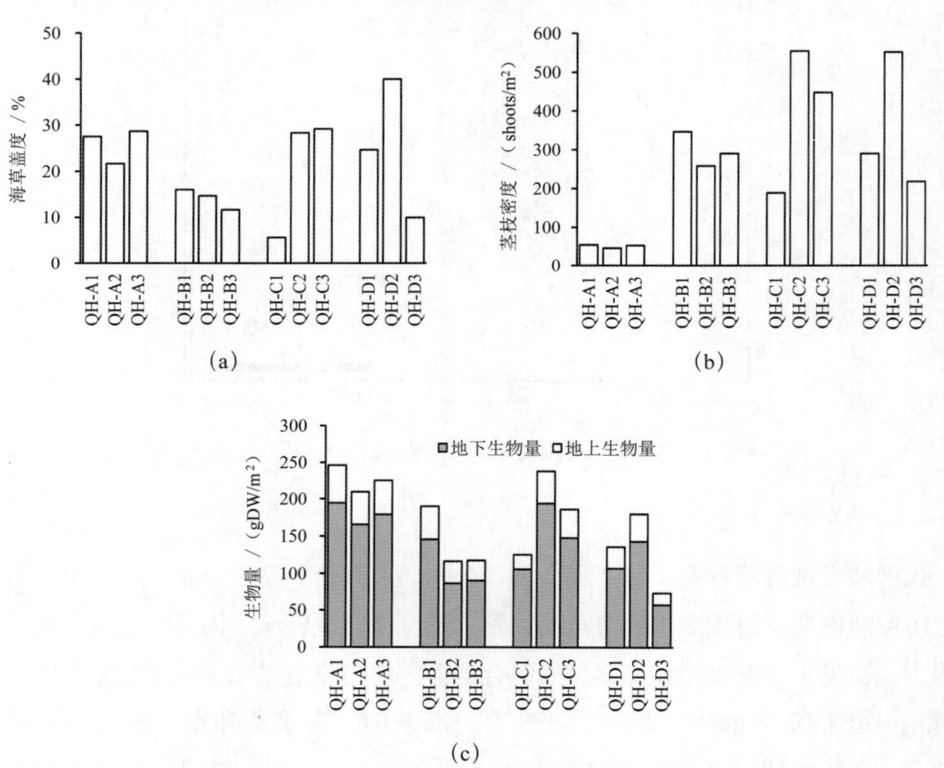

图3.26 琼海各调查站位海草盖度（a）、茎枝密度（b）和生物量（c）

3.4.2.2.3 大型藻类

此次调查仅在 *J* 断面远岸站位的两个样方中发现一种大型海藻，其盖度分别为 1% 和 4%，其他区域均没有发现大型海藻。其原因与调查时间较晚，以及受台风影响等有关（图 3.27）。

图3.27 海南琼海海草床中的大型藻类

3.4.2.2.4 大型底栖动物

琼海海草床大型底栖动物样品经鉴定共有 3 大门类 21 种，其中软体动物种类最多，环节动物种类次之，节肢动物种类最少，大型底栖动物种类组成以潮间带泥沙底质底内生活的种类为主。大型底栖动物的平均栖息密度为 36.6 ind/m^2，平均生物量为 244.20 g/m^2。软体动物栖息密度和生物量均远高于环节动物和节肢动物（图 3.28）。

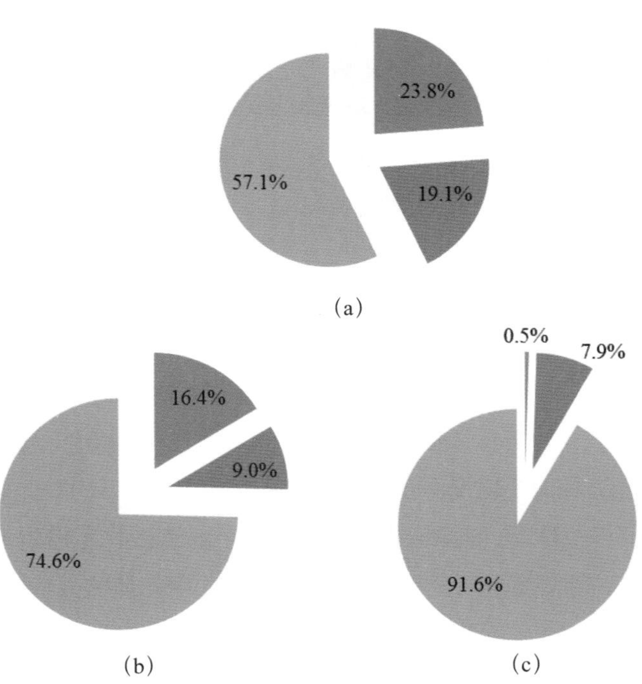

图3.28 琼海海草床大型底栖动物种类组成（a）、栖息密度组成（b）和生物量组成（c）

该区域大型底栖动物优势种共有 3 种，均为软体动物（表 3.30）。第一优势种为加夫蛤，第二优势种为特氏蟹守螺，第三优势种为鳞杓拿蛤（*Anomalodiscus squamosa*）。大型底栖动物物种多样性指数 H' 为 0 ～ 1.61，平均值为 0.91；均匀度 J 为 0 ～ 1.00，平均值为 0.78；丰富度指数 D 为 0 ～ 1.08，平均值为 0.54。

将琼海海草床区大型底栖动物群落特征参数与相邻的麒麟菜分布区相关结果进行对比（表 3.31），海草床区大型底栖动物栖息密度低于麒麟菜分布区，但生物量远高于麒麟菜保护区，这与海草床区出现了较多厚重的贝类有关。海草床区大型底栖动物多样性指数与麒麟菜分布区基本处于同一水平，均较低，这可能与近年来保护区内的生境退化有关。

表3.30 琼海海草床大型底栖动物优势种及优势度

优势种	优势度	站位覆盖度
加夫蛤	0.114	41.7%
特氏蟹守螺	0.109	50.0%
鳞杓拿蛤	0.023	25.0%

表3.31 琼海海草床区与麒麟菜保护区大型底栖动物比较

调查时间	调查区域	平均栖息密度 / (ind/m^2)	平均生物量 / (g/m^2)	H' 均值	J 均值	D 均值
2011 年 4—11 月①	麒麟菜保护区	—	32.72	1.18	—	—
2012 年②	麒麟菜保护区	72.7	6.38	0.90	0.64	—
2020 年 10 月	琼海海草床	36.6	244.20	0.91	0.78	0.54

注：① 数据来源于吴钟解等（2016），② 数据来源于于淑楠等（2018）。

3.4.2.2.5 环境状况

水环境方面，调查期间，琼海海水水温变化范围为 31.2 ～ 32.4℃，平均值为 31.9℃；盐度变化范围为 31.71 ～ 33.20，平均值为 32.48。悬浮物浓度变化范围为 7.4 ～ 93.0 mg/L，平均值为 25.8 mg/L；透明度变化范围为 0.3 ～ 1.1 m，平均值为 0.8 m。溶解氧浓度变化范围为 7.03 ～ 7.91 mg/L，平均值为 7.50 mg/L，所有站位溶解氧浓度均符合第一类海水水质标准（DO ＞ 6 mg/L）。无机氮含量变化范围为 27.2 ～ 158.0 μg/L，平均值

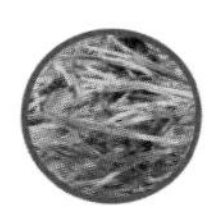

为 92.6 μg/L；无机磷含量变化范围为 1.3 ~ 10.2 μg/L，平均值为 6.1 μg/L。调查区域海水无机氮浓度均符合第一类海水水质标准（DIN < 200 μg/L），无机磷浓度均符合第一类海水水质标准（DIP < 15 μg/L）。

底质环境方面，底质类型以砾质砂或砂为主，粒级组分以砂为主，不含黏土，含有少量的粉砂，砾、砂和粉砂的平均含量分别为 31.8%、67.8%、0.4%，中值粒径的变化范围为 0.391 3 ~ 1.829 5 mm，平均值为 1.112 8 mm，粒径较粗。沉积物中有机碳含量变化范围为 0.14% ~ 0.55%，平均值为 0.31%。整体来看，有机碳含量分布均匀，区域内差异较小；硫化物含量变化范围在未检出 ~ 91 μg/g 之间，平均值为 30 μg/g。有机碳和硫化物的含量均符合第一类海洋沉积物质量标准，无超标现象。

3.4.2.3 海草床生态状况评估

琼海海草床生态状况评估选用的参照系为原国家海洋局 2009 年海南东海岸生态监控区的调查结果，各项评价指标评价结果见表 3.32。

表3.32 琼海海草床生态状况评估结果

评估要素	指标	参照系	本次调查	变化幅度	分级	赋值	平均得分	评级
海草植被 (I_V)	总面积 / hm^2	971*	641.2	−34.0%	Ⅲ	10	10	Ⅲ
	茎枝密度 / ($shoots/m^2$)	404.17*	275.3	−31.9%	Ⅲ	10		
	盖度 / %	64.4*	21.5	−66.6%	Ⅲ	10		
生物群落 (I_B)	大型底栖动物生物量 / (g/m^2)	321.33*	244.2	−24.0%	Ⅲ	5	15	Ⅰ
	大型藻类盖度 / %	—	0.07	—	Ⅰ	25		
水环境 (I_W)	溶解氧 / (mg/L)	—	7.50	—	Ⅰ	15	13.75	Ⅰ
	悬浮物 / (mg/L)	—	25.8	—	Ⅱ	10		
	无机氮 / (μg/L)	—	92.60	—	Ⅰ	15		
	活性磷酸盐 / (μg/L)	—	6.10	—	Ⅰ	15		
底质环境 (I_S)	有机碳 / %	—	0.31	—	Ⅰ	10	10	Ⅰ
	硫化物 / (μg/g)	—	30	—	Ⅰ	10		
综合评估	综合评估指数：48.75；评级：Ⅲ级（严重受损）							

注："*"标记的数据引自原国家海洋局2009年海南东海岸生态监控区的调查结果；"—"表示无需参照系。

琼海海草床生态系统状况综合评价指数（I_{SG}）得分为48.75，评价等级为III级（严重受损）。其中，海草植被（I_V）综合评分10，评级为Ⅲ级（严重受损）。与2009年调查结果相比，海草分布面积减少了34.0%，海草平均密度减少了31.9%，海草平均盖度减少了66.7%。

生物群落状况指数（I_B）得分为15，评价等级为Ⅱ级（受损）。其中，本次调查大型底栖动物生物量与2009年的调查结果相比减少了24.0%，评级为Ⅲ级（严重受损）。大型藻类此次调查平均盖度为0.07%，评级为Ⅰ级（稳定）。

水环境（I_W）综合评价得分13.75，分级为Ⅰ级（适宜）。水环境各参数中除悬浮物评级为Ⅱ级（中度适宜）外，其他要素评价等级均为Ⅰ级（适宜）。溶解氧、无机氮、活性磷酸盐的浓度均符合第一类海水水质标准。

底质环境（I_S）综合得分10，评价等级为Ⅰ级（适宜）。底质环境要素中有机碳和硫化物的含量均无超标现象。

3.4.3 陵水海草床

3.4.3.1 区域概况

海南陵水黎族自治县的海草床主要分布于新村港和黎安港，新村港（18°23′—18°28′N，109°57′—110°02′E）和黎安港（18°24′—18°27′N，110°01′—110°04′E）为紧邻的两个潟湖，均位于陵水县东南部。由于新村港—黎安港潟湖内分布海草资源非常丰富，且栖息生物多样性很高，因此，2007年海南省政府批准成立黎安—新村海草省级特别保护区。

新村港是一个完全为潮汐所控制的近封闭状天然潟湖湾，其总面积为22.6 km^2，其中0 m等深线以深水域面积12.5 km^2，海滩面积10.1 km^2，东西长5.5 km，南北宽4.5 km，其海岸线总长28.5 km。该港西部有一窄口与凌水湾相通，口门宽约250 m。新村港干湿季分明，夏秋多雨，冬春干燥。年平均气温25.2℃，年平均雨量为1 500 ~ 2 500 mm，主要集中在每年的8—10月。由于受岛屿性季风的影响，平均每年受3 ~ 5次台风的袭击，最大风力可达12级。新村港全年各月平均水温25.8 ~ 30.0℃，平均盐度为30.64 ~ 34.44。新村港底质类型以沙为主，深水处多为泥沙，低潮露出滩面为沙或沙滩，湾底地势较平坦，水温17 ~ 33℃，盐度34.0左右，海湾四周被陆地环抱，风平浪静，是水生生物良好的繁殖场所。新村港的海草主要生长于湾内东南至西南部中细砂底质上，形成一片较为完整的海草床。

黎安港气候特征与新村港相似，是一个自然形成的口小腹大的半封闭状态潟湖海

港，总面积约为 7.92 km^2，平均水深 5.5 m，最大水深 7.6 m，通过一条宽约 60 m 的口门与南海相通。黎安港口门处在泥沙的不断冲淤下，且潮流进入口门后要经过一段狭长的通道才能进入港内的开阔水体，这一特殊的地理特征使得黎安港潮流的交换能力较弱，海水半交换周期长。由于潮流对港内污染物质的输运能力较弱，使潟湖内生态环境易受外源和湾内水产养殖的污染。该潟湖底质类型为砂－泥质，涨、落潮三角洲发育良好，港区内有规模较大的水产养殖。

3.4.3.2　海草床生态现状

3.4.3.2.1　海草床面积分布

新村港和黎安港为海南省陵水黎族自治县紧挨在一起的两个潟湖，陵水海草床分布情况见图 3.29。新村港海草床总面积约为 112.71 hm^2，其中连成片且密度较高的海草床主要分布于新村港南部石头村至散头段，呈带状分布，宽窄相间，宽处超 200 m，窄处不足 20 m。在北部两处发现有零星分布的海草床，但由于其面积小，生长稀疏，故不计入面积统计。

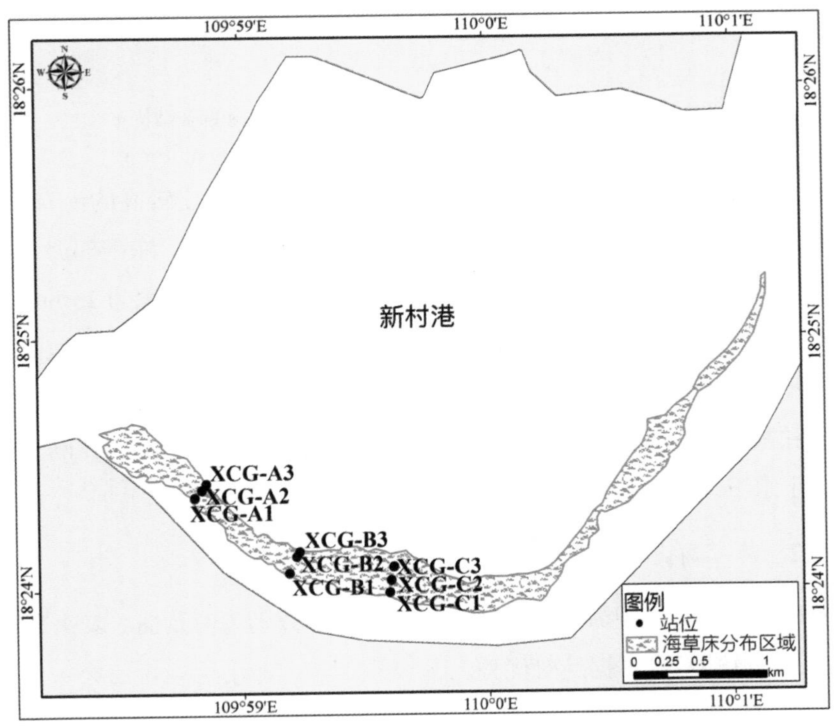

（a）

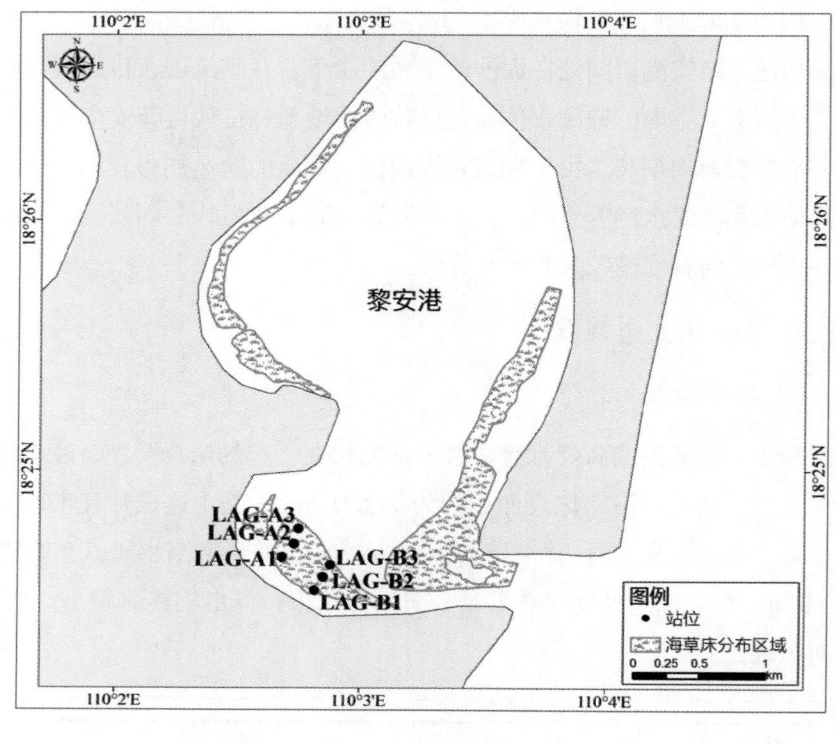

(b)

图3.29 陵水新村港（a）和黎安港（b）海草床分布和调查站位布设

黎安港海草床总面积约为 111.73 hm^2。其中连成片且密度较高的海草床有 3 处，分别位于西北部、东南部和正南部，东北部区域未见海草分布。东南部海草床分布面积最大，面积为 62.73 hm^2；西北部海草床呈细条带状分布，面积为 25 hm^2，窄处不足 20 m；南部除了有一小块独立分布的海草床外（面积约为 3 hm^2），其他海草均连成一大片分布集中，面积为 21 hm^2，海草分布宽处可超 300 m。

新村港和黎安港海草床在最低潮时大部分均可以露出水面，分布在潮下带边缘处的海草会没于水下，但也肉眼可见。

3.4.3.2.2 海草群落特征

新村港和黎安港共发现海草种类 2 科 3 属 3 种，分别为海菖蒲、泰来草和圆叶丝粉草，其中，海菖蒲数量占据绝对优势。

海草盖度方面，新村港海草床各站位平均盖度范围为 5.7% ~ 75.7%，区域平均值为 31.5%，其中海菖蒲为 1.8% ~ 75.7%，区域平均值为 28.7%；泰来草为 0 ~ 8.2%，区域平均值为 2.8%。黎安港各站位平均盖度范围为 7.8% ~ 42.5%，区域平均值为 32.3% ［图 3.30(a)］。

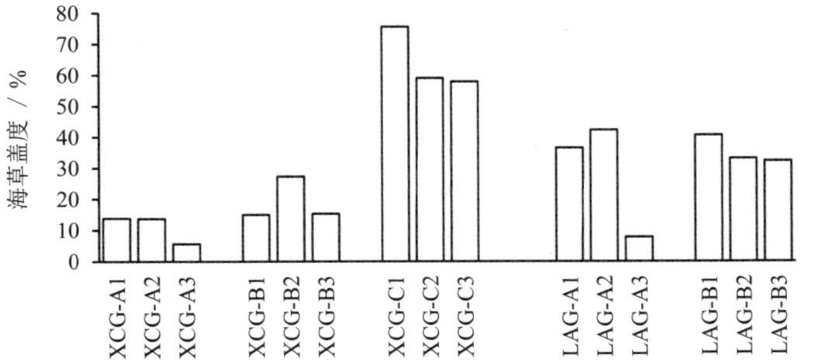

(a)

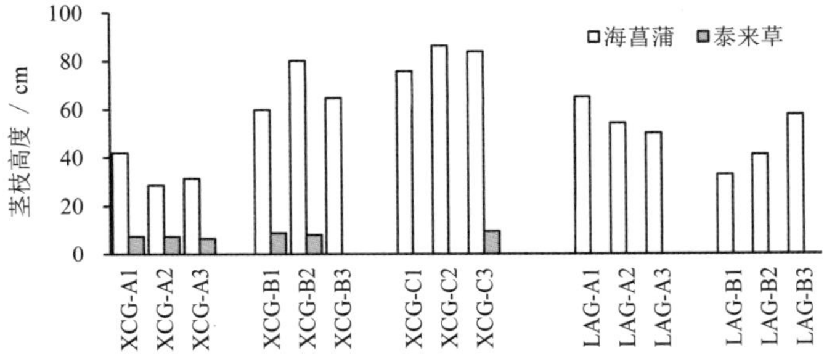

(b)

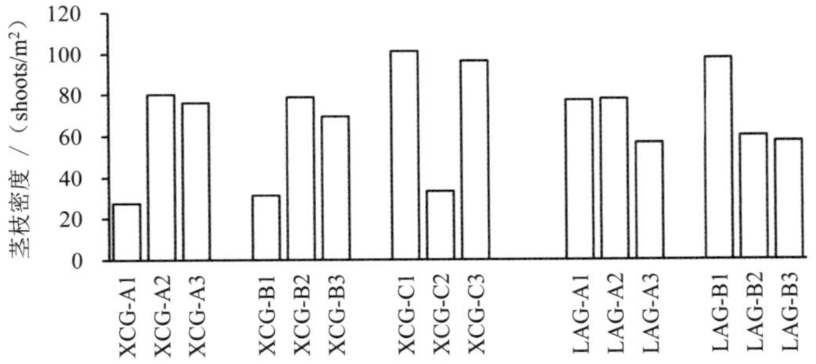

(c)

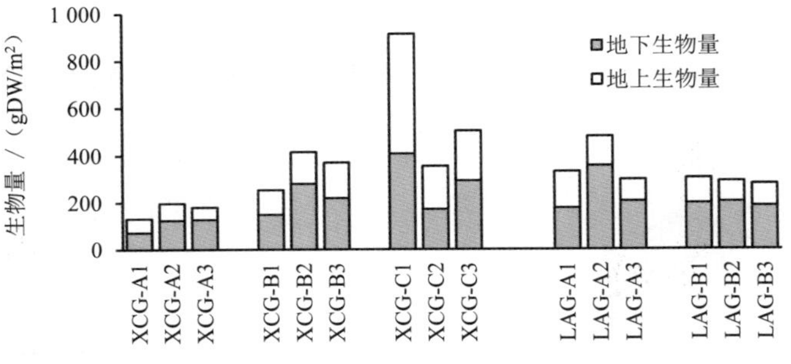

(d)

图3.30　陵水新村港和黎安港各站位海草盖度（a）、茎枝高度（b）、茎枝密度（c）和生物量（d）

茎枝高度方面，新村港各调查点海菖蒲平均株高为 28.5 ~ 86.3 cm，区域平均值为 61.3 cm；泰来草平均株高为 6.6 ~ 9.4 cm，区域平均值为 7.9 cm。其中海菖蒲的平均株高由 XCG-A 断面至 XCG-C 断面逐渐增高，而泰来草株高各断面间无明显差异。黎安港海菖蒲平均株高为 32.8 ~ 65.1 cm，总平均值为 50.2 cm，LAG-A 断面的海草株高稍高于 LAG-B 断面［图 3.30(b)］。

茎枝密度方面，新村港各站位海草平均密度范围为 27.3 ~ 101.3 shoots/m^2，区域平均值为 66.0 shoots/m^2，其中海菖蒲平均密度为 22.0 ~ 101.3 shoots/m^2，区域平均值为 42.70 shoots/m^2；泰来草平均密度为 0 ~ 48.7 shoots/m^2，区域平均值为 23.3 shoots/m^2。XCG-C 断面海草密度高于 XCG-A 断面和 XCG-B 断面。黎安港海草平均密度为 56.7 ~ 98.0 shoots/m^2，区域平均值为 71.2 shoots/m^2［图 3.30(c)］。

海草生物量方面，新村港各调查站位海草总生物量平均值的变化范围为 131.9 ~ 914.7 g DW/m^2，其中海菖蒲平均生物量为 125.4 ~ 914.7 g DW/m^2，区域平均值为 344.7 g DW/m^2；泰来草平均生物量为 0 ~ 73.7 g DW/m^2，区域平均值为 24.3 g DW/m^2。黎安港各调查站位海草总生物量平均值的变化范围为 278.1 ~ 479.3 g DW/m^2，区域平均值为 329.8 g DW/m^2。地上生物量与地下生物量的比值范围为 0.35 ~ 1.25，除 XCG-C1 和 XCG-C2 两个站位外，其余站位均为地下生物量大于地上生物量［图 3.30(d)］。

有性繁殖方面，调查期间，在新村港和黎安港都发现海菖蒲有开花现象。其中，新村港海菖蒲花朵密度为 0.15 朵 /m^2，黎安港花朵密度为 0.56 朵 /m^2，但两个调查海区均未发现海草果实。

3.4.3.2.3 大型藻类

新村港和黎安港两个区域在样带定量调查中均未发现大型藻类存在。但在周边区域定性摸查时，在黎安港西部和西南部发现有大型藻类存在，种类比较单一，为石莼（*Ulva lactuca*）（图 3.31）。

图3.31 黎安港海草床中的大型藻类——石莼

3.4.3.2.4 大型底栖动物

新村港海草床大型底栖动物样品经鉴定共有 3 大门类 15 种，其中，环节动物种类最多，软体动物种类次之，节肢动物种类最少，大型底栖动物的平均栖息密度为 292.6 ind/m^2，平均生物量为 81.82 g/m^2。软体动物栖息密度相对较高，但生物量则是环节动物较高；节肢动物的栖息密度和生物量均很低。黎安港海草床大型底栖动物共有 3 大门类 17 种，其中，环节动物种类最多，软体动物次之，节肢动物最少，大型底栖动物种类组成以潮间带泥沙底质底内生活的种类为主，大型底栖动物的平均栖息密度为 133.4 ind/m^2，平均生物量为 102.22 g/m^2。黎安港环节动物栖息密度相对较高，但生物量则是软体动物更高，节肢动物的栖息密度和生物量均很低。两个区域大型底栖动物组成情况见图 3.32 和图 3.33。

新村港海草床大型底栖动物优势种共有 3 种（表 3.33），其中环节动物两种，软体动物一种。第一优势种为厚鳃蚕（*Dasybranchus caducus*），第二优势种为南海毛满月蛤，第三优势种为红角沙蚕（*Ceratonereis erythraeensis*）。大型底栖动物的物种多样性指数 H' 为 0.35 ~ 1.21，平均值为 0.81；均匀度 J' 为 0.42 ~ 0.96，平均值为 0.61；丰富度指数 D 为 0.20 ~ 2.63，平均值为 0.93。黎安港海草床大型底栖动物共有两个优势种，环节动物和软体动物各一种（表 3.33）。第一优势种为厚鳃蚕，第二优势种是珠带拟蟹守螺。大型底栖动物的物种多样性指数 H' 为 0.63 ~ 1.40，平均值为 0.95；均匀度 J' 为 0.37 ~ 0.72，平均值为 0.58；丰富度指数 D 为 0.40 ~ 1.55，平均值为 1.03。

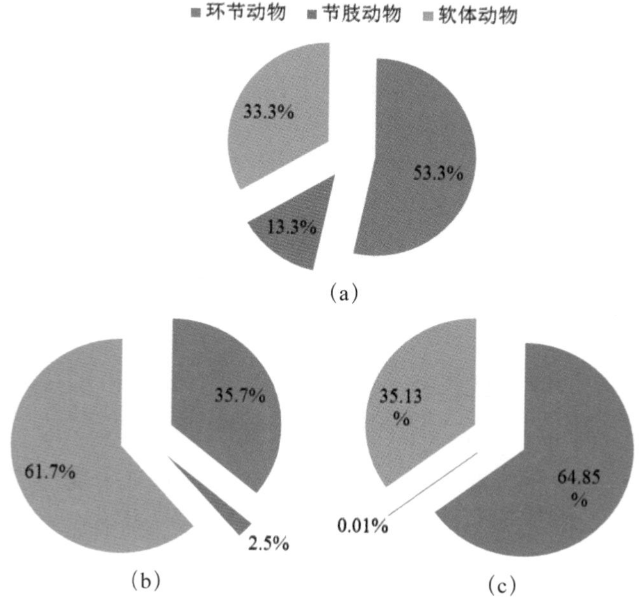

图3.32 新村港海草床大型底栖动物种类组成（a）、栖息密度组成（b）和生物量组成（c）

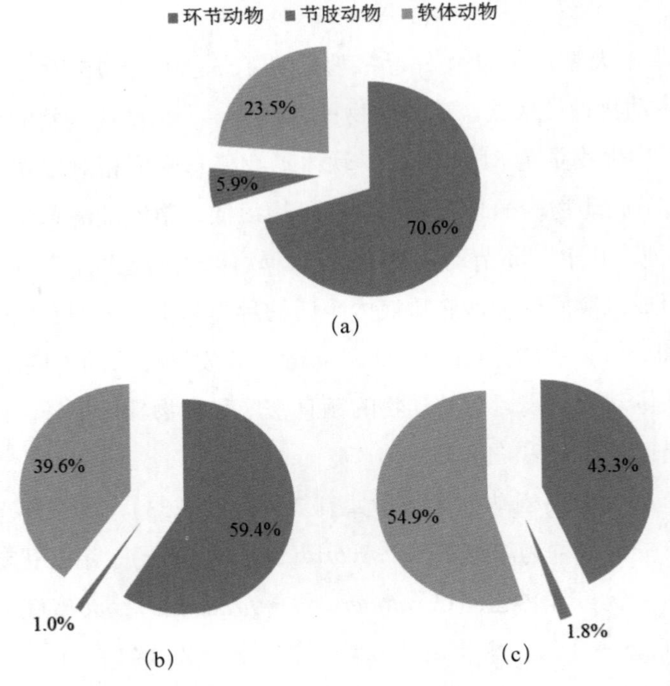

图3.33 黎安港海草床大型底栖动物种类组成（a）、栖息密度组成（b）和生物量组成（c）

表3.33 新村港和黎安港海草床大型底栖动物优势种及优势度

区域	优势种	优势度	站位覆盖度
新村港	厚鳃蚕	0.527	100.0%
	南海毛满月蛤	0.308	100.0%
	红角沙蚕	0.031	55.6%
黎安港	厚鳃蚕	0.387	100.0%
	珠带拟蟹守螺	0.340	83.3%

将新村港各断面海草和大型底栖动物的主要群落特征参数进行皮尔森（Pearson）相关性分析（表 3.34），除大型底栖动物的生物量外，新村港海草床海草主要群落特征参数与大型底栖动物的主要群落特征参数存在较强的正相关关系（相关性指数均在 0.75 以上），其中，海草总生物量均值与大型底栖动物栖息密度均值、海草密度均值和海草盖度均值与大型底栖动物多样性指数均值都表现为显著正相关，说明海草越密集，生物量越高的区域，大型底栖动物的栖息密度和多样性指数也就越高。

表3.34　新村港海草床海草与大型底栖动物主要群落特征参数之间的相关性指数

海草 / 大型底栖动物群落特征参数	海草总生物量均值 / (g/m²)	海草密度均值 / (shoots/m²)	海草盖度均值 / %
大型底栖动物平均栖息密度 / (ind/m²)	0.999*	0.857	0.948
大型底栖动物 H' 均值	0.924	0.994*	0.994*
大型底栖动物 D 均值	0.977	0.754	0.878

注：*表示相关性显著（P<0.05）。

3.4.3.2.5　环境状况

水环境方面，调查期间，新村港海水水温变化范围为 29.0 ～ 30.2℃，平均值为 29.6℃；盐度变化范围为 30.18 ～ 34.28，平均值为 32.23；悬浮物浓度变化范围为 0.2 ～ 6.7 mg/L，平均值为 2.6 mg/L；透明度变化范围为 0.7 ～ 1.2 m，平均值为 1.0 m。溶解氧浓度变化范围为 7.38 ～ 10.05 mg/L，平均值为 8.97 mg/L，所有站位溶解氧浓度均过饱和，符合第一类海水水质标准（DO ＞ 6 mg/L）。无机氮含量变化范围为 25.7 ～ 60.1 μg/L，平均值为 40.0 μg/L；无机磷含量变化范围为 5.4 ～ 11.1 μg/L，平均值为 7.7 μg/L。调查区域海水无机氮浓度均符合第一类海水水质标准（DIN ＜ 200 μg/L），无机磷浓度均符合第一类海水水质标准（DIP ＜ 15 μg/L）。黎安港海水水温变化范围为 26.8 ～ 28.5℃，平均值为 27.7℃；盐度变化范围为 33.68 ～ 34.20，平均值为 34.04。悬浮物浓度变化范围为 1.2 ～ 15.3 mg/L，平均值为 5.8 mg/L；透明度变化范围为 1.1 ～ 1.4 m，平均值为 1.2 m。溶解氧浓度变化范围为 3.82 ～ 6.39 mg/L，平均值为 5.46 mg/L，最低值仅符合第四类海水水质标准（3 mg/L ＜ DO ＜ 4 mg/L），表明调查区域部分站位表层海水氧亏损严重，可能跟黎安港养殖活动有关。无机氮含量变化范围为 37.8 ～ 97.8 μg/L，平均值为 66.5 μg/L；无机磷浓度变化范围为 7.0 ～ 20.7 μg/L，平均值为 11.5 μg/L。无机氮浓度均符合第一类海水水质标准（DIN ＜ 200 μg/L），无机磷平均浓度也符合第一类海水水质标准（DIP ＜ 15 μg/L）。

底质环境方面，新村港的底质类型为中细砂，粒级组分比较单一，只含砂，砂的含量为 100%，不含粉砂和黏土，中值粒径的变化范围为 0.215 4 ～ 0.265 1 mm，平均值为 0.2368 mm，区域内沉积物粒径变化较小，底质类型比较单一。有机碳的含量范围为 0.11% ～ 0.78%，平均值为 0.22%，硫化物含量范围在 19 ～ 42 μg/g，平均值为 32 μg/g。有机碳和硫化物的含量均符合第一类海洋沉积物质量标准，无超标现象。黎安港的底质类型为砂，粒级组分以砂为主，含量普遍高于80%，含有少量的粉砂和极少的黏土，砂、粉砂和黏土的平均含量分别为88.4%、10.6%和1.0%，中值粒径的变化范围为0.1345 ~ 0.180 7 mm，平均值为0.156 0 mm，粒径较细。有机碳的含量范围为0.08% ~ 0.53%，平均值为0.22%，硫化物含量范围为46 ~ 120 μg/g，平均值为71 μg/g，含量较低，分布较均匀。有机碳和硫化物的含量均符合第一类海洋沉积物质量标准，无超标现象。

3.4.3.3　海草床生态状况评估

新村港和黎安港海草床生态状况评估以原国家海洋局2009年海南东海岸生态监控区的调查结果为参照系。评估结果分别见表3.35和表3.36。

表3.35　新村港海草床生态状况评估结果

评估要素	指标	参照系	本次调查	变化幅度	分级	赋值	评级得分	评级
海草植被 (I_V)	总面积 / hm^2	304*	112.71	−62.9%	Ⅲ	10	23.33	Ⅲ
	茎枝密度 / (shoots/m^2)	177.27*	66	−62.8%	Ⅲ	10		
	盖度 / %	35.0*	31.5	−10.0%	Ⅰ	50		
生物群落 (I_B)	底栖动物生物量 / (g/m^2)	216.8*	81.82	−62.3%	Ⅲ	5	15	Ⅱ
	大型藻类盖度 / %	—	0.00	—	Ⅰ	25		
水环境 (I_W)	溶解氧 / (mg/L)	—	8.97	—	Ⅰ	15	15	Ⅰ
	悬浮物 / (mg/L)	—	2.60	—	Ⅰ	15		
	无机氮 / (μg/L)	—	40.00	—	Ⅰ	15		
	活性磷酸盐 / (μg/L)	—	7.70	—	Ⅰ	15		
底质环境 (I_S)	有机碳 / %	—	0.22	—	Ⅰ	10	10	Ⅰ
	硫化物 / (μg/g)	—	32.00	—	Ⅰ	10		
综合评估	综合评估指数：63.33；评级：Ⅱ级（受损）							

注：“*”标记的数据引自原国家海洋局2009年海南东海岸生态监控区的调查结果；“—”表示无需参照系。

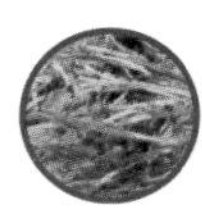

表3.36　黎安港海草床生态状况评估结果

评估要素	指标	参照系	本次调查	变化幅度	分级	赋值	平均得分	评级
海草植被 (I_V)	总面积 / hm^2	207*	111.73	−46.0%	Ⅲ	10	23.33	Ⅲ
	茎枝密度 / ($shoots/m^2$)	395.9*	71.2	−82.0%	Ⅲ	10		
	盖度 / %	17.9*	32.3	80.4%	Ⅰ	50		
生物群落 (I_B)	大型底栖动物生物量 / (g/m^2)	191.2*	102.22	−46.5%	Ⅲ	5	15	Ⅱ
	大型藻类盖度 / %	—	0.00	—	Ⅰ	25		
水环境 (I_W)	溶解氧 / (mg/L)	—	5.46	—	Ⅱ	10	13.75	Ⅰ
	悬浮物 / (mg/L)	—	5.8	—	Ⅰ	15		
	无机氮 / (μg/L)	—	66.50	—	Ⅰ	15		
	活性磷酸盐 / (μg/L)	—	11.50	—	Ⅰ	15		
底质环境 (I_S)	有机碳 / %	—	0.22	—	Ⅰ	10	10	Ⅰ
	硫化物 / (μg/g)	—	71.00	—	Ⅰ	10		
综合评估	综合评估指数 62.08；评级：Ⅱ级（受损）							

注：“*”标记的数据引自原国家海洋局2009年海南东海岸生态监控区的调查结果；“—”表示无需参照系。

新村港海草床生态状况综合评估指数（I_{SG}）得分为63.33，评级为Ⅱ级（受损）。与2009年的调查结果相比，本次调查新村港海草床面积减少了62.9%，茎枝密度和盖度分别减少了62.8%和10.0%。海草植被（I_V）综合得分为23.33，评级为Ⅲ级（严重受损）。

其他生物群落（I_B）得分为15，评级为Ⅱ级（受损），主要表现为大型底栖动物生物量出现较大幅度下降，大型底栖动物生物量评级为Ⅲ级（严重受损）。

新村港水环境（I_W）和底质环境（I_S）的各项指标评级均为Ⅰ级（受损）。

黎安港海草床生态系统生态综合评价指数得分为62.08，评估等级Ⅱ级（受损），主要表现为海草生境的丧失以及海草植被和大型底栖动物的减少。其中，与2009年相比，海草床面积减少了46.0%，茎枝密度减少了82.0%，大型底栖动物生物量减少了46.5%，这3项二级指标评级均为Ⅲ级（严重受损）。

水环境方面，水环境（I_W）指标综合得分13.75，评级为Ⅰ级（适宜）。除部分调查站位出现缺氧现象外，无机氮和活性磷酸盐的浓度均符合第一类海水水质标准，海水悬浮物浓度较低。

底质环境良好，有机碳和硫化物浓度均满足第一类海洋沉积物质量标准，底质环境（I_W）得分为10，评级为Ⅰ级（适宜）。

3.4.4 海口东寨港海草床

3.4.4.1 区域概况

东寨港是一个呈漏斗状深入内陆的半封闭港湾式潟湖，位于海南省东北部琼山、文昌两地的交界处，北临琼州海峡，港内南部有三江河，西有演丰东、西河，北有塔市桃兰溪。海岸线曲折弯曲，总长 8.4 km，海湾开阔，滩面平缓，具有丰富的物种多样性和生态资源。该区域由于海水冲刷作用导致大量细粒、有机质碎屑被带入湾内，堆积盛行，形成宽广的潮间带，内部分布有红树林、海草床等生态系统。涨潮时沟内充满水流，滩面被淹没，退潮时滩面裸露，形成分割破碎的沼泽滩面。东寨港年均气温 23.3 ～ 23.8℃，年均降水量 1 676.4 mm。其受潮汐影响较大，年平均潮差 0.95 m，平均高潮潮位为 1.73 m，平均低潮潮位为 0.44 m，平均潮差约为 1.29 m，潟湖内底质呈中央泥沙，周边淤泥状态，底质越靠近红树区域，淤泥化越严重。

3.4.4.2 海草床生态现状

3.4.4.2.1 海草床面积分布

东寨港的海草床主要分布在潟湖口西侧（即东寨港北港村南侧），总面积约为 168.73 hm^2。另外，在东寨港东溪村西侧、河溪珠河口以南也有少量卵叶喜盐草沿岸零星分布（图 3.34）。

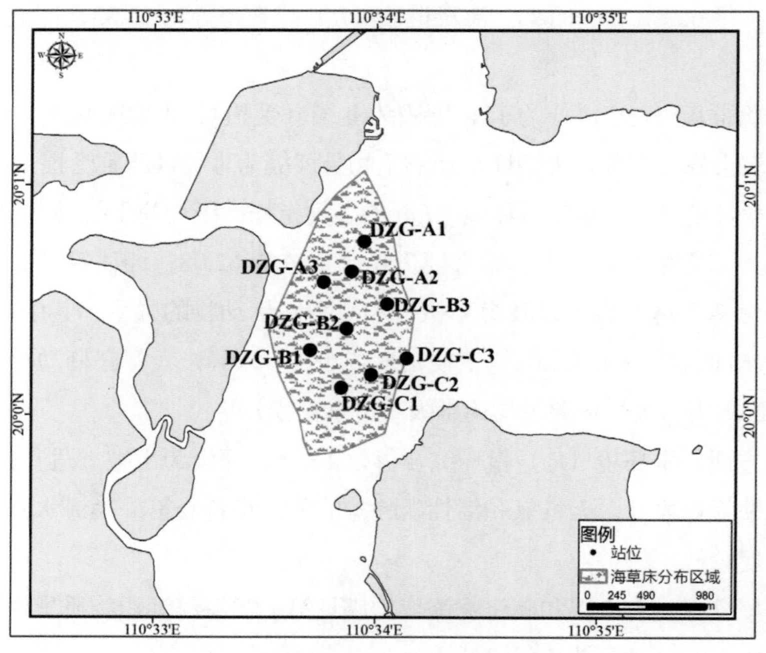

图3.34 东寨港海草床分布和调查站位布设

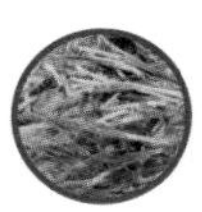

3.4.4.2.2　海草群落特征

东寨港此前调查发现该区域海草种类包括 2 科 2 属 3 种，分别是单脉二药草、卵叶喜盐草和贝克喜盐草，其中卵叶喜盐草与贝克喜盐草为东寨港优势种（陈石泉等，2019；黄小平等，2019），本次调查在东寨港仅发现了卵叶喜盐草一种海草。

各站位海草平均盖度范围为 12.7% ~ 42.0%，平均值为 23.0% [图 3.35(a)]。各站位卵叶喜盐草平均株高为 2.1 ~ 2.5 cm，总平均值为 2.4 cm，站位间株高差异较小。各站位卵叶喜盐草平均密度范围为 1 592.0 ~ 5 437.3 shoots/m^2，最高值为 DZG-A 断面远岸点，最低值为 DZG-A 断面中部站位，区域总平均值为 2 723.6 shoots/m^2 [图 3.35(b)]。各站位海草总生物量平均值的变化范围为 6.4 ~ 20.7 g DW/m^2，区域平均值为 11.1 g DW/m^2，所有站位的地上生物量都大于地下生物量 [图 3.35(c)]。本次调查未发现卵叶喜盐草开花结果现象。

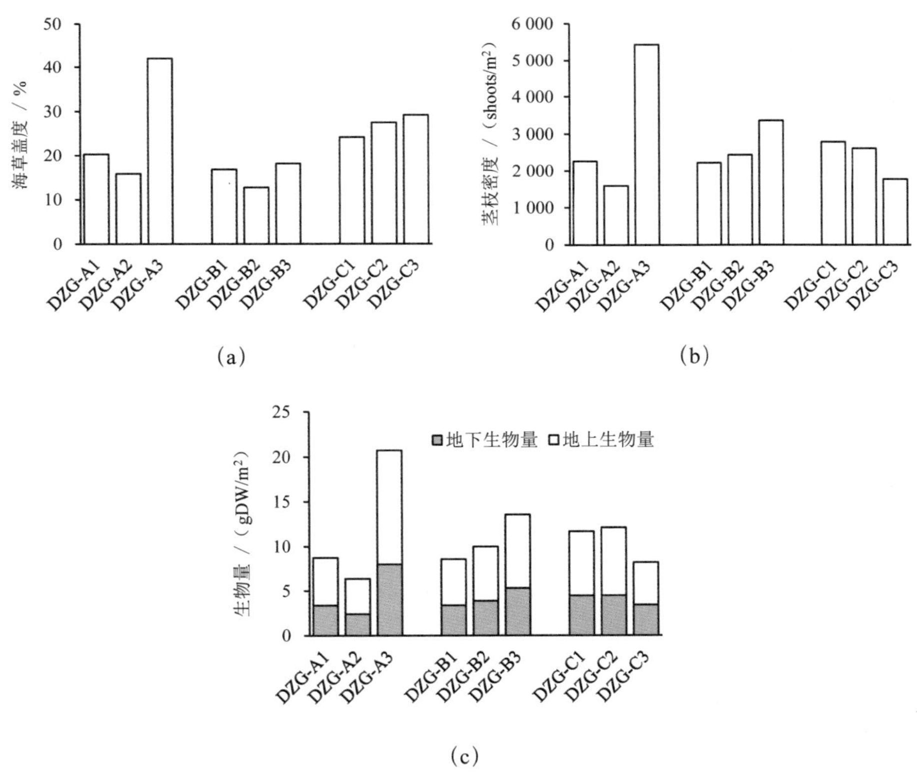

图3.35　海口东寨港各站位海草盖度（a）、茎枝高度（b）和生物量（c）

3.4.4.2.3　大型藻类

对该区域大型藻类进行了定性调查，发现该区域大型藻类种类较多，龙须菜

（*Gracilaria lemaneiformis*）是东寨港海草床中最多的一种大型海藻，此外，还有浒苔（*Ulva* sp.）及其他大型海藻。

3.4.4.2.4　大型底栖动物

东寨港海草床大型底栖动物样品经鉴定共有 3 大门类 20 种，其中，软体动物种类最多，其次是节肢动物，脊索动物种类最少。大型底栖动物的平均栖息密度为 63.8 ind/m^2, 平均生物量为 71.86 g/m^2, 定量样品仅有软体动物和节肢动物两大门类。大型底栖动物种类、栖息密度和生物量的组成见图 3.36 。

东寨港海草床大型底栖动物优势种共有 4 种，全部为软体动物（表 3.37）。第一优势种为纵带滩栖螺，第二优势种为珠带拟蟹守螺，第三优势种为鳞杓拿蛤，第四优势种为亮螺（*Phos senticosus*）。大型底栖动物的物种多样性指数 H' 为 0.73 ～ 1.82，平均值为 1.22；均匀度 J 为 0.46 ～ 0.95，平均值为 0.72；丰富度指数 D 为 0.36 ～ 1.44，平均值为 0.79。

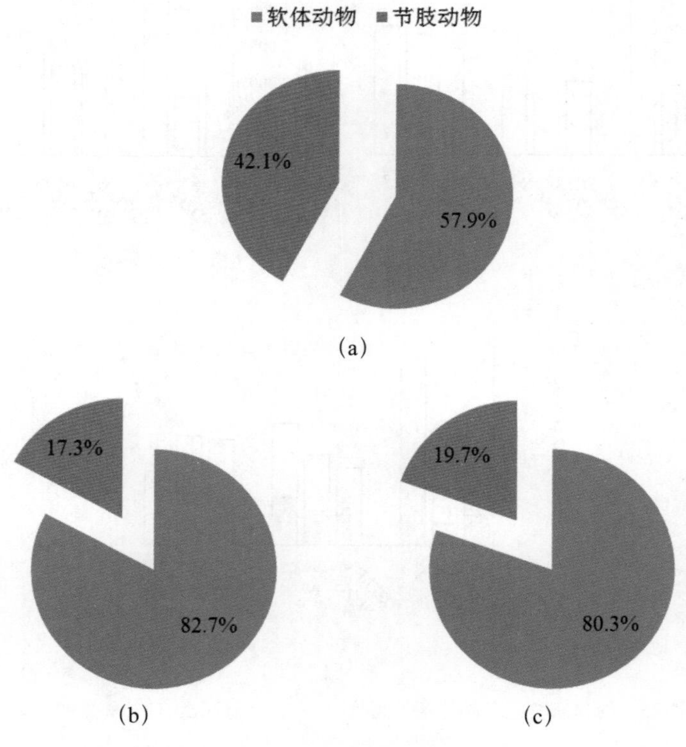

图3.36　东寨港海草床大型底栖动物种类组成（a）、栖息密度组成（b）和生物量组成（c）

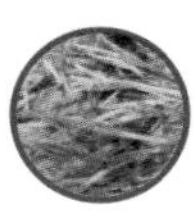

表3.37 东寨港海草床大型底栖动物优势种及优势度

优势种	优势度	站位覆盖度
纵带滩栖螺	0.599	88.9%
珠带拟蟹守螺	0.098	55.6%
鳞杓拿蛤	0.043	66.7%
亮螺	0.034	55.6%

将东寨港海草床大型底栖动物主要群落特征参数与东寨港红树林区相比（表3.38），海草床区大型底栖动物的平均栖息密度和生物量均远低于红树林区，多样性指数和丰富度指数则与红树林区春季调查的水平相当，低于红树林区其他季节的调查结果。这些差异可能与区域面积和异质性高低有关：东寨港红树林区区内红树林面积大，种类多，生境异质性高，而东寨港海草床区面积小，种类少（仅发现一种海草），生境异质性较低，故大型底栖动物主要群落特征参数较低。

表3.38 东寨港海草床与红树林区大型底栖动物主要群落特征比较

调查时间	调查区域	平均栖息密度 / (ind/m^2)	平均生物量 / (g/m^2)	H' 均值	D 均值
2010 年 3 月*	东寨港红树林区	644.1	186.86	1.20	0.78
2010 年 6 月*	东寨港红树林区	505.0	165.93	1.40	1.16
2010 年 9 月*	东寨港红树林区	534.7	272.78	1.79	1.46
2010 年 12 月*	东寨港红树林区	679.3	183.39	1.85	2.23
2020 年 9 月	东寨港海草床	63.8	71.86	1.22	0.79

注：“*”数据来源于马坤等（2012）。

3.4.4.2.5 环境状况

水环境方面，调查期间，东寨港海水水温变化范围为 33.2 ～ 35.4℃，平均值为 34.4℃；盐度变化范围为 33.23 ～ 33.35，平均值为 32.62。悬浮物浓度变化范围为 8.2 ～ 12.5 mg/L，平均值为 10.0 mg/L；透明度变化范围为 0.4 ～ 0.6 m，平均值为 0.5 m。调查区域海水高悬浮物低透明度可能跟河流输沙有关。溶解氧浓度变化范围为 4.94 ～ 6.33 mg/L，平均值为 5.43 mg/L，调查区域存在一定程度的氧亏损。无机氮含量变化范围为 14.8 ～ 29.6 μg/L，平均值为 21.9 μg/L；无机磷含量变化范围为 4.6 ～ 13.7 μg/L，平均值为 9.9 μg/L。调查区域海水无机氮浓度均符合第一类海水水质标准（DIN < 200 μg/L），无机磷浓度均符合第一类海水水质标准（DIP < 15 μg/L）。

底质环境方面，该区域底质类型主要为砂和黏土质砂，粒级组分以砂为主，粉砂次之，个别站位还有少量砾。砾、砂、粉砂和黏土的平均含量分别为 0.52%、76.04%、17.03% 和 6.41%。中值粒径变化范围为 0.0900 ~ 0.1559 mm，平均值为 0.120 0 mm，粒径较小。沉积物中有机碳含量变化范围为 0.19% ~ 0.39%，平均值为 0.33%，有机碳含量较小；硫化物含量变化范围为 3.96 ~ 119.20 μg/g，平均值为 56.00 μg/g，站位之间变化幅度较大。有机碳和硫化物的含量均符合第一类海洋沉积物质量标准限值要求，无超标现象。

3.4.4.3　海草床生态状况评估

东寨港海草床生态状况的评估中，海草植被以陈石泉等（2019）于 2018 年 6 月的调查结果为参照系。由于该区域大型底栖动物生物量缺乏历史数据，加之本次调查大型藻类盖度未做定量评估，因此，上述两项指标不予评估。该区域评估结果见表 3.39。

与 2018 年的调查结果相比，东寨港海草床生态系统海草分布面积、茎枝密度和盖度分别减少了 36.1%、55.9% 和 72.5%。海草植被指数（I_V）综合得分为 10，评估结果为Ⅲ级（严重受损）。

水环境状况指数（I_W）综合得分为 13.75，评价等级为Ⅰ级（适宜）。溶解氧浓度变化范围为 4.94 ~ 6.33 mg/L，平均值为 5.43 mg/L，调查区域存在一定程度的氧亏损，可能跟养殖活动和近岸污水排放有关。

底质环境状况指数（I_S）计算结果为 10，评价等级为Ⅰ级（适宜）。沉积物有机碳和硫化物的含量均符合第一类海洋沉积物质量标准，无超标现象。

表3.39　东寨港海草床生态状况评估结果

评估要素	指标	参照系	本次调查	变化幅度	分级	赋值	平均得分	评级
海草植被（I_V）	总面积 / hm^2	264*	168.73	−36.1%	Ⅲ	10	10	Ⅲ
	茎枝密度 / ($shoots/m^2$)	9 901.0*	2 723.6	−72.5%	Ⅲ	10		
	盖度 / %	52.1*	23	−55.9%	Ⅲ	10		
生物群落（I_B）	大型底栖动物生物量 / (g/m^2)	\	71.9	\	\	\	\	\
	大型藻类盖度 / %	—	\	\	\	\		

续表

评估要素	指标	参照系	本次调查	变化幅度	分级	赋值	平均得分	评级
水环境 (I_W)	溶解氧 / (mg/L)	—	5.43	—	Ⅱ	10	13.75	Ⅰ
	悬浮物 / (mg/L)	—	10.0	—	Ⅰ	15		
	无机氮 / (μg/L)	—	21.90	—	Ⅰ	15		
	活性磷酸盐 / (μg/L)	—	9.90	—	Ⅰ	15		
底质环境 (I_S)	有机碳 / %	—	0.33	—	Ⅰ	10	10	Ⅰ
	硫化物 / (μg/g)	—	56.00	—	Ⅰ	10		
综合评估	\							

注："*"标记的数据引自陈石泉等（2019）于2018年6月的调查结果；"\"表示由于缺乏参照系或调查数据对该项目不予评价；"—"表示无需参照系。

3.4.5 澄迈花场湾海草床

3.4.5.1 区域概况

花场湾位于海南省澄迈县，是一个近封闭式天然潟湖，其内有 4 条小河注入淡水，盐度较低，水体交换常受潮汐汊道影响，水质及沉积环境主要受养殖、陆源污染以及渔船码头等影响。滩涂面积广、淤积深厚，湾内水浅、风浪较小、水动力条件稳定，盐度变化大。花场湾底质类型为含黏土质的粉砂和含淤泥的细砂，富含腐殖质，适宜于喜盐草属等抗逆性差的海草生长，是典型的潮汐汊道（潟湖）港湾。该区域年平均气温 23.8℃，年平均日照时数 2 059 h，年均降雨量 1 786.1 mm，且热雨同季，平均潮差 1.89 m，浅滩宽度 500 ~ 600 m，平时风浪微弱，为海草植被生长提供了较大空间。

3.4.5.2 海草床生态现状

3.4.5.2.1 海草床面积分布

调查发现花场湾海草床总面积约为 49.96 hm^2，主要分布在花场湾潟湖底部河口附近。除了水深较深的潮汐通道以外，调查区域水深较浅的滩涂区域均分布有海草，被潮汐通道分割成大小不等的几大块区域（图 3.37），该区域底质以淤泥质为主，水体较为浑浊，在最低潮时方能见海草露出水面。

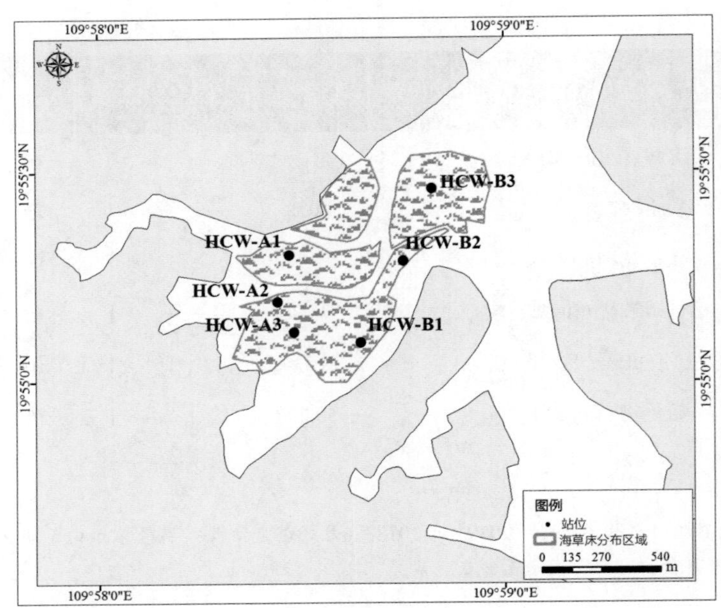

图3.37 花场湾海草床分布和调查站位布设

3.4.5.2.2 海草群落特征

本次调查在花场湾发现贝克喜盐草和针叶草变种两种海草，以贝克喜盐草为主。此前该区域还发现过羽叶二药草和卵叶喜盐草（王道儒等，2012；黄小平等，2019），本次调查未发现。

海草盖度方面，各站位海草平均盖度范围为 44.7% ~ 90.0%，其中贝克喜盐草平均盖度范围为 34.3% ~ 90.0%，区域平均值为 62.1% [图 3.38(a)]；针叶草变种仅在 HCW-A2 站位有发现，站位平均盖度为 14.2%。

茎枝高度方面，贝克喜盐草各站位平均株高为 1.6 ~ 2.4 cm，区域平均值为 2.11 cm，两个调查断面之间贝克喜盐草的茎枝高度无明显差异；针叶草变种数量很少，平均茎枝高度为 1.5 cm。

茎枝密度方面，各站位的海草平均密度范围为 3 213.3 ~ 8 498.7 shoots/m^2，其中贝克喜盐草的平均密度为 2 373.3 ~ 8 498.7 shoots/m^2，区域平均值为 5 715.6 shoots/m^2；针叶草变种在 HCW-A2 站位的密度为 840 shoots/m^2 [图 3.38(b)]。

海草生物量方面，各站位海草总生物量平均值的变化范围为 11.8 ~ 34.8 g DW/m^2 [图 3.38(c)]，其中贝克喜盐草的生物量变化范围为 10.6 ~ 34.8 g DW/m^2，区域平均值为 21.1 g DW/m^2；针叶草变种生物量变化范围为 0.0 ~ 3.6 g DW/m^2，区域平均值为 0.6 g DW/m^2。

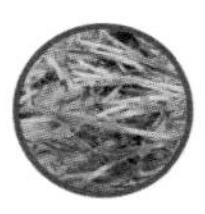

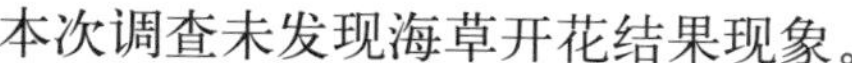

本次调查未发现海草开花结果现象。

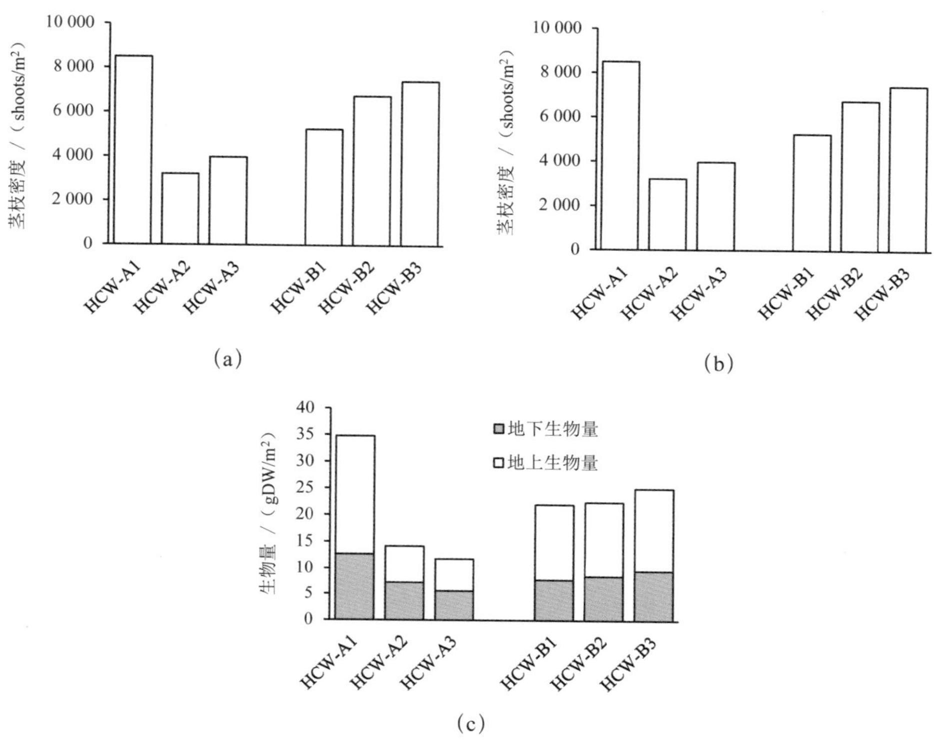

图3.38　花场湾各站位海草盖度（a）、茎枝密度（b）和生物量（c）

3.4.5.2.3　大型藻类

对该区域大型藻类进行了定性调查，该区域海草床中大型藻类种类单一，均为浒苔（*Ulva* sp.），并且覆盖度较高。调查中发现有海草分布的区域存在着浒苔与海草混生现象，而周边一些无海草分布的区域也生长着大量的浒苔（图 3.39）。

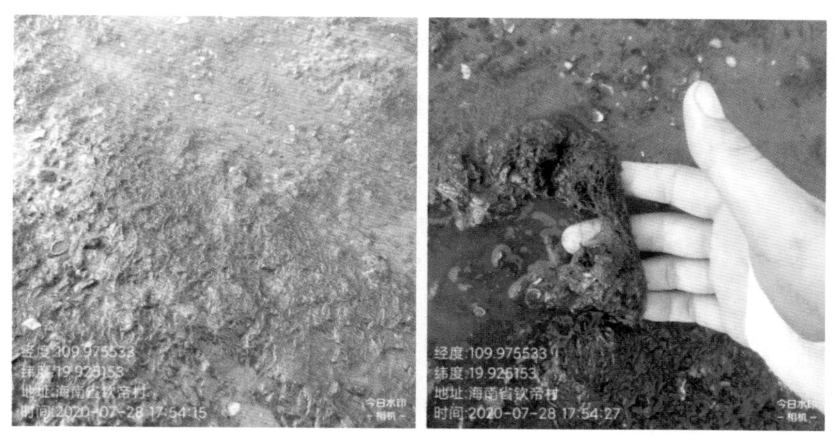

图3.39　花场湾海草床中的大型藻类——浒苔

3.4.5.2.4　大型底栖动物

花场湾海草床大型底栖动物样品经鉴定共有 2 大门类 11 种，其中，节肢动物 6 种，软体动物 5 种。大型底栖动物的平均栖息密度为 250.7 ind/m^2，平均生物量为 80.88 g/m^2，软体动物的栖息密度和生物量均明显高于节肢动物。大型底栖动物种类、栖息密度和生物量的组成见图 3.40。

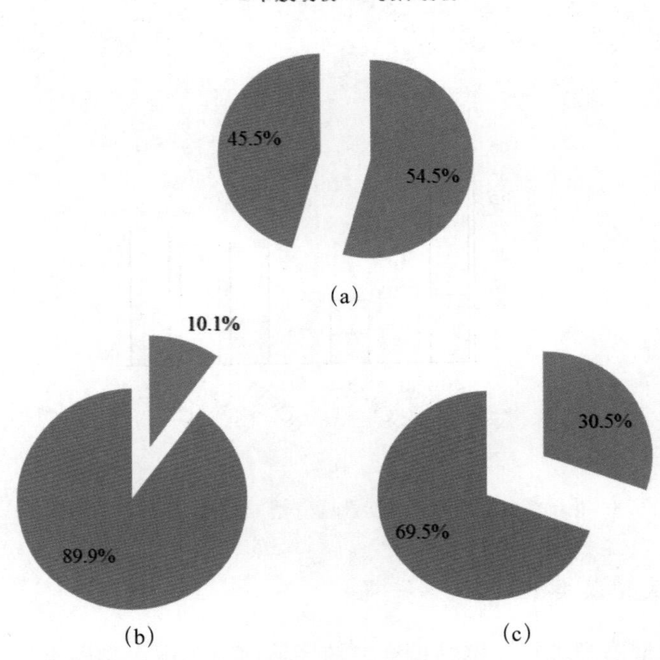

图3.40　花场湾海草床大型底栖动物种类组成（a）、栖息密度组成（b）和生物量组成（c）

大型底栖动物优势种共有 4 种，软体动物和节肢动物各两种（表 3.40）。第一优势种为斜肋齿蜷（*Sermyla riqueti*），第二优势种为珠带拟蟹守螺；另外两个优势种分别为扁平拟闭口蟹（*Paracleistostoma depressum*）和短螯厚蟹（*Helice leachii*）。

表3.40　花场湾海草床大型底栖动物优势种及优势度

优势种	优势度	站位覆盖度
斜肋齿蜷	0.775	100.0%
珠带拟蟹守螺	0.116	100.0%
扁平拟闭口蟹	0.026	50.0%
短螯厚蟹	0.022	83.3%

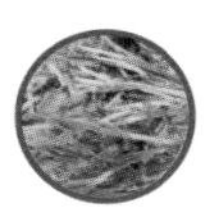

大型底栖动物的物种多样性指数 H' 为 0.62 ~ 1.44，平均值为 1.14；均匀度 J 为 0.31 ~ 0.67，平均值为 0.52；丰富度指数 D 为 0.71 ~ 1.18，平均值为 0.92。

3.4.5.2.5 环境状况

水环境方面，调查期间，澄迈花场湾海水水温变化范围为 31.4 ~ 32.3℃，平均值为 31.9℃；盐度变化范围为 5.26 ~ 13.77，平均值为 10.74。悬浮物浓度变化范围为 10.2 ~ 17.2 mg/L，平均值为 13.2 mg/L；透明度变化范围为 0.5 ~ 0.8 m，平均值为 0.7 m。溶解氧浓度变化范围为 5.54 ~ 7.12 mg/L，平均值为 6.45 mg/L。无机氮含量变化范围为 560 ~ 662 μg/L，平均值为 604 μg/L；无机磷含量变化范围为 40.3 ~ 80.4 μg/L，平均值为 61.9 μg/L。无机氮平均浓度达到劣四类海水水质标准（DIN ＞ 500 μg/L），无机磷平均浓度达到劣四类海水水质标准（DIP ＞ 45 μg/L），表明调查区域海水潜在富营养水平较高，可能跟海水养殖活动有关（王道儒等，2012）。

底质环境方面，该区域底质类型主要为粉砂质砂，粒级组分以砂和粉砂为主，含有少量的黏土，砾占比较小。砾、砂、粉砂和黏土的平均含量分别为 0.82%、52.91%、34.84% 和 11.43%。中值粒径变化范围为 0.031 2 ~ 0.196 7 mm，平均值为 0.080 0 mm，粒径较小。沉积物中有机碳含量变化范围为 0.84% ~ 1.24%，平均值为 1.01%；硫化物含量变化范围为 0.68 ~ 11.80 μg/g，平均值为 5.45 μg/g，含量较低。有机碳和硫化物的含量均符合第一类海洋沉积物质量标准，无超标现象。

3.4.5.3 海草床生态状况评估

花场湾海草床生态状况评估以 2009 年“海南省热带典型海洋生态系统调查”专项中海草床生态系统的调查结果作为参照系，由于大型海藻盖度缺乏定量调查数据，故对该指标以及该区域海草床生态状况综合情况不予评估。评估结果见表 3.41。

表3.41 花场湾海草床生态状况评估结果

评估要素	指标	参照系	本次调查	变化幅度	分级	赋值	平均得分	评级
海草植被 (I_V)	总面积 / hm²	40.0*	49.96	24.9%	Ⅰ	50	50	Ⅰ
	茎枝密度 / (shoots/m²)	4 062.6*	5 855.6	44.1%	Ⅰ	50		
	盖度 / %	27.73*	64.48	132.5%	Ⅰ	50		
生物群落 (I_B)	大型底栖动物生物量（g/m²）	319.55*	80.88	−74.7%	Ⅲ	5	\	\
	大型藻类盖度 / %	—	\	\	\	\		

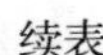
续表

评估要素	指标	参照系	本次调查	变化幅度	分级	赋值	平均得分	评级
水环境 (I_W)	溶解氧 / (mg/L)	—	6.45	—	Ⅰ	15	8.75	Ⅲ
	悬浮物 / (mg/L)	—	13.20	—	Ⅱ	10		
	无机氮 / (μg/L)	—	604.00	—	Ⅲ	5		
	活性磷酸盐 / (μg/L)	—	61.90	—	Ⅲ	5		
底质环境 (I_S)	有机碳 / %	—	1.01	—	Ⅰ	10	10	Ⅰ
	硫化物 / (μg/g)	—	5.45	—	Ⅰ	10		
综合评估	\							

注："*"标记的数据引自2009年"海南省热带典型海洋生态系统调查"专项中海草床生态系统的调查结果；"\"表示由于缺乏参照系或调查数据对该项目不予评价；"—"表示无需参照系。

海草植被（I_V）方面，花场湾海草床面积较 2009 年的调查结果增加了 24.9%，评级为Ⅰ级（稳定）；茎枝密度和盖度也较 2009 年分别增加了 44.1% 和 27.7%，评级都为Ⅰ级（稳定）。海草植被（I_V）指数综合得分为 50，评估结果为Ⅰ级（稳定）。

大型底栖动物生物量较 2009 年减少了 74.7%，评估结果为Ⅲ级（严重受损）。对花场湾底栖动物的多样性指数统计结果显示，调查区域的底栖动物多样性也处于较低水平，底栖动物群落较不稳定。

水环境状况（I_W）指数得分为 8.75，评级为Ⅲ级（不适宜），主要表现为营养盐超标严重。花场湾无机氮和无机磷的平均浓度均属于劣四类海水水质标准，水体存在严重富营养化。

底质环境（I_S）状况指数得分为 10，评级为Ⅰ级（稳定）。沉积物有机碳和硫化物的含量均符合第一类海洋沉积物质量标准限值要求，无超标现象。

3.4.6 儋州黄沙港海草床

3.4.6.1 区域概况

黄沙港位于儋州市木棠镇黄沙村外海，毗邻北部湾，气候湿润，温度范围 8 ~ 38℃，年平均气温 24 ℃，多年平均降水量为 1 908.2 mm。黄沙港附近海岸线大致呈南—北走向，岸线曲折，湾内各岸段受不同浪向作用的强度不同，岸滩响应也不同，表现为珊瑚礁、海蚀平台断续分布的特征。区域浅海海底地形变化不大，坡度平缓，沿岸潮间带残留杂乱的大小不等的玄武岩碎块及珊瑚碎屑。港区滩涂内生

长着丰富的潮间带生物，如文蛤、贻贝、牡蛎、毛蚶、泥蚶和青膏蟹等。

3.4.6.2　海草床生态现状

3.4.6.2.1　海草床面积分布

黄沙港海草床总面积约为 2.01 hm^2（图 3.41）。该区域海草床为首次报道，海草分布集中，区域内的海草在最低潮时均可以露出水面。据当地渔民反映，该海草床面积较往年有明显减小，存在退化的趋势。

3.4.6.2.2　海草群落特征

黄沙港仅发现了一种海草，为泰来草。各站位泰来草平均盖度范围为 38.5% ～ 70.2%，平均值为 54.6%；近岸站位海草盖度最高［图 3.42(a)］。各站位泰来草平均株高为 10.2 ～ 12.2 cm，平均值为 11.3 cm，各站位间株高差异不大。各站位泰来草平均密度范围为 396.7 ～ 832.7 shoots/m^2，区域平均值为 617.6 shoots/m^2［图 3.42(b)］。各站位海草总生物量平均值的变化范围为 141.1 ～ 366.5 g DW/m^2，区域平均值为 263.4 g DW/m^2。近岸调查点的生物量最高，中部站位最低，3 个调查点的海草地下生物量均明显高于地上生物量［图 3.42(c)］。

本次调查未发现泰来草开花结果现象。

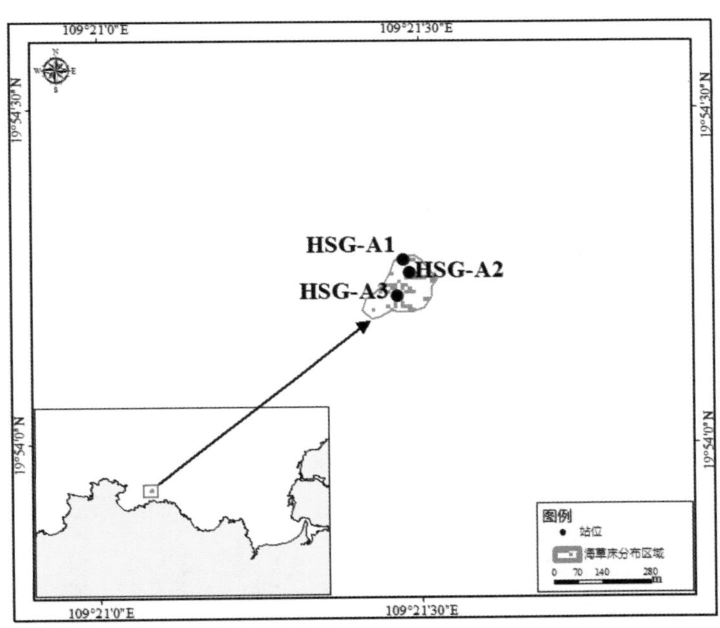

图3.41　黄沙港海草床分布和调查站位布设

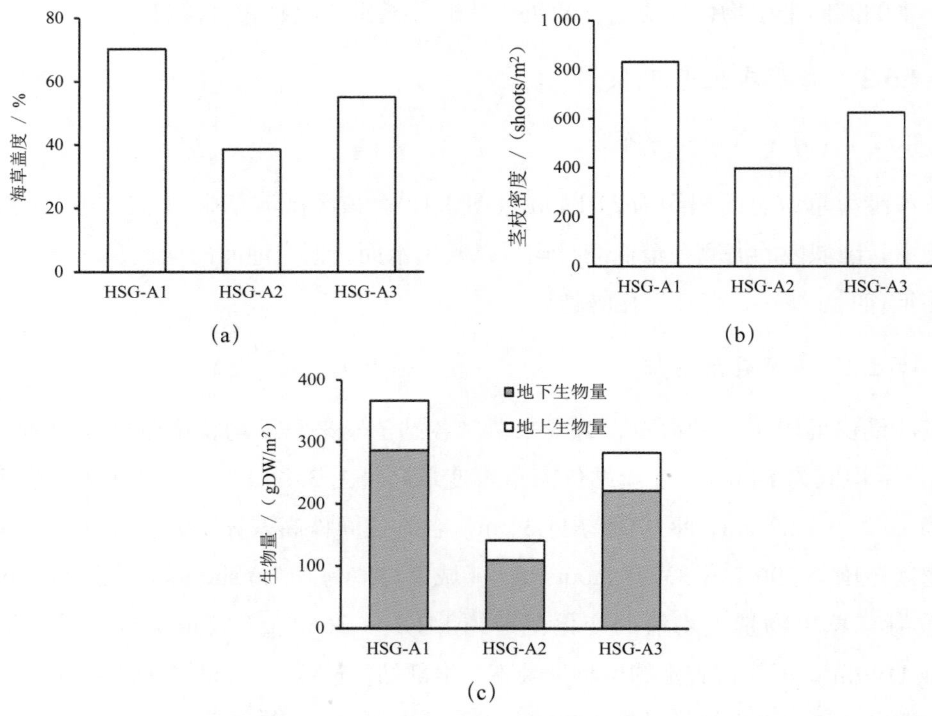

图3.42 黄沙港各站位海草盖度（a）、茎枝密度（b）和生物量（c）

3.4.6.2.3 大型藻类

对该区域大型藻类进行了定性调查，发现该区域存在缢江蓠（*Gracilaria salicornia*）、小沙菜（*Hypnea spinella*）和红毛菜（*Bangia atropurpurea*）等大型藻类，其中红毛菜的分布范围最广，盖度也最高，在海草床内存在大量红毛菜覆盖于海草叶片上的现象（图 3.43）。

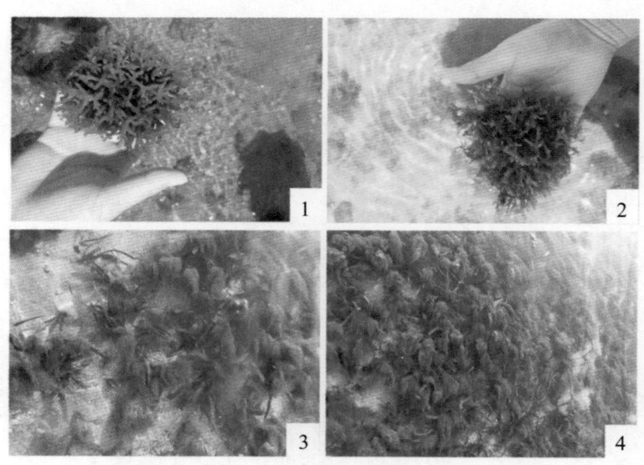

图3.43 黄沙港海草床中的大型藻类

1：缢江蓠；2：小沙菜；3～4：红毛菜

3.4.6.2.4　大型底栖动物

黄沙港大型底栖动物样品经鉴定共有 3 大门类 18 种，其中，软体动物种类最多，其次是节肢动物，环节动物种类较少。大型底栖动物的平均栖息密度为 69.3 ind/m^2，平均生物量为 46.47 g/m^2。各类群栖息密度和生物量组成存在一定差异，软体动物栖息密度和生物量均远高于环节动物和节肢动物。大型底栖动物种类、栖息密度和生物量的组成情况见图 3.44。

黄沙港海草床大型底栖动物优势种共有两种，均为软体动物（表 3.42）。第一优势种为杂色牙螺（*Euplica scripta*），第二优势种为克氏锉棒螺（*Rhinoclavis sinensis*）。大型底栖动物的物种多样性指数 H' 为 1.07 ~ 2.35，平均值为 1.59；均匀度 J 为 0.68 ~ 0.84，平均值为 0.73；丰富度指数 D 为 0.67 ~ 2.34，平均值为 1.34。

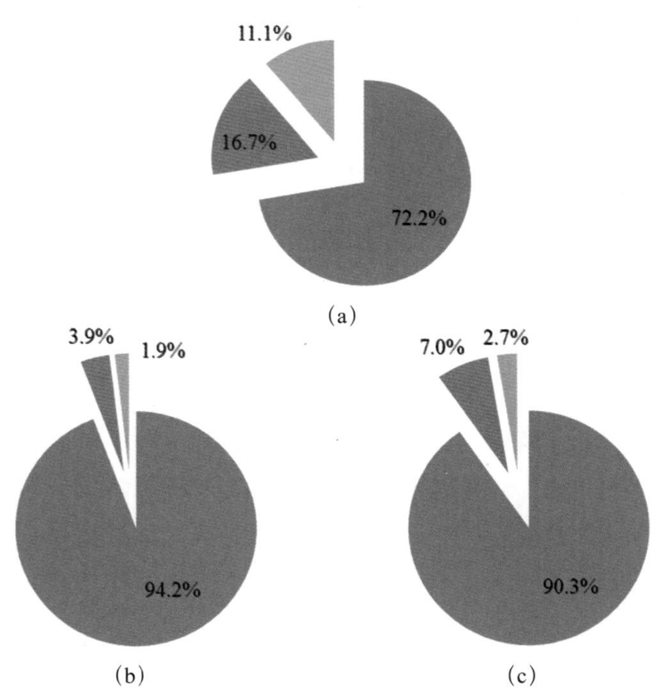

图3.44　黄沙港海草床大型底栖动物种类组成（a）、栖息密度组成（b）和生物量组成（c）

表3.42　黄沙港海草床大型底栖动物优势种及优势度

优势种	优势度	站位覆盖度
杂色牙螺	0.404	100.0%
克氏锉棒螺	0.385	100.0%

3.4.6.2.5 环境状况

水环境方面，调查期间，黄沙港海水水温变化范围为30.3 ～ 30.4℃，平均值为30.4℃；盐度变化范围为32.67 ～ 32.72，平均值为32.69。悬浮物浓度变化范围为1.75 ～ 2.30 mg/L，平均值为1.98 mg/L；透明度变化范围为2.1 ～ 2.3 m，平均值为2.2 m。溶解氧浓度变化范围为4.75 ～ 4.82 mg/L，平均值为4.80 mg/L，均符合第三类海水水质标准（4 mg/L ＜ DO ＜ 5 mg/L），表明调查区域表层海水存在一定的氧亏损。无机氮含量变化范围为87.5 ～ 117 μg/L，平均值为99.1 μg/L；无机磷含量变化范围为10.8 ～ 15.7 μg/L，平均值为12.4 μg/L。调查区域海水无机氮平均浓度符合第一类海水水质标准（DIN ＜ 200 μg/L），无机磷平均浓度符合第一类海水水质标准（DIP ＜ 15 μg/L）。

底质环境方面，该区域底质类型主要为砂，粒级组分主要为砂，砂占比普遍达90%以上，黏土含量少。砾、砂、粉砂和黏土的平均含量分别为4.88%、90.27%、3.74%和1.13%。中值粒径变化范围为0.236 9 ～ 0.277 2 mm，平均值为0.259 6 mm，粒径较小。沉积物中有机碳的变化范围为0.17% ～ 0.36%，平均值为0.26%，含量较低。硫化物含量变化范围为0.132 ～ 1.782 μg/g，平均值为0.930 μg/g，含量较低。有机碳和硫化物的含量均符合第一类海洋沉积物质量标准，无超标现象。

3.4.6.3 海草床生态状况评估

由于黄沙港海草床为首次报道，无历史调查数据，本次调查中的海草床面积、茎枝密度、盖度、大型底栖动物生物量等调查结果将作为以后评估的参照系，此处不予评估。此处仅对黄沙港水环境和底质环境进行评估，评估结果见表3.43。

黄沙港水环境（I_W）综合得分为12.50分，评级为Ⅰ级（适宜）。除溶解氧属于Ⅲ级（不适宜），悬浮物、无机氮和活性磷酸盐等指标均评估为Ⅰ级（适宜）。底质环境要素综合得分为10，评价等级为Ⅰ级（适宜），说明该区域底质环境良好，适宜海草生长（表3.43）。

表3.43　黄沙港海草床生态状况评估结果

评估要素	指标	参照系	本次调查	变化幅度	分级	赋值	平均得分	评级
海草植被（I_V）	总面积 / hm^2	\	2.01	\	\	\	\	\
	茎枝密度 / (shoots/m^2)	\	54.6	\	\	\		
	盖度 / %	\	510	\	\	\		
生物群落（I_B）	大型底栖动物生物量 / (g/m^2)	\	46.47	\	\	\	\	\
	大型藻类盖度 / %	—	未统计	\	\	\		

续表

评估要素	指标	参照系	本次调查	变化幅度	分级	赋值	平均得分	评级
水环境 (I_W)	溶解氧 / (mg/L)	—	4.80	—	Ⅲ	5	12.50	Ⅰ
	悬浮物 / (mg/L)	—	1.98	—	Ⅰ	15		
	无机氮 / (μg/L)	—	99.10	—	Ⅰ	15		
	活性磷酸盐 / (μg/L)	—	12.40	—	Ⅰ	15		
底质环境 (I_S)	有机碳 / %	—	0.26	—	Ⅰ	10	10	Ⅰ
	硫化物 / (μg/g)	—	0.93	—	Ⅰ	10		
综合评估	\							

注："\"表示由于缺乏参照系或调查数据对该项目不予评价；"—"表示无需参照系。

参考文献

陈石泉，林国尧，蔡泽富，等，2019. 海南东寨港海草资源分布特征及影响因素 [J]. 湿地科学与管理，15(04): 53-56.

范航清，黎广钊，周浩郎，2015. 广西北部湾典型海洋生态系统：现状与挑战 [M]. 科学出版社 .

范航清，彭胜，石雅君，等，2007. 广西北部湾沿海海草资源与研究状况 [J]. 广西科学，14(3): 289-295.

范航清，邱广龙，石雅君，等，2011. 中国亚热带海草生理生态学研究 [M]. 北京：科学出版社 .

何祥英，苏搏，许廷波，等，2012. 广西北仑河口红树林湿地大型底栖动物多样性的初步研究 [J]. 湿地科学与管理，8(2): 44-48.

黄小平，黄良民，李颖虹，等，2006. 华南沿海主要海草床及其生境威胁 [J]. 科学通报，51(B11): 114-119.

黄小平，黄良民，2007. 中国南海海草研究 [M]. 广东：广东经济出版社 .

黄小平，江志坚，刘松林，等，2019. 中国热带海草生态学研究 [M]. 北京：科学出版社 .

黄小平，江志坚，张景平，等，2010. 广东沿海新发现的海草床 [J]. 热带海洋学报，29(1): 132-135.

柯盛，申玉春，谢恩义，等，2013. 雷州半岛流沙湾潮间带底栖贝类多样性 [J]. 生物多样性，21(5): 547-553.

柯盛，2010. 流沙湾底栖贝类生物多样性与马氏珠母贝的养殖容量研究 [D]. 广东海洋大学 .

马坤，黄勃，刘福欣，2012. 东寨港红树林区大型底栖动物多样性研究 [J]. 生态与农村环境学报，28(6): 675-680.

邱广龙，范航清，李宗善，等，2013. 濒危海草贝克喜盐草的种群动态及土壤种子库——以广西珍珠湾为例 [J]. 生态学报，33(19): 6163-6172.

苏家齐，朱长波，李俊伟，等，2019. 流沙湾浮游动物群落特征及与鱼贝养殖的关系 [J]. 海洋渔业，41(03): 278-293.

王道儒，吴钟解，陈春华，等，2012. 海南岛海草资源分布现状及存在威胁 [J]. 海洋环境科学，31(01): 34-38.

吴钟解, 陈石泉, 张光星, 等, 2016. 海南省麒麟菜自然保护区麒麟菜资源研究 [J]. 海洋环境科学, 35(2): 221-225.

许铭本, 赖俊翔, 张荣灿, 等, 2015. 北仑河口北岸潮间带大型底栖动物生态特征及潮间带环境质量评价 [J]. 广东海洋大学学报, 35(1): 57-61.

于淑楠, 王雅丽, 黄勃, 等, 2018. 琼海麒麟菜保护区藻场退化原因分析 [J]. 海洋科学, 42(5): 77-81.

郑凤英, 邱广龙, 范航清, 等, 2013. 中国海草的多样性、分布及保护 [J]. 生物多样性, 21(5): 517-526.

张才学, 陈慧妍, 孙省利, 等, 2012. 流沙湾海草床海域浮游植物的时空分布及其影响因素 [J]. 生态学报, 32(5): 1527-1537.

曾园园, 2015. 流沙湾喜盐草的生长和生理生化特征 [D]. 广东海洋大学.

DEEGAN L A, 2002. Lessons learned: The effects of nutrient enrichment on the support of nekton by seagrass and salt marsh ecosystems[J]. Estuaries, 25(4): 727-742.

HARLIN M M, 1995. Changes in major plant groups following nutrient enrichment[J]. CRC PRESS, BOCA RATON, FL(USA), 173-187.

JIANG Z, CUI L, LIU S, et al., 2020. Historical changes in seagrass beds in a rapidly urbanizing area of Guangdong Province: Implications for conservation and management[J]. Global Ecology and Conservation, 22: e01035.

第 4 章

南海区海草床生物群落结构的区域差异及其与环境的关系

我国南海各海草床分布区的区域环境差异较大，而不同种类海草以及海草床中的底栖动物等对环境的适应性存在差异（Hemminga and Duarte，2000）。同一种海草可出现在多个不同的区域环境中，如卵叶喜盐草、贝克喜盐草在南海区分布的区域很广。研究显示，海草可通过改变自身的一些生长特征来适应不同的环境，如株高、生长密度、地上生物量 / 地下生物量等（Hemminga and Duarte，2000；McDonald et al., 2016；Cabaço et al., 2007），有些海草在密度高且资源不足的环境下可以抑制叶片发芽，从而降低密度以防止出现激烈的种内竞争（van Tussenbroek et al., 2000）。本章利用 2020 年南海区海草床生态状况调查数据，分析了南海区海草床生态系统环境因子、海草群落结构和大型底栖动物群落结构的区域差异，以及分析了南海区主要海草种类的生长特征（包括茎枝密度、生物量、地上生物量 / 地下生物量等）和底栖动物群落特征（包括种类、生物量、生物多样性指数等）与环境因子（包括海水盐度、溶解氧、悬浮物、DIN、DIP、沉积物硫化物、沉积物有机碳、沉积物粒组含量等）的相关性，以探讨环境因素如何影响海草床生物群落结构和分布，以及哪些是影响海草群落结构的关键因素。

4.1 环境因子的区域差异

4.1.1 水环境

南海区各调查区域水环境因子对比情况见图 4.1。由图 4.1 可见，各区域间海水盐度、悬浮物平均浓度差异较大，这些指标受调查时间、气温、降雨和河流输入等因素影响较大。各区域表层海水溶解氧平均浓度介于 4.03 ～ 8.97 mg/L，其中汕头义丰溪和儋州黄沙港表层海水溶解氧平均浓度较低，仅符合第三类海水水质标准，潮州柘林湾、北海铁山港、海口东沙港和陵水黎安港表层海水溶解氧平均浓度符合第二类海水水质

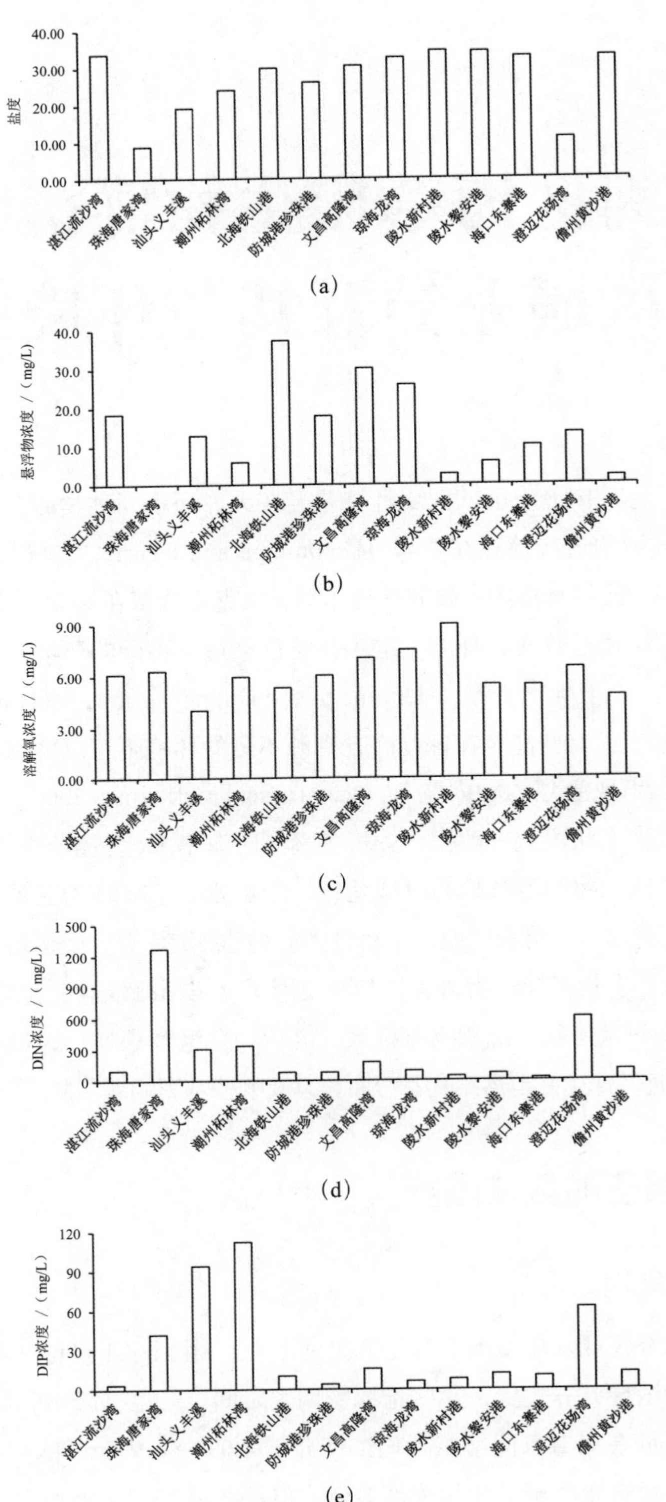

图4.1　南海各海草床调查区域水体盐度（a）、悬浮物浓度（b）、溶解氧浓度（c）、DIN浓度（d）和DIP浓度（e）状况对比

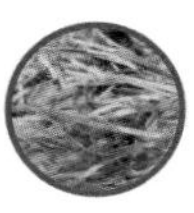

标准，其他调查区域表层海水溶解氧平均浓度符合第一类海水水质标准（DO ＞ 6 mg/L）；调查区域表层海水无机氮平均浓度介于 21.9 ～ 1270 μg/L，珠海唐家湾和澄迈花场湾表层海水无机氮平均浓度达劣四类海水水质标准（DIN ＞ 500 μg/L），潮州柘林湾和汕头义丰溪无机氮平均浓度符合第三类海水水质标准（300 μg/L ＜ DIN ＜ 400 μg/L），其他调查区域表层海水无机氮平均浓度符合第一类海水水质标准（DIN ＜ 200 μg/L）；各调查区域表层海水无机磷平均浓度介于 3.7 ～ 112.0 μg/L，潮州柘林湾、汕头义丰溪和澄迈花场湾表层海水无机磷平均浓度均达劣四类海水水质标准（DIP ＞ 45 μg/L），珠海唐家湾无机磷平均浓度达第四类海水水质标准（30 μg/L ＜ DIP ＜ 45 μg/L），文昌无机磷平均浓度符合第二类、第三类海水水质标准（15 μg/L ＜ DIP ＜ 30 μg/L），其他调查区域表层海水无机磷平均浓度符合第一类海水水质标准（DIP ＜ 15 μg/L）。

4.1.2　底质环境

南海区海草床生态系统底质以砂为主，粒级组分中砂的含量占绝对优势，粒径较粗，其中潮州柘林湾和汕头义丰溪海草床生态系统底质为粉砂质砂或黏土质粉砂，颗粒较细。广西北海铁山港和防城港珍珠湾海草床生态系统底质环境以中细砂或细砂为主，砂的含量达到了 85% 以上；海口东寨港海草床生态系统底质以砂为主，砂和粉砂的含量合计达到了 90% 以上；儋州黄沙港海草床生态系统底质主要为砂，砂的含量高达 90% 以上；澄迈花湾场海草床生态系统底质以粉砂质砂为主，粉砂和砂的含量合计达到 87.75%；陵水黎安港和新村港海草床生态系统底质环境基本上为砂，砂的含量接近 100%。少量区域底质环境中含有砾，其中珠海唐家湾海草床生态系统底质环境中砾的含量较高，达到了 44%，文昌和琼海海草生态系统底质环境中砾的含量为 20% ～ 30%，海口东寨港、澄迈花场湾和儋州黄沙港海草床生态系统底质含有少量的砾，其含量均在 5% 以下。

南海各海草床分布区域沉积物有机碳和硫化物含量见图 4.2。各区域底质环境中有机碳和硫化物含量均较低，仅澄迈花场湾海草床底质有机碳和汕头义丰溪海草床底质硫化物含量略高，但所有底质样品中有机碳和硫化物的含量均符合第一类海洋沉积物质量标准限值要求，无超标现象，南海区海草床海域底质质量状况良好。各区域底质有机碳平均值变化范围为 0.17% ～ 1.01%，其中北海铁山港海草床区域底质有机碳平均含量最低，为 0.17%，澄迈花场湾海草床区域有机碳含量最高，为 1.01%，各个区域之间差异不大。硫化物平均值变化范围为未检出～ 130 μg/g，其中儋州黄沙港海草床区域底质硫化物平均含量最低，为 0.930 μg/g，汕头义丰溪海草床区域硫化物平均含量最高，为 130 μg/g，各个区域之间差异明显。

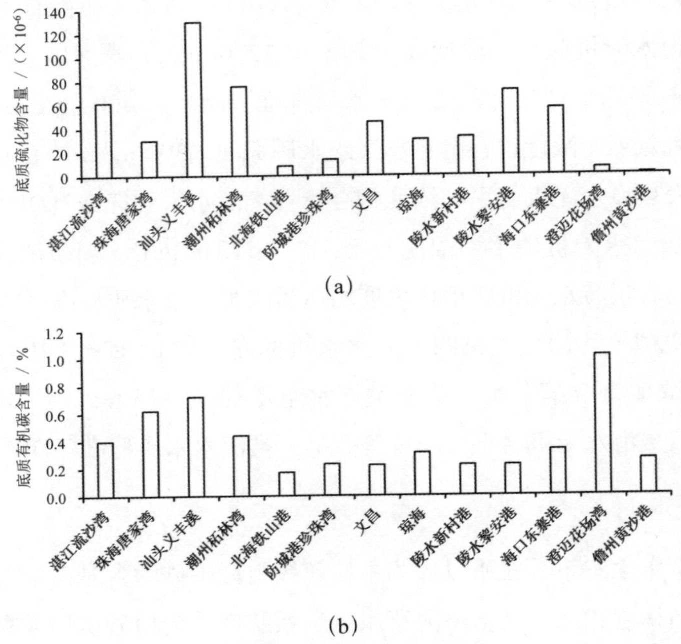

图4.2　南海各海草床调查区域沉积物硫化物（a）和有机碳（b）含量对比

4.2　海草群落

4.2.1　海草种类分布的区域差异

本次调查结果显示，南海区不同种类海草的分布有明显的区域差异（表 4.1）。其中卵叶喜盐草和贝克喜盐草属于广布种类，在南海区三省区均有发现；海菖蒲、泰来草、圆叶丝粉草、针叶草（变种）和针叶草只在海南省有发现，其中海菖蒲和泰来草为海南一些区域的主要优势种类，在海南多个调查区域均有发现；日本鳗草仅在广西防城港珍珠湾有发现。通过与历史文献报道结果相对比，发现各区域的主要优势种类变化不大，但一些区域存在种类减少的现象，如广西北海铁山港此前发现过日本鳗草和单脉二药草，本次调查并未发现；海南文昌和琼海此前发现过单脉二药草、小喜盐草、圆叶丝粉草、齿叶丝粉草、针叶草等，而本次调查也未发现。这表明南海区一些非优势种类正在减少，有消失的风险。

不同种类海草在垂直于岸线分布上存在差异（表 4.2）。卵叶喜盐草、海菖蒲和泰来草的分布范围相对比较广泛，它们在整个潮间带区域，以及潮下带 4 m 以浅水域均有分布，其中卵叶喜盐草主要分布区为潮间带，在潮下带有少量分布，而海菖蒲和泰来草在潮间带的高潮区仅有少量分布，大多分布于潮间带的中低潮区和潮下带 4 m 以浅水域，泰来草的分布较海菖蒲更靠外。此外，单脉二药草、针叶草（变种）、小喜

盐草和贝克喜盐草主要分布于潮间带的高潮区，在潮间带中低潮区分布很少或没有，潮下带没有分布；圆叶丝粉草大多分布于潮下带 4 m 以浅水域，在中低潮带有少量分布；针叶草主要分布于潮下带 4 m 以浅水域，在潮间带基本没有分布；日本鳗草则主要分布于潮间带各区域，在潮下带不分布。上述结果与以往文献报道基本一致（蔡泽富等，2017a；邱广龙等，2016）。本次调查未发现海草分布至潮下带下部的现象。

此外，有些海草种类喜欢毗邻其他一些生态系统而生长，如喜盐草中的一些种类（卵叶喜盐草、贝克喜盐草和小喜盐草）喜欢紧邻红树林生态系统生长，而泰来草、海菖蒲、丝粉草等喜欢紧邻珊瑚礁生态系统生长，一般分布于珊瑚礁靠岸较浅的水域。

表4.1　各区域现有海草种类与历史报道种类

省（区）	区域	本次调查发现种类	历史报道种类	参考文献
广东	潮州柘林湾	卵叶喜盐草*	卵叶喜盐草*	黄小平等，2010
	汕头义丰溪	贝克喜盐草*	贝克喜盐草*	Jiang et al., 2020
	湛江流沙湾	卵叶喜盐草*、贝克喜盐草、小喜盐草、单脉二药草	卵叶喜盐草*、单脉二药草	黄小平等，2006
	珠海唐家湾	贝克喜盐草*	贝克喜盐草*	黄小平等，2010
广西	北海铁山港	卵叶喜盐草*、贝克喜盐草	卵叶喜盐草*、日本鳗草*、单脉二药草、贝克喜盐草	范航清等，2011
	防城港珍珠湾	日本鳗草*	日本鳗草*、贝克喜盐草	
海南	澄迈花场湾	贝克喜盐草*、针叶草（变种）	贝克喜盐草*、羽叶二药草、针叶草（变种）	蔡泽富等，2017b
	儋州黄沙港	泰来草*	—	—
	海口东寨港	卵叶喜盐草*	贝克喜盐草*	邱广龙等，2016
	陵水黎安港	海菖蒲*、泰来草、卵叶喜盐草、圆叶丝粉草	海菖蒲*、泰来草、圆叶丝粉草、卵叶喜盐草	蔡泽富等，2017a
	陵水新村港	海菖蒲*、泰来草*、圆叶丝粉草	海菖蒲*、泰来草*、圆叶丝粉草、卵叶喜盐草、单脉二药草、小喜盐草、日本鳗草	
	琼海（青葛—龙湾）	海菖蒲*、泰来草*	泰来草*、海菖蒲*、单脉二药草、卵叶喜盐草、圆叶丝粉草、针叶草	
	文昌（高龙湾—长圮港）	海菖蒲*、泰来草*、卵叶喜盐草*	泰来草*、海菖蒲*、单脉二药草、卵叶喜盐草*、小喜盐草、圆叶丝粉草、齿叶丝粉草、针叶草	王道儒等，2012；吴钟解等，2014；蔡泽富等，2017a
	文昌东郊椰林湾	泰来草*、针叶草、圆叶丝粉草	泰来草*、圆叶丝粉草、卵叶喜盐草	郭振仁等，2009

注：“—”表示未见报道，“*”代表优势种。

表4.2　南海区海草岸线垂直分布情况

海草种类	潮间带		潮下带上部（大潮高潮水深＜4 m）
	高潮带	中潮带和低潮带	
圆叶丝粉草	−	+	+++
单脉二药草	+++	+	−
针叶草	−	−	+++
针叶草（变种）	+++	+	−
海菖蒲	+	+++	+++
泰来草	+	+++	+++
日本鳗草	+++	+++	−
卵叶喜盐草	+++	+++	+
小喜盐草	+++	+	+
贝克喜盐草	+++	+	−

注：“+++”表示较多；“+”表示少量；“−”表示没有分布。

4.2.2　不同种类海草与环境因子的关系

卵叶喜盐草、贝克喜盐草、海菖蒲和泰来草是南海区海草中主要的优势种类：卵叶喜盐草和贝克喜盐草在南海区的分布范围非常广，在南海区三省区均有分布；海菖蒲和泰来草是海南省的特有种类，在海南省分布广泛，占据绝对优势。本节选取上述4种海草，结合2020年度南海区各区域的调查结果，将此4种海草的生长指标与环境因子进行相关性分析，并对此4种海草对环境因子的适应情况进行了归纳总结，以了解它们的环境适应特征。

4.2.2.1　卵叶喜盐草

对南海区卵叶喜盐草的生长指标与环境因子进行了Pearson相关性分析，结果见表4.3。结果显示，卵叶喜盐草的茎枝密度、总生物量、地上生物量、地下生物量均与水体盐度呈显著正相关；该海草的茎枝密度、总生物量、地上生物量和地下生物量与溶解氧呈正相关，但相关性不显著；该海草的总生物量、地上生物量和地下生物量均与DIN呈显著正相关；该海草的地上生物量/地下生物量与盐度、悬浮物和DIN浓度呈显著负相关，与DIP浓度呈显著正相关。与底质环境的相关性显示，卵叶喜盐草茎枝密度与沉积物硫化物和有机碳浓度均呈显著负相关；该海草茎枝密度与沉积物砂

含量呈显著正相关，与粉砂和黏土含量呈显著负相关。南海区卵叶喜盐草对各环境因子的适应情况见表4.4。

表4.3　卵叶喜盐草与环境因子的Pearson相关性

参数			茎枝密度 / (shoots/m^2)	总生物量 / (g/m^2)	地上生物量 / (g/m^2)	地下生物量 / (g/m^2)	地上生物量 / 地下生物量
水环境	盐度		**0.391***	**0.608****	**0.535***	**0.630****	**−0.557****
	溶解氧 / (mg/L)		0.316	0.312	0.236	0.359	−0.271
	悬浮物 / (mg/L)		0.149	−0.071	−0.164	0.022	**−0.520***
	DIN / (μg/L)		−0.329	**0.549****	**0.461***	**0.589****	**−0.524***
	DIP / (μg/L)		**−0.451****	−0.230	−0.164	−0.274	**0.593****
底质环境	硫化物 / (μg/g)		**−0.522****	−0.078	0.010	−0.155	0.186
	有机碳 / %		**−0.555****	0.197	0.104	0.269	−0.392
	粒组含量 / %	砾	−0.183	−0.209	−0.200	−0.202	−0.017
		砂	**0.561****	0.184	0.234	0.124	0.195
		粉砂	**−0.518****	−0.038	−0.110	0.033	−0.302
		黏土	**−0.489****	−0.136	−0.096	−0.162	0.290

注：“**”表示$p<0.01$，“*”表示$p<0.05$。

表4.4　卵叶喜盐草对环境因子的适应情况

环境因子		适应范围	平均值
水环境	盐度	17.98 ~ 34.16	30.32
	溶解氧 / (mg/L)	3.96 ~ 8.31	5.49
	悬浮物 / (mg/L)	3.80 ~ 52.40	17.50
	DIN / (μg/L)	14.82 ~ 358.60	107.85
	DIP / (μg/L)	0.00 ~ 101.00	21.15
底质环境	硫化物 / (μg/g)	0.00 ~ 175.00	60.15
	有机碳 / %	0.00 ~ 0.80	0.38

卵叶喜盐草在我国南部广泛分布，其与盐度呈显著正相关说明该海草喜好在盐度稍偏高的环境中生长。溶解氧是水质好坏的一个重要指标，水质好的区域水体溶解氧

一般较高，该海草生长指标与水体溶解氧呈正相关，说明水体溶解氧的增加会促进该海草的生长。营养盐对海草的生长极为重要，研究表明，当生境处于贫营养状态时，水体营养盐增加一般会促进海草生长，但生境中营养盐已能满足海草生长需求，额外增加的营养盐会导致水体富营养化，从而对海草产生不良生理反应，使其生长受到抑制（Udy and Dennison，1997）。曾圆圆（2015）利用不同浓度梯度营养盐对卵叶喜盐草进行室内培养，发现该海草能适应较高营养盐浓度条件，南海区卵叶喜盐草生境水体 DIN 浓度为 14.82 ～ 358.60 μg/L，该浓度相对于卵叶喜盐草最高耐受浓度还处于较低水平，因此本研究中卵叶喜盐草的总生物量、地上生物量和地下生物量均与 DIN 呈显著正相关。海草地上生物量和地下生物量的分配由一些外源性因素决定（Bessler et al., 2009），本研究中卵叶喜盐草的地上生物量 / 地下生物量与盐度、悬浮物和 DIN 浓度呈显著负相关，与 DIP 浓度呈显著正相关。研究显示，盐度、DIN 浓度等的增加会导致海草减少地上叶片的生长，而将更多的能量储存于地下根茎中（Xie et al., 2005），从而导致了地上生物量 / 地下生物量的下降。卵叶喜盐草茎枝密度与沉积物硫化物和有机碳浓度均呈显著负相关，这说明沉积物硫化物和有机碳的增加会抑制海草的生长。底质中有机碳主要来源于内源（水体中的浮游生物、藻类及水生植物所产生的腐殖质）和外源输入（陆地土壤和陆生植物腐殖质），往往有机质含量增高会降低水体溶解氧含量，形成厌氧环境，进而导致硫化氢等还原物增加。研究显示，沉积物中硫化物等含量的增加会对海草植物体以及沉积物中的海草种子产生毒害作用，抑制海草生长（Carlson et al., 1999；Terrados et al., 1999），本研究结果与以往研究结果较为一致。卵叶喜盐草茎枝密度与砂含量呈显著正相关，与粉砂和黏土含量呈显著负相关，这说明该海草喜好在砂质沉积环境中生长。

4.2.2.2 贝克喜盐草

南海区贝克喜盐草的生长指标与环境因子的 Pearson 相关性分析结果见表 4.5。结果显示，贝克喜盐草的茎枝密度、总生物量、地上生物量和地下生物量均与盐度呈显著正相关，而与水体 DIN 浓度呈显著负相关，其地下生物量与水体 DIP 浓度呈显著正相关。该海草总生物量、地上生物量和地下生物量均与沉积物有机碳含量呈显著正相关。底质类型方面，该海草生长指标与沉积物中砾含量呈显著负相关，而与粉砂和黏土含量呈显著正相关。南海区贝克喜盐草对各环境因子的适应情况见表 4.6。

关于贝克喜盐草与环境因子的关系已有相关的研究报道。其对盐度的适应性方面，研究显示贝克喜盐草对海水盐度的适应性非常广（0 ～ 45），属于广盐种，且与高盐度相比，其更喜好分布在盐度较低的区域，即使在淡水的环境下也可至少存活 10 个

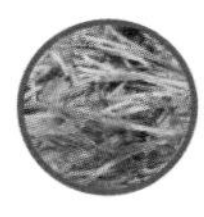

表4.5 贝克喜盐草与环境因子的Pearson相关性

参数		茎枝密度 / (shoots/m^2)	总生物量 / (g/m^2)	地上生物量 / (g/m^2)	地下生物量 / (g/m^2)	地上生物量 / 地下生物量
水环境	盐度	**0.739****	**0.727****	**0.753****	**0.677****	0.407
	溶解氧 / (mg/L)	**−0.671****	−0.030	−0.063	0.025	−0.246
	悬浮物 / (mg/L)	0.604	0.394	0.362	0.458	0.092
	DIN / (μg/L)	**−0.704****	**−0.651****	**−0.629***	**−0.682****	−0.022
	DIP / (μg/L)	−0.277	0.478	0.440	**0.538***	−0.066
底质环境	硫化物 / (μg/g)	−0.218	−0.279	−0.272	−0.289	−0.106
	有机碳 / %	−0.125	**0.641***	**0.641***	**0.635***	0.398
	粒组含量 / % 砾	**−0.709****	**−0.853****	**−0.832****	**−0.884****	−0.182
	粒组含量 / % 砂	**0.488***	0.203	0.232	0.152	0.116
	粒组含量 / % 粉砂	0.274	**0.665****	**0.635***	**0.713****	0.104
	粒组含量 / % 黏土	0.260	**0.715****	**0.690****	**0.753****	0.160

*注：“**”表示$p<0.01$，“*”表示$p<0.05$。*

表4.6 贝克喜盐草对环境因子的适应性

环境因子		适应范围	平均值
水环境	盐度	5.26 ~ 27.57	13.10
	溶解氧 / (mg/L)	4.66 ~ 7.12	6.11
	悬浮物 / (mg/L)	6 ~ 72.90	24.13
	DIN / (μg/L)	119.60 ~ 1521.00	833.73
	DIP / (μg/L)	21.40 ~ 110.00	49.04
底质环境	硫化物 / (μg/g)	0.00 ~ 89.00	20.62
	有机碳 / %	0.10 ~ 1.24	0.68

月（Fakhruddin et al., 2013）。本研究通过对南海区有贝克喜盐草分布的区域水体盐度进行汇总，发现该海草生境盐度变化范围为5.26 ~ 27.57，平均值为13.10，说明该海草偏好于生长在盐度偏低，有淡水注入的环境中，如在广西铁山港、珠海唐家湾、海南东寨港等一些有淡水注入的区域都发现了贝克喜盐草的存在。营养盐对海草的光合作用和生长非常重要，但如果营养盐浓度高于海草生长需求反而会对海草造成负面影

响（Connell et al., 2017），研究显示，贝克喜盐草最佳生长的海水 DIN 浓度和 DIP 浓度分别为 560 μg/L 和 77.5 μg/L（Jiang et al., 2020），南海区贝克喜盐草生境区域海水 DIN 浓度为 119.60 ~ 1521.00 μg/L，平均值为 833.73 μg/L，要高于该海草的最佳生长浓度，过高的 DIN 浓度对该海草生长产生了抑制作用，从而出现了该海草的生长指标与 DIN 浓度呈显著负相关。而该海草生境区域海水 DIP 浓度要低于该海草最佳生长浓度，因此，出现了其地下生物量与 DIP 浓度呈显著正相关。从贝克喜盐草与沉积物粒组含量的相关性来看，其与沉积物中砾含量呈显著负相关，而与粉砂和黏土含量呈显著正相关，这说明该海草喜好生长于淤泥底质的环境中，已有的一些报道也证明了该海草大多分布于红树林或河口泥滩底质中（Aye et al., 2014；Hena et al., 2007；Zakaria et al., 1999）。

4.2.2.3 海菖蒲

南海区海菖蒲的生长指标与环境因子的 Pearson 相关性分析结果见表 4.7。结果显示，海菖蒲的总生物量、地上生物量和地上生物量 / 地下生物量均与盐度呈显著正相关，其地上生物量 / 地下生物量与悬浮物浓度呈显著负相关，其茎枝密度、总生物量、地上生物量和地上生物量 / 地下生物量均与 DIN 浓度呈显著负相关。与沉积物粒组含量的相关性来看，该海草与砾含量呈显著负相关，与砂含量呈显著正相关。南海区海菖蒲对各环境因子的适应情况见表 4.8。

表4.7 海菖蒲与环境因子的Pearson相关性

参数			茎枝密度 / (shoots/m^2)	总生物量 / (g/m^2)	地上生物量 / (g/m^2)	地下生物量 / (g/m^2)	地上生物量 / 地下生物量
水环境	盐度		0.350	**0.404***	**0.447***	0.314	**0.585****
	溶解氧 / (mg/L)		−0.223	0.175	0.312	0.024	0.351
	悬浮物 / (mg/L)		−0.084	−0.198	−0.321	−0.058	**−0.504****
	DIN / (μg/L)		**−0.385***	**−0.394***	**−0.408***	−0.332	**−0.503****
	DIP / (μg/L)		−0.057	−0.053	−0.089	−0.012	−0.164
底质环境	硫化物 / (μg/g)		0.288	0.135	0.028	0.219	−0.012
	有机碳 / %		−0.013	−0.109	−0.158	−0.049	−0.197
	粒组含量 / %	砾	**−0.502****	**−0.474****	**−0.471****	**−0.417***	**−0.635****
		砂	**0.378***	**0.455***	**0.486****	**0.370***	**0.671****
		粉砂	**0.525****	0.176	0.066	0.257	0.032
		黏土	**0.476****	0.139	0.067	0.189	0.063

注：“*”表示$p<0.05$，“**”表示$p<0.01$。

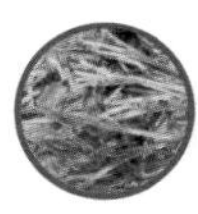

表4.8　海菖蒲对环境因子的适应性

环境因子		适应范围	最适条件
水环境	盐度	28.48 ~ 34.28	32.61
	溶解氧 / (mg/L)	3.82 ~ 10.05	7.43
	悬浮物 / (mg/L)	0.20 ~ 93.00	16.93
	DIN / (μg/L)	25.70 ~ 236.50	95.03
	DIP / (μg/L)	1.40 ~ 22.00	10.46
底质环境	硫化物 / (μg/g)	0.00 ~ 214.00	45.80
	有机碳 / %	0.08 ~ 0.78	0.26

海菖蒲的生长指标与水体盐度呈显著正相关，且该海草分布的生境盐度在28.48 ~ 34.28，说明该海草喜好生长于盐度较高的水体中。通过将南海区该海草生境水体DIN浓度与其他国家有该海草分布区域水体DIN浓度进行对比，南海区DIN浓度（25.70 ~ 236.50 μg/L）普遍高于希腊爱琴海海菖蒲海草床水体DIN浓度（5.46 ~ 44.38 μg/L）（Apostolaki et al., 2010）和菲律宾西北部博利瑙角海菖蒲海草床水体DIN浓度（26.60 ~ 39.20 μg/L）（Agawin and Duarte，1996）。我国海菖蒲主要分布于海南省的东南部沿海，其分布海域近岸存在大量高位养殖池塘，养殖污水排放现象非常严重，一些分布海域内还存在大量鱼排网箱养殖（Zhang et al., 2014），这些因素导致了我国南海区海菖蒲生境水体DIN浓度偏高，过高的DIN浓度对该海草生长产生了不利影响，从而出现了该海草的生长指标与DIN浓度呈显著负相关。海菖蒲生长指标与沉积物砾含量呈显著负相关，与砂含量呈显著正相关，表明该海草喜好生长于砂质底中。

4.2.2.4　泰来草

南海区泰来草的生长指标与环境因子的Pearson相关性分析结果见表4.9。结果显示，泰来草的茎枝密度、总生物量、地上生物量和地下生物量均与水体溶解氧呈显著负相关，其地上生物量或地下生物量与沉积物硫化物浓度呈显著正相关。从沉积物粒组含量的相关性来看，该海草生长指标与砾含量和砂含量的相关性均不显著，而与粉砂含量和黏土含量均呈显著正相关。南海区泰来草对各环境因子的适应情况见表4.10。

表4.9　泰来草与环境因子的Pearson相关性

参数			茎枝密度 / (shoots/m^2)	总生物量 / (g/m^2)	地上生物量 / (g/m^2)	地下生物量 / (g/m^2)	地上生物量 / 地下生物量
水环境	盐度		−0.022	0.034	0.031	0.035	0.178
	溶解氧 / (mg/L)		**−0.605****	**−0.549****	**−0.549****	**−0.546****	0.281
	悬浮物 / (mg/L)		−0.053	−0.127	−0.175	−0.113	−0.339
	DIN / (μg/L)		0.058	0.024	0.028	0.022	−0.205
	DIP / (μg/L)		−0.057	−0.049	−0.022	−0.056	−0.021
底质环境	硫化物 / (μg/g)		−0.300	−0.283	−0.219	−0.298	**0.441***
	有机碳 / %		0.332	0.352	0.395	0.339	−0.149
	粒组含量 / %	砾	0.188	0.120	0.079	0.131	**−0.483***
		砂	−0.250	−0.184	−0.144	−0.194	**0.512***
		粉砂	**0.639****	**0.676****	**0.699****	**0.667****	−0.203
		黏土	**0.666****	**0.704****	**0.725****	**0.695****	−0.206

注："**"表示$p<0.01$，"*"表示$p<0.05$。

表4.10　泰来草对环境因子的适应性

环境因子		适应范围	最适条件
水环境	盐度	28.33 ~ 34.28	32.50
	溶解氧 / (mg/L)	4.75 ~ 9.78	7.30
	悬浮物 / (mg/L)	0.20 ~ 49.40	14.23
	DIN / (μg/L)	25.70 ~ 243.50	109.83
	DIP / (μg/L)	4.10 ~ 20.10	10.22
底质环境	硫化物 / (μg/g)	0.00 ~ 214.00	26.95
	有机碳 / %	0.10 ~ 0.48	0.23

泰来草和海菖蒲一样，属于热带海草种类，主要分布于我国海南省，其能适应较高盐度水体。泰来草和海菖蒲通常以斑块的形式混合生长在一起，两种之间有一定的竞争关系，海菖蒲生长旺盛的区域会挤占泰来草的生长空间（陈石泉等，2013）。本调查中泰来草的一些生长指标与水体溶解氧浓度呈显著负相关，这似乎与常识不符，因为一般溶解氧高的水体会对海草的生长有利，出现这种现象可能是因为这些泰来草

分布区域海菖蒲长势良好，使得水体溶解氧含量较高，而海菖蒲良好的长势对泰来草的生存空间造成了挤占，从而导致泰来草密度和生物量的下降。该海草地上生物量/地下生物量与沉积物砾含量呈显著负相关，与砂含量呈显著正相关，砾含量较高的区域底质主要为珊瑚碎块，珊瑚碎块间的缝隙较大。为了能在这种底质中生存，泰来草必须强化地下部分的生长，才能牢固附着于这些大体积的珊瑚碎块上，这样导致其将更多的能量输送给地下部分，造成了地上生物量或地下生物量的下降。而在砂质底中，泰来草地下无需太发达，其将较多的能量赋予地上部分，从而造成地上生物量或地下生物量的升高。

4.3　大型底栖动物

大型底栖动物与海草床生态系统二者相互作用，相辅相成。一方面，作为海草床生态系统的重要组成部分，大型底栖动物的分布栖息状况和群落结构特征与海草床面积、海草的密度和生物量关系密切（Hartog and Yang，1990；Huang et al., 2006）。底栖动物的群落特征、多样性特点和数量变化等群落生态学数据可用于海草床生态系统健康状况的评估（Smith，1981）。另一方面，作为潜在的重要庇护场和索饵场，海草床是众多大型底栖动物理想的栖息地。因此，海草床生态系统中的大型底栖动物群落一直是国内外典型海洋生态系统生态学研究的热点（刘瑞玉等，1986；Detroch et al., 2001；Mills and Berkenbusch，2009）。

在海草床生态系统中，大型底栖动物由于生命周期较长，相对位移范围较小，对各种环境条件改变的影响反应较为敏锐（张波，2007）。大型底栖动物作为海草床内不可或缺的生物类群，其物种组成、栖息密度、生物量和生物多样性指数等群落结构特征能够较有效地反映由于人类活动和各种理化环境的改变对海草床生态环境造成的影响（Yuille et al., 2012）。目前，海草床生态系统面临着水质污染、生境破碎化、群落结构简单化、人类活动影响加剧、生物多样性降低等问题（敬永杰等，2018）。本小节通过分析南海区海草床大型底栖动物的区域差异，以及大型底栖动物与底质环境和海草群落间的关系，以期对其生态学特征有更深入的了解，为海草床生态系统监测与评估，以及海草床的保护修复提供数据参考。

4.3.1　大型底栖动物的区域差异

南海区海草床大型底栖动物样品经鉴定共有9大门类200种（含少数未鉴定到种的种类），大型底栖动物种类具体名录见附表3。各区域大型底栖动物群落特征情况见附表 4，各调查区域大型底栖动物种类数变化范围为 4 ～ 52 种，其中种类最多的区域为北海铁山港和湛江流沙湾，种类最少的区域为汕头义丰溪和潮州柘林湾。各区域大型底栖动物平均栖息密度变化范围为 36.60 ～ 436.00 ind/m^2，琼海海草床的平均栖息密度最低，防城港珍珠湾的平均栖息密度最高；大型底栖动物平均生物量变化范围为 4.40 ～ 345.21 g/m^2，最低值出现在潮州柘林湾，最高值出现在防城港珍珠湾。

南海区各调查区域海草床大型底栖动物的优势种主要以栖息在潮间带泥沙滩的常见腹足类、双壳类和多毛类为主，另有若干潮间带蟹类。较常出现的优势种有珠带拟蟹守螺、纵带滩栖螺、厚鳃蚕、加夫蛤等。各调查区域海草床大型底栖动物的主要优势种统计情况见表 4.11。

各调查区域海草床大型底栖动物的物种多样性指数 H'、均匀度 J 和丰富度指数 D 平均值统计情况见附表 4，各区域海草床大型底栖动物物种多样性指数 H' 平均值的变化范围为 0.58 ～ 2.42，最低值出现在珠海唐家湾，最高值出现在北海铁山港；均匀度 J 平均值的变化范围为 0.41 ～ 0.88，最低值出现在防城港珍珠湾，最高值出现在汕头义丰溪；丰富度指数 D 平均值的变化范围为 0.29 ～ 1.77，最低值出现在汕头义丰溪，最高值出现在北海铁山港。

表4.11　南海区海草床调查区域主要优势种

省（区）	调查区域名称	主要优势种
广东	湛江流沙湾	凸加夫蛤、纵带滩栖螺
	珠海唐家湾	中国绿螂、羽须鳃沙蚕
	汕头义丰溪	淡水泥蟹
	潮州柘林湾	背褶沙蚕
广西	北海铁山港	琴蛰虫、珠带拟蟹守螺、青蛤
	防城港珍珠湾	珠带拟蟹守螺、日本镜蛤、毛掌活额寄居蟹
海南	陵水新村港	厚鳃蚕、南海毛满月蛤、红角沙蚕
	陵水黎安港	厚鳃蚕、珠带拟蟹守螺
	海口东寨港	纵带滩栖螺、珠带拟蟹守螺、亮螺
	儋州黄沙港	杂色牙螺、克氏锉棒螺
	澄迈花场湾	斜肋齿蜷、珠带拟蟹守螺
	文昌	特氏蟹守螺、加夫蛤、珠带拟蟹守螺
	琼海	加夫蛤、特氏蟹守螺、鳞杓拿蛤

4.3.2　不同海草群落间大型底栖动物的差异

不同海草群落间大型底栖动物群落特征统计情况见表 4.12。由表 4.12 可见，不同海草种类中大型底栖动物平均种类数的大小关系为卵叶喜盐草＞日本鳗草＞泰来草与海菖蒲混合＞泰来草＞海菖蒲＞贝克喜盐草，其中，泰来草、海菖蒲，以及泰来草与海菖蒲混合中的大型底栖动物种类数相差不大，以卵叶喜盐草为主要海草种类的海草床大型底栖动物种类最多，而以贝克喜盐草为主要海草种类的海草床大型底栖动物种类最少。

表4.12　南海区不同海草种类的海草床大型底栖动物群落结构对比

海草种类	区域	平均种类数	总种类数	平均栖息密度（ind/m²）	平均生物量（g/m²）	平均物种多样性指数 H'	平均均匀度 J	平均丰富度指数 D	主要优势种
贝克喜盐草	珠海唐家湾、汕头义丰溪、澄迈花场湾	11	32	131.5	189.31	0.92	0.49	1.71	中国绿螂、淡水泥蟹、斜肋齿蜷
卵叶喜盐草	湛江流沙湾、潮州柘林湾、北海铁山港、海口东寨港	40	108	161.2	13.56	0.58	0.48	0.37	凸加夫蛤、背褶沙蚕、珠带拟蟹守螺
日本鳗草	防城港珍珠湾	32	32	436.0	5.80	0.67	0.88	0.29	珠带拟蟹守螺、日本镜蛤
泰来草	儋州黄沙港	18	18	192.0	4.40	1.20	0.86	0.57	杂色牙螺、克氏锉棒螺
海菖蒲	陵水黎安港	17	17	109.0	75.81	2.42	0.79	1.77	厚鳃蚕、珠带拟蟹守螺
泰来草＋海菖蒲	陵水新村港、文昌、琼海	19	47	436.0	345.21	1.31	0.41	1.35	厚鳃蚕、加夫蛤、特氏蟹守螺

大型底栖动物平均栖息密度表现为日本鳗草＝泰来草与海菖蒲混合＞泰来草＞卵叶喜盐草＞贝克喜盐草＞海菖蒲；而平均生物量的大小关系则为泰来草与海菖蒲混合＞贝克喜盐草＞海菖蒲＞卵叶喜盐草＞日本鳗草＞泰来草。平均栖息密度和生物量最高的海草床类型均为泰来草与海菖蒲混合生长型。

大型底栖动物主要优势种均存在差异，其中以卵叶喜盐草、海菖蒲和泰来草与海菖蒲混合为主要海草种类的海草床大型底栖动物优势种较为相似，而以贝克喜盐草、日本鳗草和海菖蒲为主要海草种类的海草床大型底栖动物优势种与其他类型海草床的差异较大。

大型底栖动物物种多样性指数 H' 平均值表现为海菖蒲＞泰来草与海菖蒲混合＞泰来草＞贝克喜盐草＞日本鳗草＞卵叶喜盐草；均匀度 J 平均值表现为日本鳗草＞泰来草＞海菖蒲＞贝克喜盐草＞卵叶喜盐草＞泰来草与海菖蒲混合；丰富度指数 D 平均值表现为海菖蒲＞贝克喜盐草＞泰来草与海菖蒲混合＞泰来草＞卵叶喜盐草＞日本鳗草。结果显示，以体型较大的海草（海菖蒲和泰来草）为主的海草床，其大型底栖动物的多样性指数相对较高，但均匀度和丰富度则无明显规律。

4.3.3 大型底栖动物与底质环境及海草群落之间的关系

为探究海草床大型底栖动物与底质环境及海草群落之间的关系，将各站位底栖动物主要群落参数（栖息密度、生物量、物种多样性指数 H'、均匀度 J 和丰富度指数 D）与底质环境和海草群落的一些参数进行皮尔森（Pearson）相关性分析，结果见表 4.13。底质环境中的硫化物和有机碳含量与大型底栖动物群落的几个主要参数相关性均不明显；沉积物粒组中，砾的含量与底栖动物栖息密度和丰富度指数 D 均呈明显负相关，说明一些粗砂底质环境中底栖动物栖息密度和丰富度一般较低。就海草群落与底栖动物关系而言，海草密度和海草总生物量均与底栖动物物种多样性指数 H' 呈极显著的正相关，说明海草密度越大，总生物量越高，越有利于底栖动物的物种多样性指数维持在更高水平。此外，海草密度与底栖动物的丰富度指数 D 也呈极显著正相关，说明海草密度越高，底栖动物的物种也越丰富。

表4.13 大型底栖动物主要群落参数与底质环境及海草群落主要参数相关性分析结果

参数			栖息密度 / (ind/m^2)	生物量 / (g/m^2)	物种多样性指数 H'	均匀度 J	丰富度指数 D
底质环境	硫化物 / (μg/g)		−0.055	−0.073	−0.201	−0.039	−0.120
	有机碳 / %		0.057	−0.195	−0.142	−0.166	−0.083
	粒组含量 / %	砾	**−0.216***[*]	0.176	−0.114	**0.488**[**]	**−0.341**[**]
		砂	0.048	0.018	0.098	−0.096	0.194
		粉砂	0.153	−0.144	0.013	**−0.472**[**]	0.199
		黏土	0.067	−0.196	0.054	**−0.336**[**]	0.088
海草群落	海草密度 / ($shoots/m^2$)		0.151	0.062	**0.276**[*]	−0.194	**0.425**[**]
	海草总生物量 / (g/m^2)		−0.002	−0.011	**0.466**[**]	−0.072	0.195

注：*表示显著相关（p<0.05），**表示极显著相关（p<0.01）。

4.3.4　南海区海草床大型底栖动物群落结构特征分析

为探究各区域海草床之间大型底栖动物群落特征的差异，本章节以区域平均栖息密度为指标，以调查区域为样本，采用欧氏距离的计算方法建立相似性矩阵，计算前对原始数据进行 4 次方根转换，然后进行非度量多维标度排序（nMDS），分析底栖动物群落结构的空间分布格局。通过胁迫系数（Stress 值）来检验 nMDS 的结果：通常认为，nMDS 得出的 Stress 值小于 0.1，则得到的 nMDS 图形可以正确解释样本间的相似关系；当其值小于 0.2 时，认为其图形有一定的解释意义；当其值大于 0.2 时，则认为其图形不能正确解释群落结构的相似性（Clarke and Warwick，2001）。另外，为研究上述各样本组间差异的显著性，采用相似性程序分析（ANOSIM）进行差异的显著性检验；为进一步探索不同物种对样本组内相似性的平均贡献率，运用相似性百分比分析（SIMPER）来分析造成各样本组组内群落结构相似的物种。

各区域海草床大型底栖动物群落非度量多维标度排序结果见图 4.3。由图 4.3 可见，率先聚在一起的区域多为地理位置较近的区域，如陵水新村港和黎安港，汕头义丰溪和潮州柘林湾，文昌和琼海等，说明地理位置相近的海草床区域底栖动物群落特征较为相似。各区域海草床底栖动物大致可以分成 6 个大组：文昌和琼海为一组（组 1）；陵水新村港和黎安港为一组（组 2）；汕头、柘林湾、珍珠湾、黄沙港、花场湾和东寨港为一组（组 3）；唐家湾、流沙湾和铁山港各自为一组。Stress 值为 0.15 < 0.2，说明该结果具有一定解释意义。除地理位置外，海草群落类型对底栖动物群落也存在一定影响：文昌和琼海这一组均以海菖蒲和泰来草为主；陵水新村港和黎安港这一组均以海菖蒲为主；汕头、柘林湾、珍珠湾、黄沙港、花场湾和东寨港这一组除珍珠湾和黄沙港外，其他区域均以喜盐草为主。相似性程序分析（ANOSIM）的检验结果显示，6 个大组之间的检验统计值 R=0.919，显著性 P=0.001 < 0.01，说明各组之间大型底栖动物群落的差异极显著。

由于唐家湾、流沙湾和铁山港单独成组，无法进行组内差异分析，故仅将组 1 ～组 3 进行相似性百分比分析（SIMPER）。由表 4.14 可见，组 1（文昌和琼海）的组内相似性较高（50.45%），组 2（新村港和黎安港）和组 3（汕头、柘林湾、珍珠湾、黄沙港、花场湾和东寨港）的组内相似性均很低，其中组 3 的组内相似性仅 3.25%，说明组内各区域海草床底栖动物群落存在较大差异；各组之间的组间相异性较大，均达 89% 以上，这与 ANOSIM 的检验结果较为一致。由表 4.15 ～表 4.17 可知，共有 4 种底栖动物对组 1 的组内相似性累计贡献率超过 90%，分别是特氏蟹守螺、加夫蛤、厚鳃蚕和火红皱蟹（*Leptodius exaratus*）；共有 4 种底栖动物对组 2 的组内相似性累计贡献率超过 90%，分别是厚鳃蚕、红角沙蚕、贝氏岩虫（*Marphysa belli*）和珠带拟蟹守螺；仅珠带拟蟹守螺这一个种类对组 3 的组内相似性累计贡献率超过 90%。

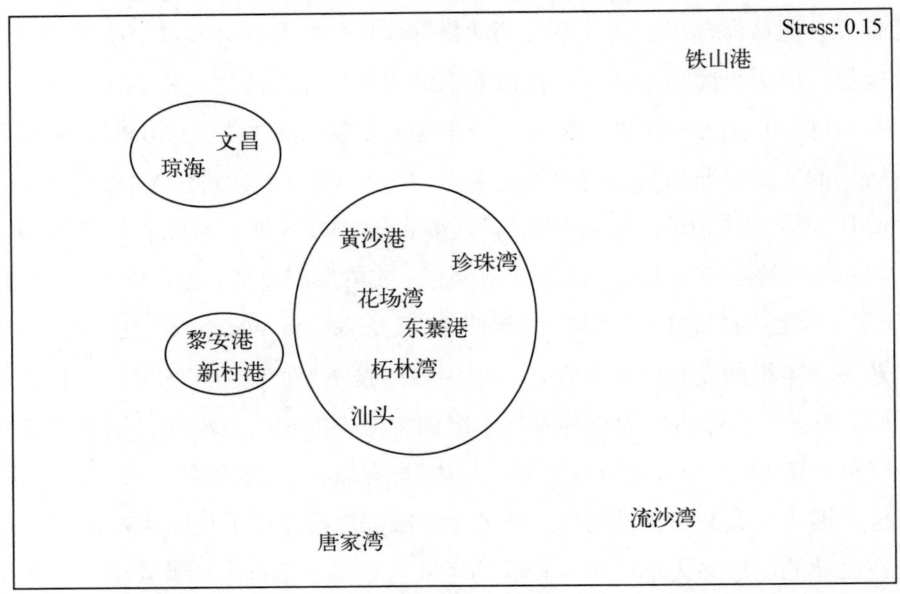

图4.3 各区域海草床底栖动物群落的非度量多维标度排序（Stress=0.15）

表4.14 底栖动物各群落组的组内相似性和组间相异性

组别	组内相似性	组间相异性
组 1	50.45%	—
组 2	16.64%	—
组 3	3.25%	—
组 1 和组 2	—	89.40%
组 1 和组 3	—	95.07%
组 2 和组 3	—	93.82%

表4.15 各物种对组1（文昌、琼海）组内相似性的贡献率（累计贡献率>90%）

物种名	贡献率 / %	累计贡献率 / %
特氏蟹守螺	43.25	43.25
加夫蛤	30.11	73.36
厚鳃蚕	10.81	84.17
火红皱蟹	7.21	91.38

表 4.16　各物种对组2（新村港、黎安港）组内相似性的贡献率（累计贡献率>90%）

物种名	贡献率 / %	累计贡献率 / %
厚鳃蚕	38.16	38.16
红角沙蚕	31.31	69.47
贝氏岩虫	19.08	88.55
珠带拟蟹守螺	3.82	92.37

表4.17　各物种对组3（汕头、柘林湾、珍珠湾、黄沙港、花场湾和东寨港）组内相似性的贡献率（累计贡献率>90%）

物种名	贡献率 / %	累计贡献率 / %
珠带拟蟹守螺	98.34	98.34

以平均相似贡献率大于5%作为一组群落的指示种（张衡和朱国平，2009），则组1的指示种为特氏蟹守螺、加夫蛤、厚鳃蚕和火红皱蟹，说明组1所在区域（文昌和琼海）海草床底栖动物是以软体动物为主，辅以若干多毛类和蟹类的复合型群落；组2的指示种为厚鳃蚕、红角沙蚕和贝氏岩虫，说明组2所在区域（新村港和黎安港）海草床底栖动物是以多毛类为主的群落；组3的指示种仅珠带拟蟹守螺1种，说明组3所在各区域海草床底栖动物群落多以珠带拟蟹守螺这一优势种为主要特征。可见，底栖动物群落结构的复杂性程度排名为组1＞组2＞组3，结合3组所在区域海草群落的特点（表4.18），说明面积较大，以海菖蒲、泰来草等大、中型海草为主的海草床，其区域内的大型底栖动物群落结构较为复杂，而面积较小，以喜盐草等小型海草为主的海草床，其区域内的大型底栖动物群落结构较为简单。

表4.18　底栖动物各群落组所在区域海草面积及主要海草种类

组别	海草床面积均值 / hm^2	主要海草种类
组 1	1241.70	海菖蒲、泰来草
组 2	112.22	海菖蒲
组 3	84.08	卵叶喜盐草、贝克喜盐草

参考文献

蔡泽富，陈石泉，吴钟解，等，2017a. 海南岛海湾与潟湖中海草的分布差异及影响分析 [J]. 海洋湖沼通报，3: 74-84.

蔡泽富，陈石泉，吴钟解，等，2017b. 海南花场湾一种针叶草属亚种或变种的新记录 [J]. 湿地科学与管理，13(2): 52-56.

陈石泉，吴钟解，王道儒，等，2013. 海南岛海草床群落种间关系研究 [J]. 海洋通报，32(1): 78-84.

范航清，邱广龙，石雅君，等，2011. 中国亚热带海草生理生态学研究 [M]. 北京：科学出版社 .

郭振仁，黄道建，黄正光，等，2009. 海南椰林湾海草床调查及其演变研究 [J]. 海洋环境科学，28(6): 706-709.

黄小平，黄良民，李颖虹，等，2006. 华南沿海主要海草床及其生境威胁 [J]. 科学通报，51(B11): 114-119.

黄小平，江志坚，刘松林，等，2019. 中国热带海草生态学研究 [M]. 北京：科学出版社 .

黄小平，江志坚，张景平，等，2010. 广东沿海新发现的海草床 [J]. 热带海洋学报，29(1): 132-135.

敬永杰，刘凯，管卫兵，2018. 水产养殖环境中稳定同位素方法应用进展 [J]. 海洋湖沼通报，4: 119-125.

刘瑞玉，崔玉珩，徐凤山，等，1986. 黄海、东海底栖动物的生态特点 [J]. 海洋科学集刊，27: 154-173.

邱广龙，苏治南，钟才荣，等，2016. 濒危海草贝克喜盐草在海南东寨港的分布及其群落基本特征 [J]. 广西植物，36(7): 882-889.

王道儒，吴钟解，陈春华，等，2012. 海南岛海草资源分布现状及存在威胁 [J]. 海洋环境科学，31(1): 34-38.

吴钟解，陈石泉，王道儒，等，2014. 海南岛东海岸海草床生态系统健康评价 [J]. 海洋科学，38(8): 67-74.

张波，2007. 黄海中部高眼鲽的摄食及随体长的变化 [J]. 应用生态学报，18(8): 1849-1854.

张衡，朱国平，2009. 长江河口潮间带鱼类群落的时空变化 [J]. 应用生态学报，20(10): 2519-2526.

曾园园，2015. 流沙湾喜盐草的生长和生理生化特征 [D]. 广东海洋大学 .

AGAWIN N S R, DUARTE C M, FORTES M D, 1996. Nutrient limitation of Philippine seagrasses (Cape Bolinao, NW Philippines): in situ experimental evidence[J]. Marine Ecology Progress Series, 138: 233-243.

APOSTOLAKI E T, HOLMER M, MARBÀ N, et al., 2010. Metabolic imbalance in coastal vegetated (*Posidonia oceanica*) and unvegetated benthic ecosystems[J]. Ecosystems, 13(3): 459-471.

AYE A A, HSAN A M, SOE-HTUN U, 2014. The morpho taxonomy and phytosociology of *Halophila beccarii* (Family: Hydrocharitaceae) in Kalegauk Island, Mon State[J]. Mawlamyine University Research Journal, 5(1): 1-15.

BESSLER H, TEMPERTON V M, ROSCHER C, et al., 2009. Aboveground overyielding in grassland mixtures is associated with reduced biomass partitioning to belowground organs[J]. Ecology, 90(6): 1520-1530.

CABAÇO S, MACHÁS R, SANTOS R, 2007. Biomass-density relationships of the seagrass *Zostera*

noltii: a tool for monitoring anthropogenic nutrient disturbance[J]. Estuarine, Coastal and Shelf Science, 74(3): 557-564.

CARLSON P, YARBRO L, BARBER T, 1999. A conceptual model of Florida Bay seagrass mortality (1987—1991): Links between climate, circulation, and sediment toxicity[C]//Florida Bay and adjacent marine systems conference.

CLARKE K R, WARWICL R M, 2001. A further biodiversity index applicable to species lists: variation in taxonomic distinctness[J]. Mairne Ecology Progress Series, 216 (3): 265-278.

CONNELL S D, FERNANDES M, BURNELL O W, et al., 2017. Testing for thresholds of ecosystem collapse in seagrass meadows[J]. Conservation Biology, 31(5): 1196-1201.

DETROCH M, GURDEBEKE S, FIERS F, et al., 2001. Zonation and structuring factors of meiofauna communities in a tropical seagrass bed (Gazi Bay, Kenya)[J]. Journal of Sea Research, 45(1): 45-61.

FAKHRULDDIN I M, SIDIK B J, HARAH Z M, 2013. *Halophila beccarii* Aschers (Hydrocharitaceae) Responses to Different Salinity Gradient[J]. Journal of Fisheries and Aquatic Science, 8(3): 462-471.

HARTOG C, YANG Z D, 1990. A catalogue of the seagrasses of China[J]. Chinese Journal of Oceanology and Limnology, 8(1): 74-91.

HEMMINGA M A, DUARTE C M, 2000. Seagrass ecology[M]. Cambridge University Press.

HENA M K A, SHORT F T, SHARIFUZZAMAN S M, et al., 2007. Salt marsh and seagrass communities of Bakkhali Estuary, Cox's Bazar, Bangladesh[J]. Estuarine, Coastal and Shelf Science, 75(1-2): 72-78.

HUANG X P, HUANG L M, LI Y H, 2006. Main seagrass beds and threats to their habitats in the coastal sea of South China[J]. Chinese Science Bulletin, 51(2): 136-142.

JIANG Z J, CUI L J, LIU S L, et al., 2020. Historical changes in seagrass beds in a rapidly urbanizing area of Guangdong Province: Implications for conservation and management[J]. Global Ecology and Conservation, 22: e01035.

MCDONALD A M, PRADO P, HECK JR K L, et al., 2016. Seagrass growth, reproductive, and morphological plasticity across environmental gradients over a large spatial scale[J]. Aquatic Botany, 134: 87-96.

MILLS V, BERKENBUSCH K, 2009. Seagrass (*Zostera muelleri*) patch size and spatial location in fluence infaunal macroinvertebrate assemblages[J]. Estuarine, Coastal and Shelf Science, 81(1): 123-129.

SMITH S V, 1981. Marine macrophytes as a global carbon sink[J]. Science, 211(4484): 838-840.

TERRADOS J, DUARTE C M, KAMP-NIELSEN L, et al., 1999. Are seagrass growth and survival constrained by the reducing conditions of the sediment[J]. Aquatic Botany, 65(1-4):175-197.

UDY J W, DENNISON W C, 1997. Growth and physiological responses of three seagrass species to elevated sediment nutrients in Moreton Bay, Australia[J]. Journal of Experimental Marine Biology & Ecology, 217(2): 253-277.

VAN TUSSENBROEK B I, GALINDO C A, MARQUEZ J, 2000. Dormancy and foliar density regulation in *Thalassia testudinum*[J]. Aquatic Botany, 68(4): 281-295.

XIE Y, AN S, WU B, 2005. Resource allocation in the submerged plant Vallisneria natans related to sediment type, rather than water-column nutrients[J]. Freshwater Biology, 50(3): 391-402.

YUILLE M J, JOHNSON T B, ARNOTT S E, et al., 2012. *Hemimysis anomala* in Lake Ontario food webs: Stable isotope analysis of nearshore communities[J]. Journal of Great Lakes Research, 38: 86-92.

ZAKARIA M H, SIDIK B J, HISHAMUDDIN O, 1999. Flowering, fruiting and seedling of *Halophila beccarii* Aschers.(Hydrocharitaceae) from Malaysia[J]. Aquatic Botany, 65(1-4): 199-207.

ZHANG J, HUANG X, JIANG Z, 2014. Physiological responses of the seagrass *Thalassia hemprichii* (Ehrenb.) Aschers as indicators of nutrient loading[J]. Marine Pollution Bulletin, 83(2): 508-515.

第 5 章

海草床生态系统的长期变化

通过分析海草床生态系统的长期变化情况，掌握其变化趋势，能更好地对其生态系统的健康状态进行评估和预警，以及为海草床生态保护修复提供决策支撑。虽然我国海草床调查研究相比国外起步较晚，但我国南海部分区域海草床生态系统已开展了较长时间的观测调查研究，如原国家海洋局在广西北海铁山港区域和海南东海岸区域设立了海草床生态系统监控区，并自 2004 年起对区域内海草床生态状况进行了长期连续的观测调查，积累了十多年的观测调查数据。本章选取广东湛江流沙湾、广西北海铁山港和海南东海岸的文昌、琼海、新村港和黎安港进行海草床生态系统的长期变化分析。其中广东湛江流沙湾的历史数据主要通过收集文献资料获得，广西北海铁山港和海南东海岸的历史数据主要来源于原国家海洋局生态监控区历年的调查数据。

5.1　广东湛江流沙湾

湛江流沙湾海草床为广东省面积最大的海草床，本节主要利用该区域已见于文献报道的历史调查数据与本次调查结果相结合进行长期变化分析。其中海草床面积分布和群落特征的历史调查数据主要来源于黄小平和黄良民（2007）、Jiang 等（2020）、曾圆圆（2015）和钟超等（2019）的调查研究结果；大型底栖动物历史调查数据主要来源于黄小平和黄良民（2007）、柯盛（2010）的调查研究结果；水环境的历史调查数据主要来源于张才学等（2012a）和钟超等（2019）的调查研究结果；底质环境的历史调查数据来源于谷阳光（2009）、张才学等（2012b）、罗昭林等（2014）和陈志强（2016）的调查研究结果。

5.1.1　海草面积分布的长期变化

图 5.1 显示了广东湛江流沙湾 2002—2020 年海草床面积的变化情况，2002—2017 年，16 年间流沙湾海草面积由 900.00 hm^2 下降到了 852.60 hm^2，下降幅度为 5.27%。

2017—2020 年，4 年间海草面积由 852.60 hm^2 下降到了 710.44 hm^2，下降幅度为 16.67%。上述结果表明，近 20 年来流沙湾海草床面积呈明显下降趋势，且最近几年下降幅度有所加大。

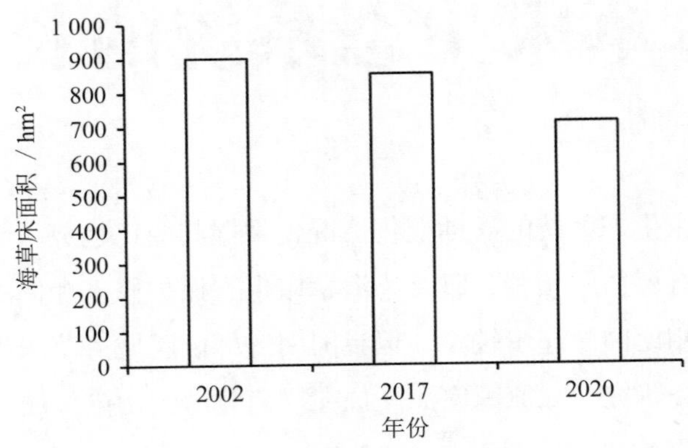

图5.1　广东湛江流沙湾海草床面积的年际变化

5.1.2　海草群落特征的长期变化

广东湛江流沙湾海草平均盖度、平均密度和平均生物量的变化见图 5.2、图 5.3 和图 5.4。流沙湾海草平均盖度由 2014 年的 64.60% 下降到了 2020 年的 44.36%，下降幅度为 31.33%（图 5.2）；海草平均密度由 2002 年的 5 958 shoots/m^2 下降到了 2020 年的 3 892.43 shoots/m^2，下降幅度为 34.67%（图 5.3）；海草平均生物量在近几年波动较大，在 2016 年出现较大幅度下降，为 3.74 g/m^2，其他年份为 25.70 ~ 35.50 g/m^2（图 5.4）。上述结果表明，近十多年来流沙湾海草群落整体呈退化趋势。

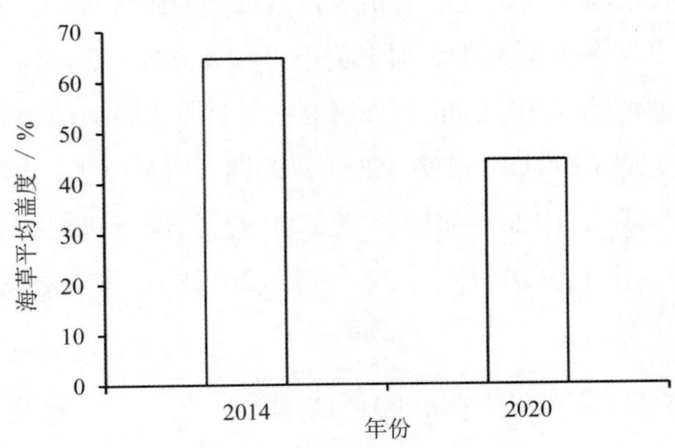

图5.2　广东湛江流沙湾海草平均盖度的年际变化

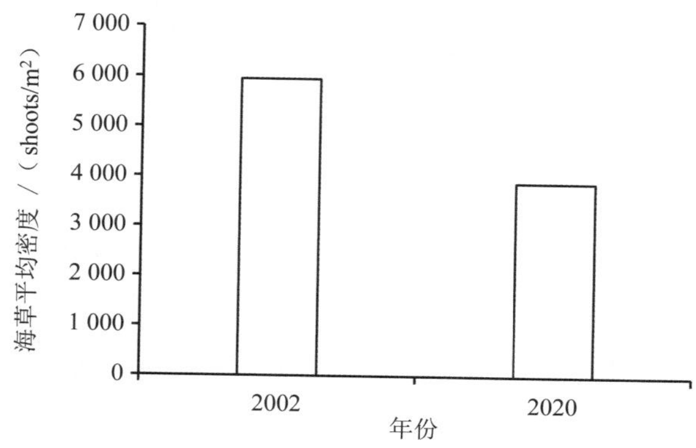

图5.3　广东湛江流沙湾海草平均密度的年际变化

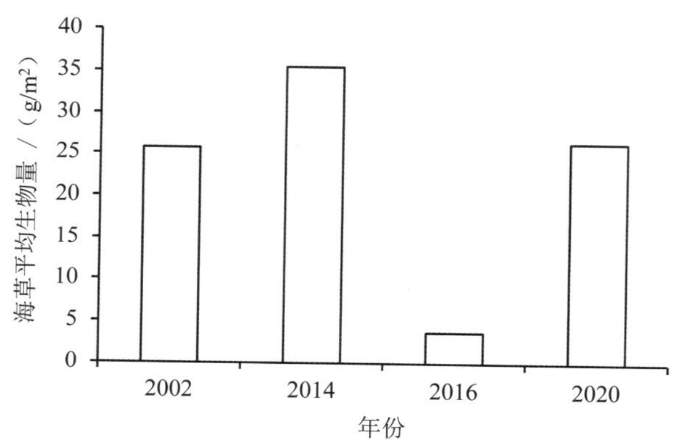

图5.4　广东湛江流沙湾海草平均生物量的年际变化

5.1.3　大型底栖动物的长期变化

相较于 2008—2009 年，除多样性指数 H' 外，2020 年大型底栖动物群落其他各主要参数（栖息密度、生物量、均匀度和丰富度）均较高（表 5.1），主要原因是 2008—2009 年仅对底栖贝类进行调查，而 2020 年调查针对所有大型底栖动物，故各主要参数较高；而相较于 2002 年 10 月，除平均生物量外，2020 年调查大型底栖动物群落其他各主要参数均较低。其中，2020 年调查所有底栖动物群落物种多样性指数 H' 的均值甚至低于 2008—2009 年仅针对贝类群落的 H' 均值，说明流沙湾海草床区域大型底栖动物物种多样性呈下降趋势，局部区域随着海草分布的减少，大型底栖动物多样性锐减。

优势种方面，2020年调查底栖动物优势种种类数明显少于2002年和2008—2009年的调查，且优势种越来越集中于某几种贝类，说明流沙湾海草床大型底栖动物群落结构可能出现了一定变化，优势类群有简单化的趋势。

表5.1　广东湛江流沙湾海草床大型底栖动物历史数据对比

调查时间	平均栖息密度（ind/m²）	平均生物量（g/m²）	H'均值	J均值	D均值	优势种
2002年10月[①]	388.8	118.81	2.70	0.85	—	杂色巢沙蚕（*Diopatra variabilis*）、扁平岩虫（*Marphysa depressa*）、大竹蛏（*Solen grandis*）、歧脊加夫蛤（*Gafrarium divaricatum*）、美女蛤（*Circe scripta*）
2008—2009年[②]	117.1	87.80	1.41	0.39	1.19	鳞杓拿蛤、珠带拟蟹守螺、小翼拟蟹守螺（*Cerithidea microptera*）、纵带滩栖螺
2020年7月	280.0	189.31	0.92	0.49	1.71	凸加夫蛤、纵带滩栖螺

注：①数据来源于黄小平和黄良民（2007）；②数据来源于柯盛等（2013），2008—2009年仅调查底栖贝类；“—”表示无数据。

5.1.4　环境因子的长期变化

水环境方面，广东湛江流沙湾海草床海域主要水质要素平均值的年际变化见图5.5～图5.8，由图可见，悬浮物平均浓度，2020年的18.5 mg/L相比2016年的13.5 mg/L略有上升；溶解氧平均浓度，2020年的6.12 mg/L相比2016年的6.78 mg/L略有下降；无机氮平均浓度从2008年的0.075 0 mg/L逐渐上升到2020年的0.100 7 mg/L；无机磷平均浓度从2008年的0.010 0 mg/L略微下降到2020年的0.003 7 mg/L。上述结果表明，近5年来流沙湾海草床海域悬浮物浓度、溶解氧浓度、无机磷浓度没有明显变化，无机氮浓度呈缓慢上升趋势，但仍处于较低水平。

流沙湾调查区域的沉积物有机碳的年际变化情况见图5.9，由图可知，总体上有机碳的含量呈下降趋势，2006年处于最高水平，2012年有小幅度的上升变化，2020年处于最低水平。

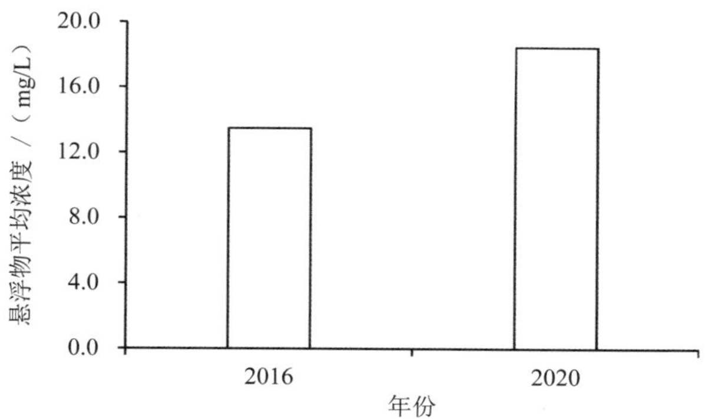

图5.5　广东湛江流沙湾海草床海域悬浮物平均浓度的年际变化

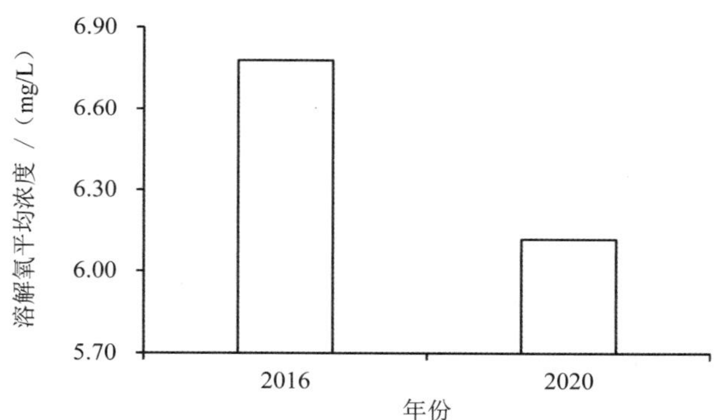

图5.6　广东湛江流沙湾海草床海域溶解氧平均浓度的年际变化

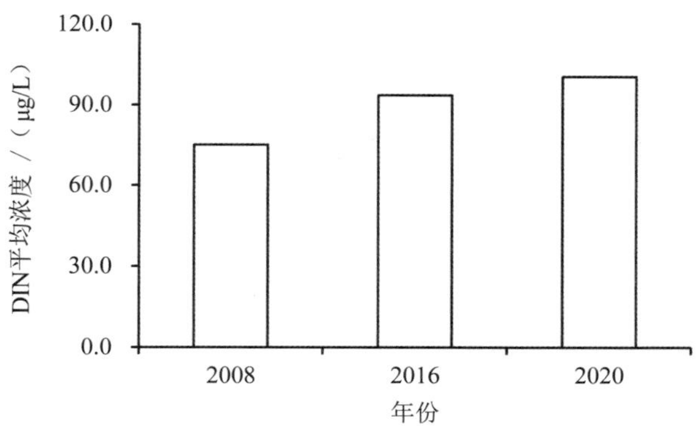

图5.7　广东湛江流沙湾海草床海域无机氮平均浓度的年际变化

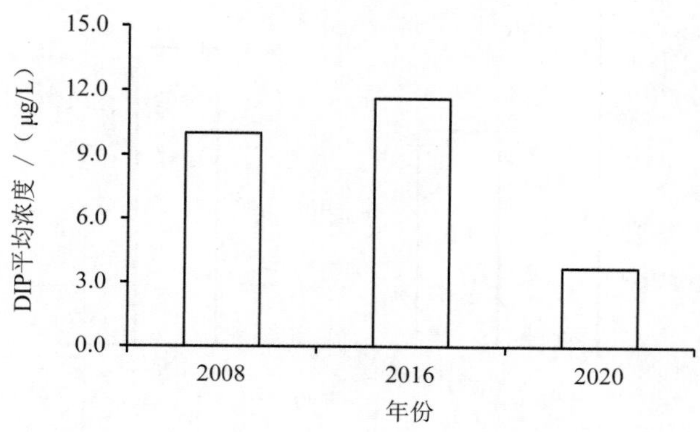

图5.8　广东湛江流沙湾海草床海域无机磷平均浓度的年际变化

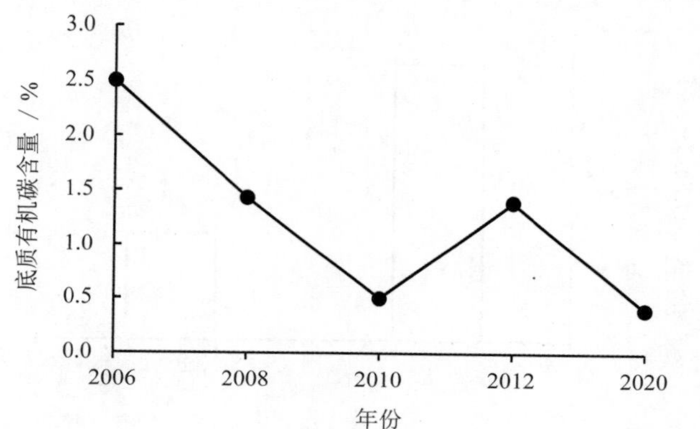

图5.9　广东湛江流沙湾沉积物有机碳的年际变化

5.2　广西北海铁山港

原国家海洋局在广西北海铁山港区域设立了海草床生态系统监控区，于 2004—2017 年对该区域内海草床生态状况进行了长期连续的观测调查，本节长期历史调查数据来自 2004—2017 年广西北海铁山港海草床生态系统监控区调查结果。

5.2.1　海草面积分布的长期变化

广西北海铁山港海草床面积的长期变化情况见图 5.10。由图可见，1987—2020 年，铁山港海草床面积的变化呈上升—下降—保持较低水平的走势。1987—2003 年，该区

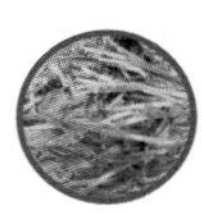

域海草床的面积由 246.70 hm^2 增加至 585 hm^2；2003—2011 年，该区域海草床面积出现大幅度下降，由 585 hm^2 下降为 12.88 hm^2；此后的 2011—2020 年，该区域海草床面积在 0.51 ～ 53.99 hm^2 的范围内波动。通过对 1987—2020 年铁山港海草床面积的长期变化趋势进行 Mann-Kendall 检验，结果显示，近 40 年来该区域海草床面积呈显著下降的趋势（$p < 0.05$）（表 5.2）。

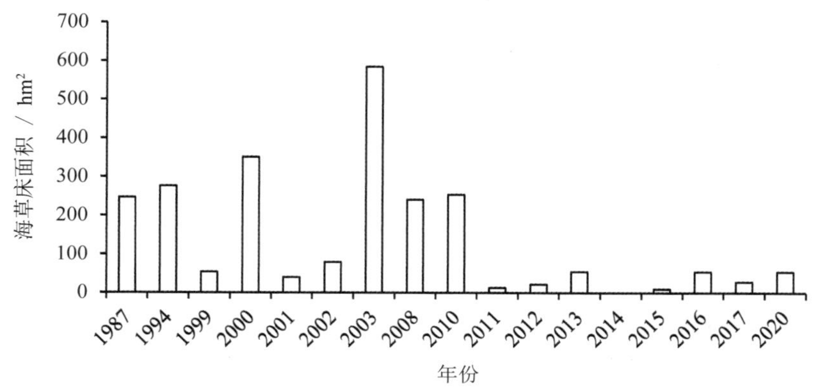

图5.10　广西北海铁山港海草床面积的长期变化

5.2.2　海草群落特征的长期变化

铁山港海草平均盖度、平均密度和平均生物量的变化见图 5.11。由图 5.11 可见，2004—2020 年，铁山港海草平均盖度的年际波动较大，最高值出现在 2007 年，为 61.67%，最低值出现在 2013 年，为 1.20%。2007—2013 年，呈明显的下降趋势，由 61.67% 下降至 1.20%。此后的 2013—2020 年，又呈明显的上升趋势，由 1.20% 上升至 53.20%。2004—2020 年，铁山港海草平均密度除了 2020 年出现大幅度上升（为 5 190.80 shoots/m^2），且当年达到最高，以及 2010 年表现较高外（为 916.75 shoots/m^2），其他年份均在 56.89 ～ 330.76 shoots/m^2 的范围内波动。铁山港海草平均生物量由 2003 年的 25.5 g/m^2 下降到了 2017 年的 1.30 g/m^2，其中高值出现在 2007 年和 2008 年，分别为 36.67 g/m^2 和 37.67 g/m^2。通过对铁山港海草平均盖度、平均密度和平均生物量的长期变化趋势进行 Mann-Kendall 检验，结果显示，近 10 多年来该区域海草平均盖度和平均密度的长期变化趋势不显著（$p > 0.05$），而海草平均生物量呈显著下降的趋势（$p < 0.05$）（表 5.2）。

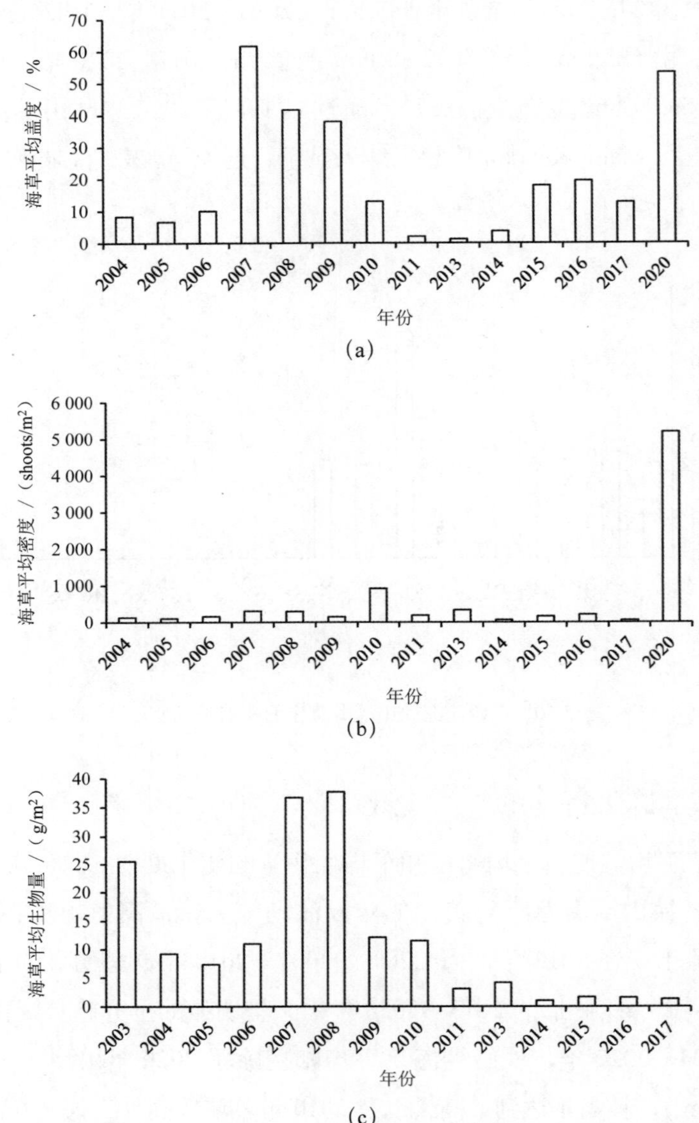

图5.11　广西北海铁山港海草平均盖度（a）、平均密度（b）和平均生物量（c）的长期变化

表5.2　广西北海铁山港海草床长期变化趋势的Mann-Kendall检验结果

（n：年份数，Z：统计值，p：显著性）

参数	n	Z	p
海草床面积 / hm^2	17	**−1.98**	**$p<0.05$**
海草平均盖度 / %	14	0.33	$p<0.05$
海草平均密度 / ($shoots/m^2$)	14	0.66	$p<0.05$
海草平均生物量 / (g/m^2)	14	**−2.38**	**$p<0.05$**

5.2.3　大型底栖动物的长期变化

铁山港海草床大型底栖动物主要群落特征参数的历史变化情况见图 5.12；底栖动物主要优势种的历史变化见表 5.3。

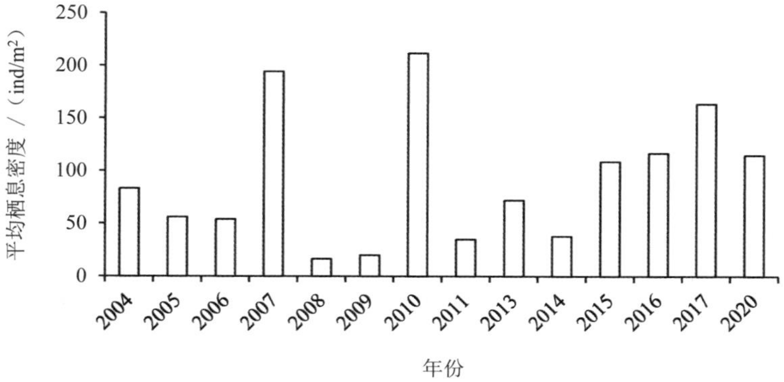

(a)

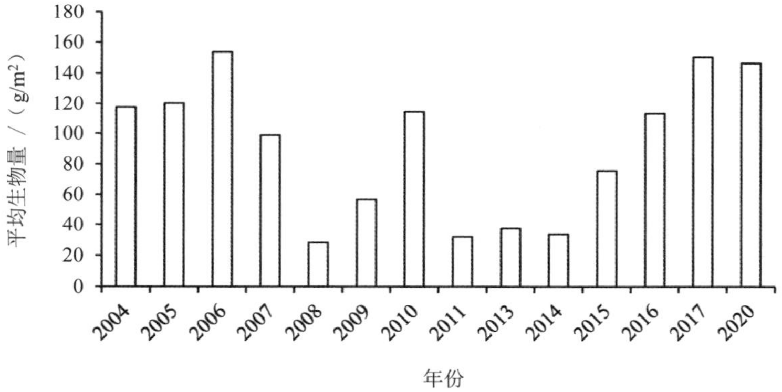

(b)

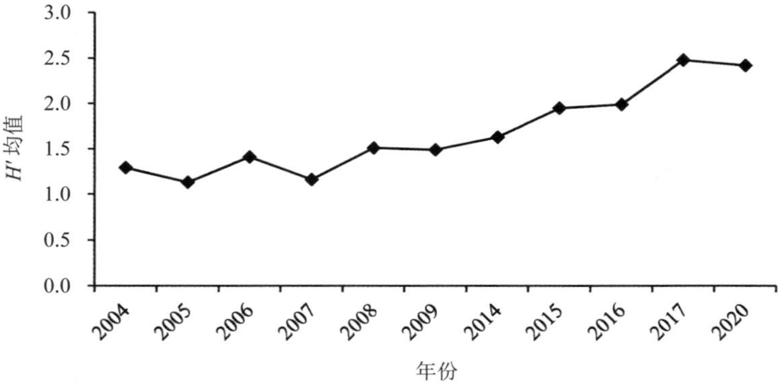

(c)

图5.12　广西北海铁山港海草床大型底栖动物密度（a）、生物量（b）、生物多样性指数（c）的长期变化

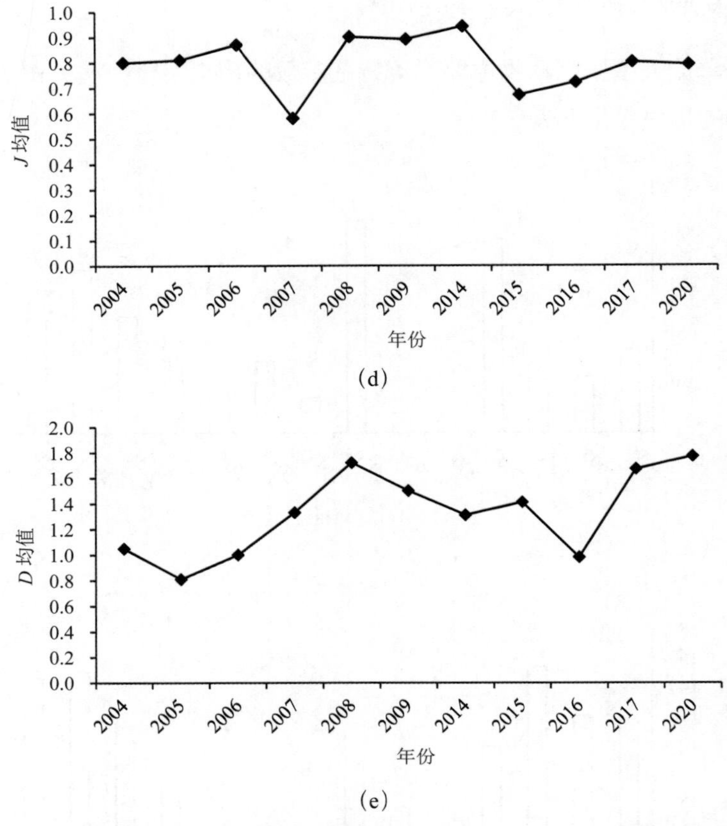

图5.12　广西北海铁山港海草床大型底栖动物密度（a）、生物量（b）、生物多样性指数（c）的长期变化（续）

表5.3　广西北海铁山港海草床大型底栖动物主要优势种的年际变化

调查时间	主要优势种
2004 年 10 月	古氏滩栖螺（*Batillaria cumingi*）、青蛤
2005 年 10 月	古氏滩栖螺、青蛤
2006 年 8 月	古氏滩栖螺、红树拟蟹守螺（*Cerithidae rhizophorarum*）
2007 年 5 月	红树拟蟹守螺、珠带拟蟹守螺
2008 年 10 月	巴非蛤（*Paphia papilionacea*）、透明美丽蛤（*Merisca diaphana*）
2009 年 5 月	滩栖螺（*Batillaria* sp.）、双齿围沙蚕（*Perinereis aibuhitensis*）
2010 年 8 月	纵带滩栖螺、珠带拟蟹守螺
2011 年 8 月	纵带滩栖螺、扁平蛛网海胆（*Arachnoides placenta*）
2013 年 6 月	凸壳肌蛤（*Musculus senhousia*）、纵带滩栖螺
2014 年 6 月	纵带滩栖螺、南海毛满月蛤
2015 年 5 月	南海毛满月蛤
2016 年 8 月	南海毛满月蛤
2017 年 6 月	皱纹绿螂（*Cadulus anguidens*）、南海毛满月蛤
2020 年 7 月	琴蛰虫、珠带拟蟹守螺、青蛤

大型底栖动物平均栖息密度历年调查结果为 20.0 ～ 212.0 ind/m^2，最高值出现在2010 年，最低值出现在 2008 年。就总体趋势而言，除 2007 年和 2010 年栖息密度较高外，2004—2014 年，该区域大型底栖动物的平均栖息密度相对较低，2015 年开始有升高的趋势，2020 年相较 2017 年又有所下降，但仍处于较高的水平。

大型底栖动物平均生物量历年调查结果为 28.15 ～ 153.80 g/m^2，最高值出现在2006 年，最低值出现在 2008 年。就总体趋势而言，该区域大型底栖动物平均生物量先下降后升高：2007 年以前处于较高的水平，2008—2014 年（除 2010 年外）基本处于较低的水平，2015 年之后又呈上升的趋势，从 2016 年起又基本处于较高的水平。铁山港海草床区大型底栖动物的平均栖息密度和平均生物量的历史变化情况基本一致，即平均栖息密度高的年份，平均生物量也相对较高。自 2015 年以来，该区域大型底栖动物的栖息密度和生物量均呈上升趋势，处于历次调查的较高水平。

大型底栖动物物种多样性指数 H' 均值的历年调查结果为 1.13 ～ 2.48，最高值出现在 2017 年，最低值出现在 2005 年。总体而言，该区域大型底栖动物的物种多样性指数 H' 呈逐渐升高的趋势，尤其自 2015 年以来，H' 值基本处于相对较高的水平。均匀度 J 均值的历年调查结果为 0.58 ～ 0.94，最高值出现在 2014 年，最低值出现在2007 年。总体而言，除 2007 年和 2015 年出现较低值之外，其他年份均匀度 J 值基本处于较正常的波动范围。丰富度指数 D 均值的历年调查结果为 0.81 ～ 1.77，最高值出现在 2020 年，最低值出现在 2005 年。总体而言，该区域大型底栖动物的物种丰富度指数 D 呈升高—降低—再升高的趋势：2008 年之前大致呈逐年升高的趋势，2008—2016年大致呈逐年降低的趋势，2016 年之后又开始回升，2020 年达到历次调查的最高水平。

铁山港海草床大型底栖动物优势种的历次调查结果显示，底上生活的腹足类（如纵带滩栖螺、珠带拟蟹守螺）和埋栖生活的双壳类（如青蛤、南海毛满月蛤等）等软体动物是最主要的优势类群，个别年份优势种组成中还出现了海胆和多毛类等其他类群。总体而言，该区域大型底栖动物的优势类群较稳定，同一类群的不同物种常交替成为优势种。

5.2.4 环境因子的长期变化

水环境方面，广西北海铁山港海草床海域主要水质要素平均值的年际变化见图 5.13，由图可见，2004—2011 年，悬浮物平均浓度变化范围为 4.3 ～ 10.6 mg/L，变化范围较小，2016 年高达 42.1 mg/L，2017—2020 年变化不大，但相比 2011 年前有较明显的升高；2011—2020 年，溶解氧平均浓度变化范围为 5.32 ～ 6.88 mg/L，变化范围不大，略有下降；2011—2020 年，无机氮平均浓度变化范围为 0.013 4 ～ 0.324 0 mg/L，变化范围较大，且有逐渐升高的趋势；2011—2020 年，无机磷平均浓度范围为 0.001 0 ~ 0.010 7 mg/L，变化范围较小，呈微微上升的趋势。上述结果表明，铁山港海草床海域悬浮物浓度较高，溶解氧浓度缓慢下降，无机氮浓度逐渐升高，无机磷浓度略有升高。

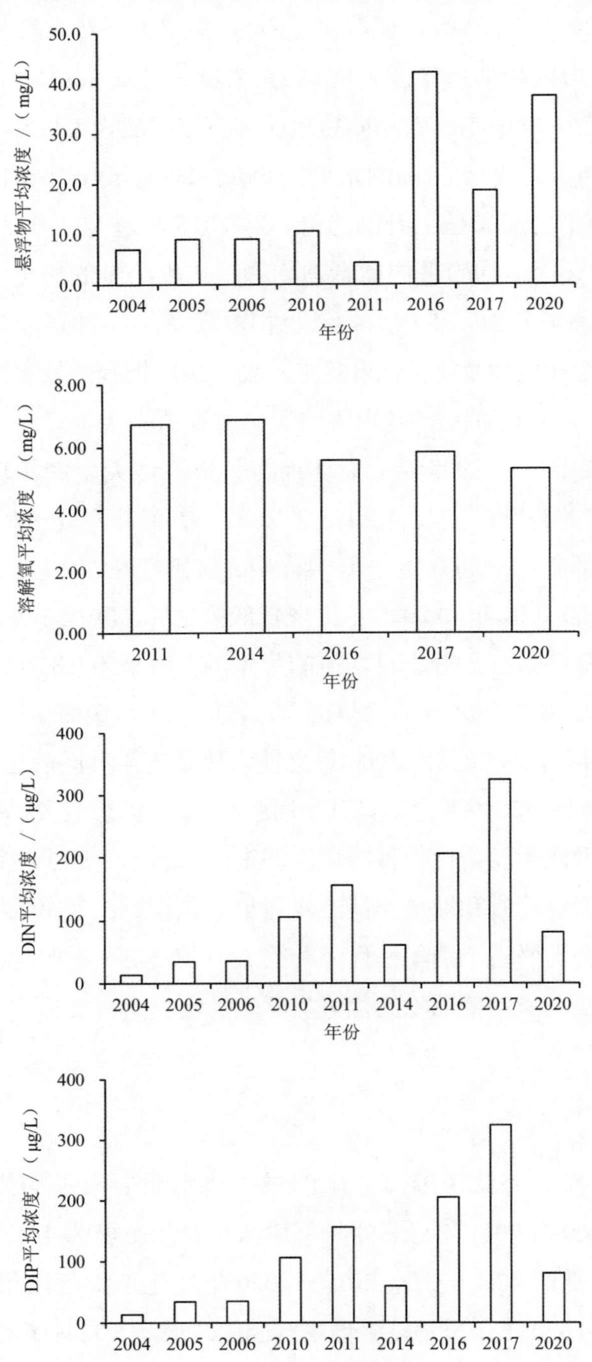

图5.13　广西北海铁山港海草床水体环境因子（悬浮物、溶解氧、DIN、DIP）的长期变化

底质环境方面，根据邱绍芳和赖廷和（1998）于1996年的调查结果，以及2010—2017年广西北海生态监控区的调查数据和2020年的调查结果，分析铁山港区域沉积物有机碳和硫化物的年际变化情况（图5.14）。由图5.14可知，有机碳含量和硫化物含量的变化趋势基本一致，有机碳的含量常年处于1.5%以下，2016年的有机碳含量变化较大，达到了最高水平，2017—2020年基本上没有变化，处于较低水平；硫化物的含量常年处于40 μg/g以下。

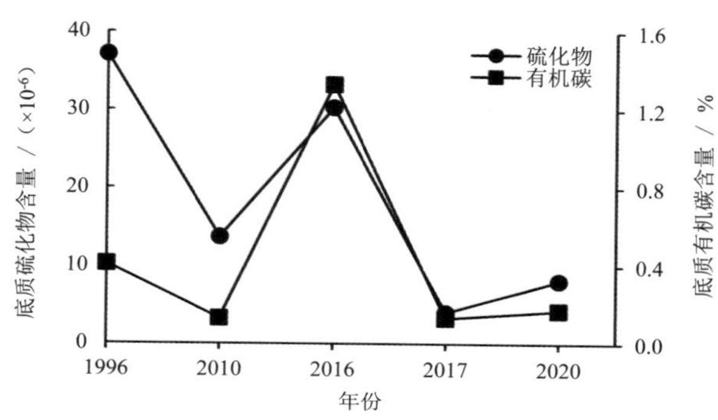

图5.14 广西北海铁山港有机碳的年际变化

5.3 海南东海岸

原国家海洋局在海南东海岸区域设立了海草床生态系统监控区，于2004—2017年对该区域内海草床生态状况进行了长期连续的观测调查，本节长期历史调查数据来自2004—2017年海南东海岸海草床生态系统监控区调查结果。

5.3.1 海草面积分布的长期变化

本小节对比了海南东海岸4个调查区（文昌、琼海、新村港和黎安港）海草床面积在2002年、2009年、2017年和2020年4个年份的变化情况，见图5.15。整体来看，海南东海岸各区域中，文昌海草床面积一直处于最大水平，其次是琼海海草床，新村港和黎安港相对较小。从海草床面积变化方面来看，文昌海草床面积在2009年最大，为3 057.00 hm^2，2017年面积减少至1 513.72 hm^2，减少幅度达50.48%，虽然2020年调查结果出现小幅度上升，但还是处于低水平。琼海海草床面积的变化与文昌海草床面积的变化较为相似，2009年面积最大，为971.00 hm^2，2017年出现大幅度减少，为266.78 hm^2，减少幅度达72.53%，2020年出现较大幅度的上升，为641.20 hm^2。新村港海草床的面积在2002—2017年呈现出一定的增加趋势，由2002年的200 hm^{2}增加至2017年的358.01 hm^2，而在2020年出现大幅度减少，减少至112.71 hm^2，减少幅度达 68.52%。黎安港在 2002 年和 2009 年海草床面积较为接近，分别为 320 hm^2 和 358 hm^2，2017 年后出现大幅度减少，海草床面积大小在 100 hm^2 左右。总体来看，海南东海岸海草床面积呈下降趋势。

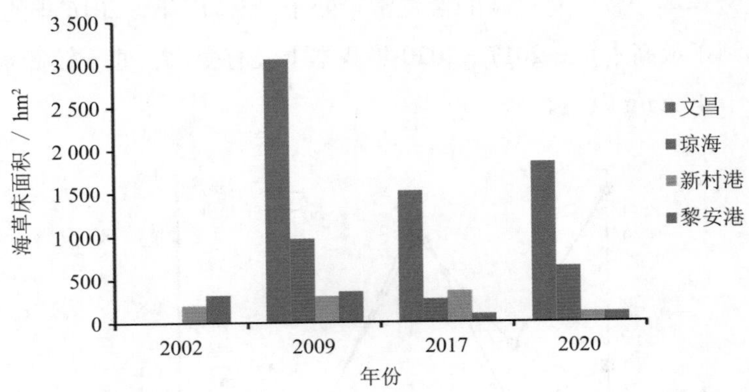

图5.15　海南东海岸各区域海草床面积的长期变化（2002年文昌和琼海海草床面积数据缺失）

5.3.2　海草群落特征的长期变化

海南东海岸各区域海草群落特征的长期变化情况见图 5.16。各区域海草平均盖度的变化走势总体较为相似，均是在 2005 年的盖度水平最高，2005—2011 年呈下降趋势，2011—2020 年较为稳定。2005—2020 年 4 个区域的对比可以看到，新村港海草床平均盖度最高，变化范围为 27.25% ~ 66.00%，平均值为 44.07%；其次是黎安港，其海草床平均盖度的变化范围为 31.35% ~ 57.00%，平均值为 40.68%。此外，琼海和文昌的海草平均盖度较低，其中琼海的变化范围为 18.89% ~ 75.00%，平均值为 32.10%；文昌的变化范围为 7.32% ~ 51.50%，平均值为 26.72%。

海南东海岸 4 个区域海草平均密度的变化趋势有所差异，其中文昌海草平均密度在 2005—2013 年呈下降趋势，由 2007 年的 569.00 shoots/m^2 下降至 2013 年的 78.50 shoots/m^2，2013—2016 年出现大幅度上升，由 2013 年的 78.50 shoots/m^2 上升至 2016 年的 1 865.97 shoots/m^2，2016—2020 年又出现大幅度下降，2020 年的海草平均密度为 170.62 shoots/m^2。琼海海草平均密度除了在 2017 年出现较大幅度上升外（为 753.00 shoots/m^2），其他年份均在 67.00 ~ 346.00 shoots/m^2 波动。新村港海草平均密度的年际波动较大，其最高值出现在 2006 年和 2007 年，均为 2 655.00 shoots/m^2，2007—2009 年出现大幅度下降，下降至 2009 年的 201.00 shoots/m^2，2009—2012 年在低位波动，2012—2017 年出现大幅度上升，由 93.00 shoots/m^2 上升至 2 171.00 shoots/m^2，而 2020 年却又出现大幅度下降（为 65.98 shoots/m^2）。黎安港海草平均密度的变化情

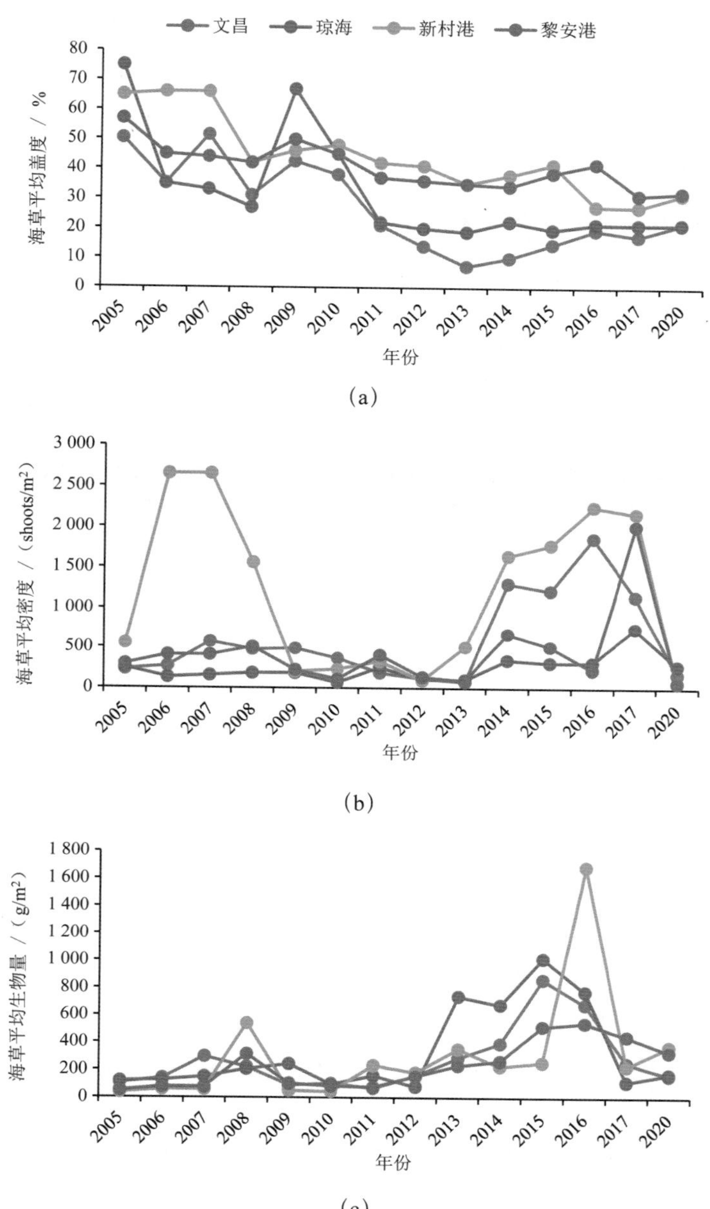

图5.16　海南东海岸各区域海草平均盖度（a）、平均密度（b）和平均生物量（c）的长期变化

况与琼海较为相似，均在 2017 年出现较大幅度上升（为 2 016.00 shoots/m^2），其他年份在 71.23 ～ 677.00 shoots/m^2 的范围内波动。

海草平均生物量的长期变化方面，文昌、琼海和黎安港 3 个区域海草平均生物量的变化趋势表现出一定的相似性，2005—2012 年各区域均处于较低水平，2012—2015 年呈现出明显的上升趋势，2015—2020 年又呈现出明显的下降趋势。新村港海草平均生物量除在 2016 年出现大幅度上升外（为 1 685.66 g/m^2），其他年份均在 36.38 ~ 537.86 g/m^2 的范围内变动。4 个区域海草平均生物量大小无显著差异。

通过对 4 个区域海草平均盖度、平均密度和平均生物量的长期变化趋势进行 Mann-Kendall 检验，结果显示，近 16 年来海南东海岸 4 个区域海草平均盖度均呈显著下降的趋势（$p < 0.05$），4 个区域海草平均密度长期变化趋势均不显著（$p > 0.05$），新村港和黎安港的海草平均生物量呈显著上升的趋势（$p < 0.05$），文昌和琼海的海草平均生物量变化趋势均不显著（$p > 0.05$）（见表 5.4）。

表5.4　海南东海岸各区域海草床长期变化趋势的Mann-Kendall检验结果
（n：年份数，Z：统计值，p：显著性）

参数		n	Z	p
海草平均盖度 / %	文昌	14	**−2.19**	***p*<0.05**
	琼海	14	**−2.74**	***p*<0.01**
	新村港	14	**−3.62**	***p*<0.001**
	黎安港	14	**−3.23**	***p*<0.01**
海草平均密度 /（shoots/m^2）	文昌	14	0.44	*p*>0.05
	琼海	14	1.86	*p*>0.05
	新村港	14	−0.16	*p*>0.05
	黎安港	14	−0.06	*p*>0.05
海草平均生物量 /（g/m^2）	文昌	14	1.53	*p*>0.05
	琼海	14	1.42	*p*>0.05
	新村港	14	**2.36**	***p*<0.05**
	黎安港	14	**3.07**	***p*<0.01**

5.3.3　大型底栖动物的长期变化

各区域海草床大型底栖动物平均栖息密度和平均生物量的历史变化情况见图 5.17。大型底栖动物平均栖息密度为（4.0 ~ 528.0）ind/m^2，最高值出现在 2016 年的黎安港，最低值出现在 2010 年的黎安港。总体而言，陵水新村港和黎安港海草床的平均栖息密度高于文昌和琼海。4 个区域海草床大型底栖动物平均栖息密度的总体变化趋势大致相近：2014 年之前均处于较低水平；2014—2017 年较之前年份明显升高，处于较高水平，到 2020 年，除新村港之外，又骤降至较低的水平，各区域大型底栖动物平均栖息密度的波动较大。各区域大型底栖动物平均生物量为（21.16 ~ 3148.27）g/m^2，

最高值出现在 2016 年的琼海，最低值出现在 2011 年的新村港。总体而言，琼海海草床大型底栖动物平均生物量高于其他 3 个区域。除琼海之外，其他 3 个区域海草床大型底栖动物平均生物量变化趋势大致相近：2009—2017 年，大型底栖动物平均生物量基本呈上升趋势，但到 2020 年骤降至历史较低水平。琼海海草床大型底栖动物平均生物量则在多数年份均处于较高水平，仅 2010 年和 2020 年处于较低水平。

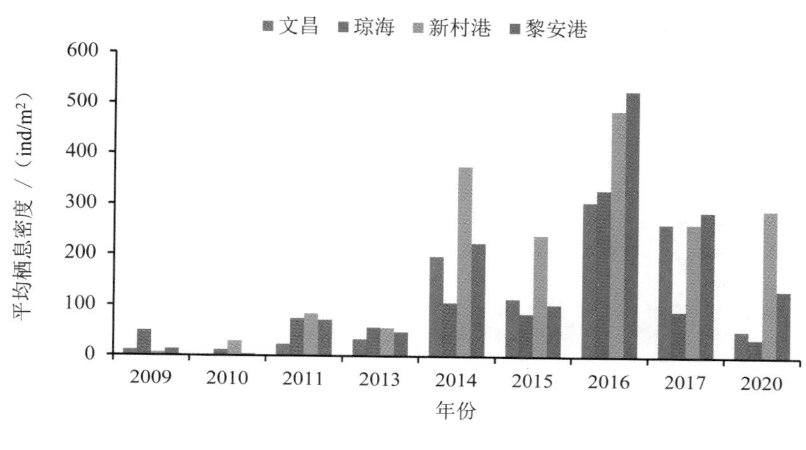

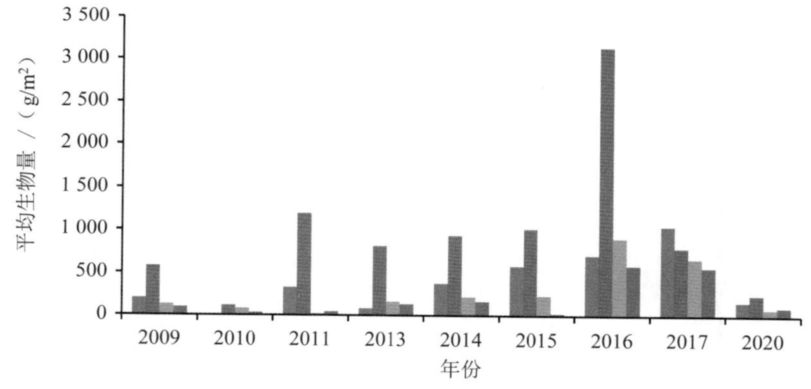

图5.17　海南东海岸各区域海草床大型底栖动物平均栖息密度和平均生物量的长期变化

各区域海草床大型底栖动物物种多样性指数的历史变化情况见图 5.18。大型底栖动物 H' 均值为 0.81 ~ 2.45，最高值出现在 2009 年的文昌，最低值出现在 2016 年的琼海和 2020 年的新村港。总体而言，琼海海草床和新村港海草床大型底栖动物 H' 均值的变化趋势较相近，均呈降低的趋势，琼海海草床的下降幅度较大，新村港海草床的下降幅度较小。文昌海草床和黎安港海草床 H' 均值的变化趋势较相近，除个别年份 H' 值较高外，其他年份均在中等偏低的水平上下波动。大型底栖动物 J 均值为 0.20 ~ 1.00，最高值出现在 2011 年的文昌，最低值出现在 2014 年的新村港。总体而言，4 个区域大型底栖动物 J 均值的变化趋势较相近，均在 2014 年前后有较大的波动，且均在 2014 年达到最低值，其他年份 J 均值基本处于较正常的波动范围。大型底栖动物物种丰富度指数 D 均值的历年调查结果 0.54 ~ 1.48，最高值出现在 2017 年的文昌，最低值出现在 2020 年的琼海。由于物种丰富度指数 D 均值的历年数据较少(仅获得 4 年的数据)，故较难分析长期变化，4 个区域这 4 年的 D 均值均处于较低的水平。

海南东海岸各区域大型底栖动物主要优势种历史变化见表 5.5。文昌海草床和琼海海草床历年的主要优势类群较为相近，均以潮间带泥沙滩底上爬行的螺类和底内埋

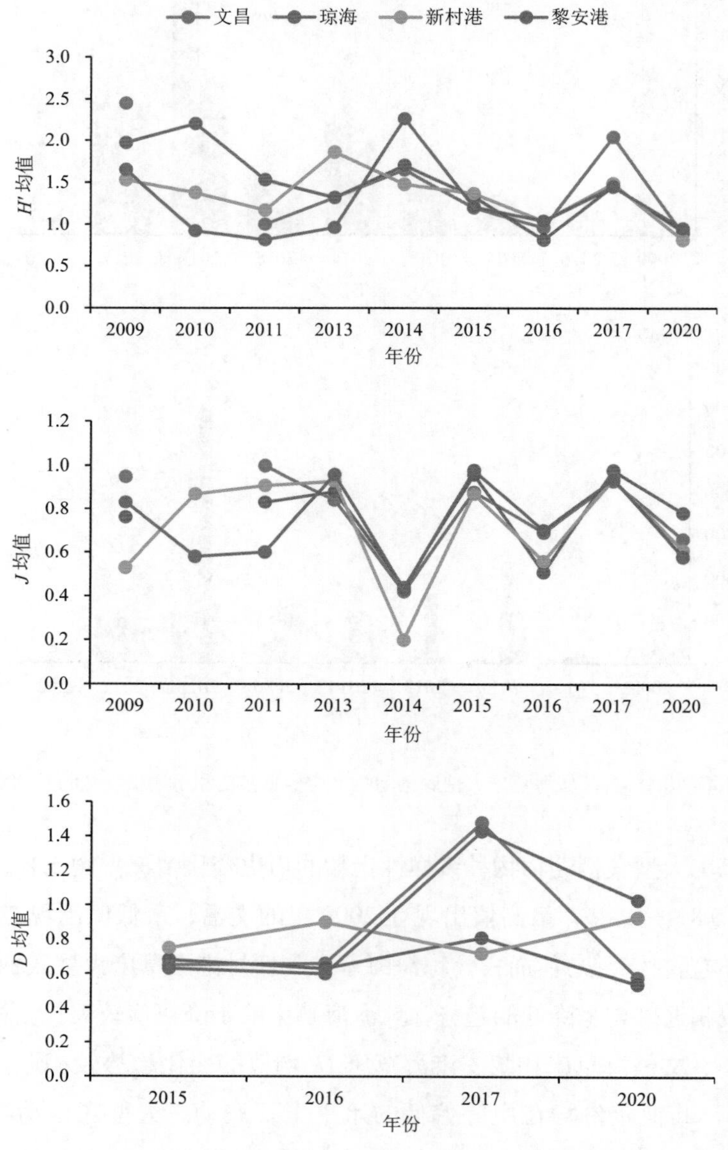

图5.18　海南东海岸各区域海草床大型底栖动物多样性指数的长期变化

栖的贝类为主；陵水新村港和黎安港海草床历年的主要优势类群变化较大，除螺类和贝类之外，环节动物多毛类也较常出现，某些年份优势种中还出现了甲壳类和棘皮动物。

表5.5　海南东海岸海草床大型底栖动物主要优势种历史变化

调查年份	文昌	琼海	新村港	黎安港
2009	特氏盾桑葚螺（*Clypeomorus trailli*）、梳纹加夫蛤（*Gafrarium pectinatum*）	以菲律宾偏顶蛤（*Modiolus philippinarum*）、黑珠母贝（*Pinctada nigra*）	钝缀锦蛤（*Tapes Turgida*）、丽文蛤（*Meretrix lusoria*）	特氏盾桑葚螺、无刺短桨蟹（*Thalamita crenata*）
2010	—	梳纹加夫蛤、短偏顶蛤（*Modiolus flauidus*）	远海梭子蟹（*Portunus pelagicus*）、小翼拟蟹守螺	无刺短桨蟹、短偏顶蛤
2011	珠带拟蟹守螺、凸加夫蛤	梳纹加夫蛤、凸加夫蛤	单叶沙蚕（*Namalycastis abiuma*）、周氏凸齿沙蚕（*Leonnates jousseaumei*）	周氏凸齿沙蚕、花凤螺（*Strombus mutabilis*）
2013	凸加夫蛤、特氏盾桑椹螺	梳纹加夫蛤、凸加夫蛤	周氏凸齿沙蚕、凸壳肌蛤（*Musculus senhousia*）	杂色核螺（*Pyrene versicolor*）
2014	纵带滩栖螺、珠带拟蟹守螺	铁锈帘心蛤（*Megacardita ferruginosa*）、古氏滩栖螺	纹藤壶（*Balanus amphitrite*）、红明樱蛤（*Moerella rutila*）	周氏突齿沙蚕、鲜明鼓虾（*Alpheus distinguendus*）
2015	纵带滩栖螺、珠带拟蟹守螺	凸加夫蛤	纹藤壶、红明樱蛤	周氏突齿沙蚕
2016	纵带滩栖螺	鳞杓拿蛤、菲律宾蛤仔（*Ruditapes philippinarum*）	纵带滩栖螺、文蛤（*Meretrix meretrix*）	纵带栖滩螺、秀丽织纹螺（*Nassarius dealbatus*）
2017	鳞杓拿蛤、纵带滩栖螺	马蹄螺（*Trochus maculatus*）、纵带滩栖螺	中间拟滨螺（*Littorinopsis intermedia*）、单棘槭海星（*Astropecten monacanthus*）	鳞杓拿蛤
2020	特氏蟹守螺、加夫蛤	加夫蛤、特氏蟹守螺	厚鳃蚕、南海毛满月蛤	厚鳃蚕、珠带拟蟹守螺

注：“—”表示无数据。

5.3.4　环境因子的长期变化

水环境方面，海南东海岸各区域海草床海域主要水质要素的长期变化情况见图 5.19。由图 5.19 可见，2004—2017 年海南东海岸生态监控区各区域海草床海域悬浮物平均浓度不高，变化范围较小，2020 年文昌和琼海海草床调查悬浮物浓度较之前有明显升高，而新村港和黎安港变化不大，可能跟 2020 年文昌和琼海海草床调查站

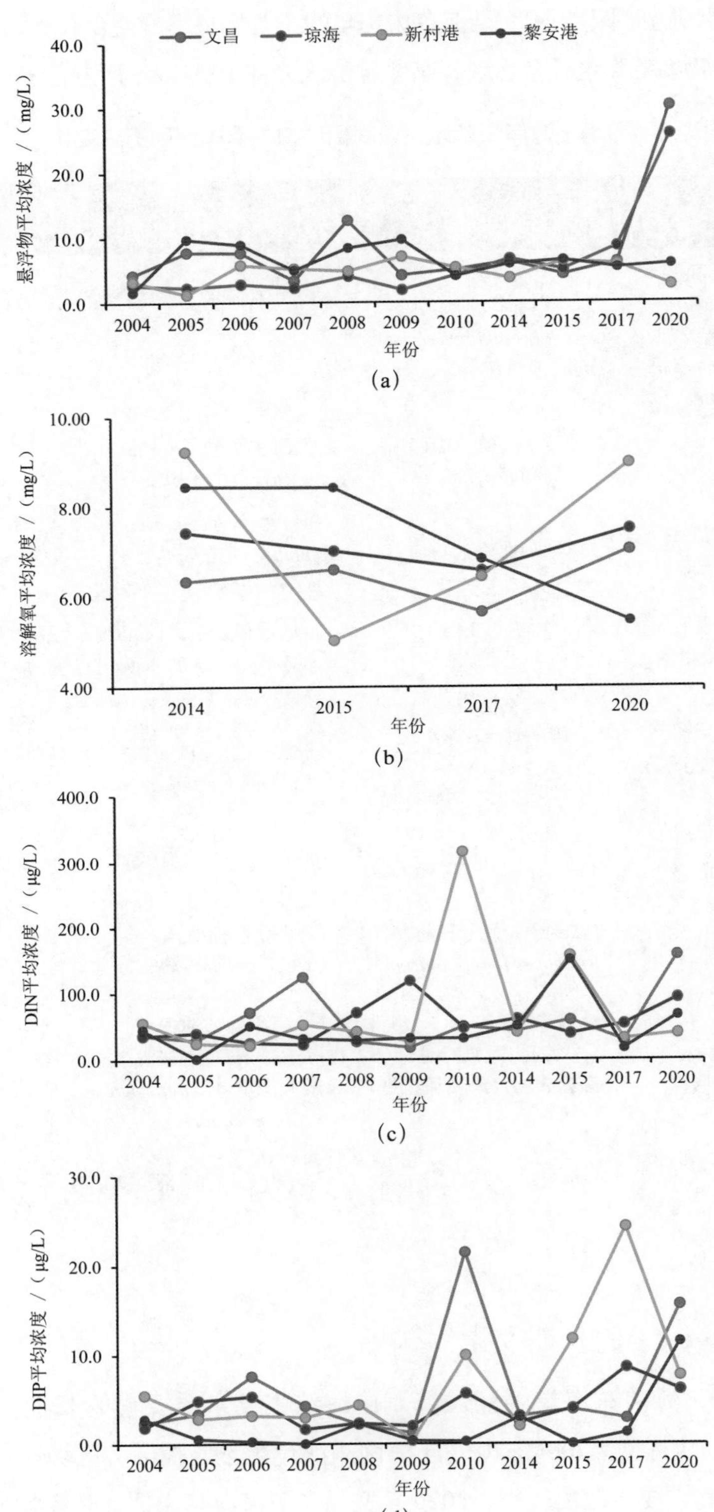

图5.19　海南东海岸各海草床区域水环境因子（悬浮物、溶解氧、DIN、DIP）的长期变化

位相比，生态监控区站位更靠近海岸有关；2014—2020 年，各区域海草床海域溶解氧平均浓度较高，变化不大，未出现明显缺氧现象，仅 2017 年文昌 5.66 mg/L 和 2015 年新村港 5.03 mg/L 低于第一类海水水质标准（DO ＞ 6 mg/L）；2004—2020 年，各区域海草床海域无机氮平均浓度不高，变化范围较小，仅 2010 年新村港 0.316 mg/L 超过第一类海水水质标准（DIN ＜ 0.20 mg/L），达到第三类海水水质标准（0.30 mg/L ＜ DIN ＜ 0.40 mg/L）；2004—2020 年，各区域海草床海域无机磷平均浓度均呈波动性缓慢上升的趋势，其中 2010 年文昌 0.021 5 mg/L、2020 年文昌 0.015 6 mg/L 和 2017 年新村港 0.024 4 mg/L 超过第一类海水水质标准（DIP ＜ 0.01 5 mg/L）。

底质环境方面，4 个调查区（文昌、琼海、新村港和黎安港）沉积物有机碳和硫化物含量的年际变化情况见图 5.20，由图 5.20 可知，文昌和琼海调查区沉积物有机碳和硫化物含量在 4 个区域中处于较低水平，且长期变化趋势不明显。黎安港沉积物有机碳和硫化物含量的长期变化波动较大，变化趋势均不明显，该区域沉积物有机碳和硫化物含量整体要低于黎安港，但高于文昌和琼海区域。

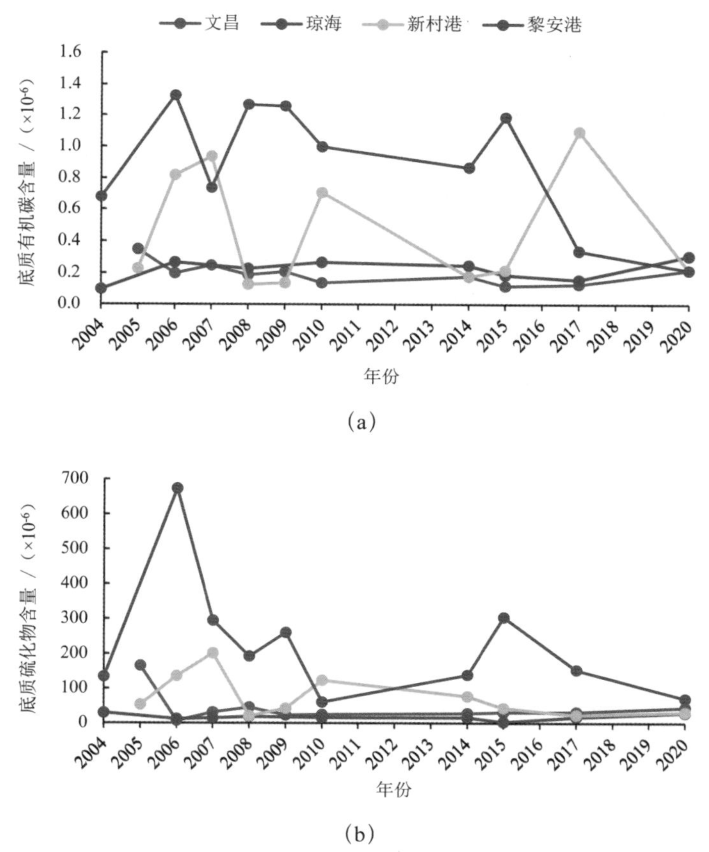

图5.20　海南东海岸各海草床区域沉积物有机碳和硫化物含量的长期变化

参考文献

陈志强, 2016. 沉积物中反映海洋生态系统中硅和碳生源要素的地球化学指标研究 [D]. 湛江：广东海洋大学 .

谷阳光, 2009. 广东沿海沉积物中生源要素、重金属分布及其潜在生态危害评价 [D]. 广州：暨南大学 .

黄小平, 黄良民, 2007. 中国南海海草研究 [M]. 广州：广东经济出版社 .

柯盛, 2010. 流沙湾底栖贝类生物多样性与马氏珠母贝的养殖容量研究 [D]. 湛江：广东海洋大学 .

柯盛, 申玉春, 谢恩义, 等, 2013. 雷州半岛流沙湾潮间带底栖贝类多样性 [J]. 生物多样性, 21(5): 547-553.

罗昭林, 朱长波, 郭永坚, 等, 2014. 流沙湾表层沉积物中碳、氮、磷的分布特征和污染评价 [J]. 南方水产科学, 10(3): 1-8.

邱绍芳, 赖廷和, 1998. 广西铁山港海域环境质量调查 [J]. 广西科学院学报, 14(1): 44-47.

张才学, 陈慧妍, 孙省利, 等, 2012a. 流沙湾海草床海域浮游植物的时空分布及其影响因素 [J]. 生态学报, 32(5): 1527-1537.

张才学, 林宏升, 孙省利, 2012b. 广东省典型海湾表层沉积有机质的来源和分布 [J]. 热带海洋学报, 31(6): 62-68.

钟超, 孙凯峰, 廖岩, 等, 2019. 广东流沙湾海草分布现状及其与不同养殖生境的关系 [J]. 海洋环境科学, 38(4): 521-527.

曾园园, 2015. 流沙湾喜盐草的生长和生理生化特征 [D]. 湛江：广东海洋大学 .

JIANG Z J, CUI L J, LIU S L, et al., 2020. Historical changes in seagrass beds in a rapidly urbanizing area of Guangdong Province: Implications for conservation and management[J]. Global Ecology and Conservation, 22: e01035.

第 6 章
南海区海草床储碳功能研究

随着 CO_2 浓度的升高，全球变暖成为重大的环境问题。为积极应对气候变化，2020 年 9 月，我国宣布了"CO_2 排放力争于 2030 年前达到峰值，努力争取 2060 年前实现碳中和"的"双碳"重大战略目标。增汇是实现"双碳"目标的重要手段，海岸带"蓝碳"作为重要的碳汇之一，在近年来越来越受到关注。海草床生态系统是海岸带"蓝碳"的重要组成部分。研究显示，全球海草生长区占海洋总面积不到 0.2%，但每年海草床生态系统封存的碳占全球海洋碳封存总量的 10% ~ 15%（Fourqurean et al., 2012）。本章对国内外海草床储碳研究进展进行综述，对海南陵水黎安港海草床碳储情况进行了调查研究，对该区域的海草床碳储量（包括海草植物碳储量、沉积物碳储量和总碳储量）进行了评估，并结合南海区海草资源最新调查结果，对南海区海草床生态系统总碳储量情况进行了估算。

6.1 海草床储碳研究进展

6.1.1 生物体储碳

海草植物体本身就是一个大碳库，全球海草平均初级生产力为 1 012 g DM/(m^2·a)，高于生物圈其他大部分类型生态系统（Duarte and Chiscano，1999）。此外，海草植物上的附着生物对海草床碳储量的贡献也不容忽视，其贡献可达海草植物地上部分生产力的 20% ~ 60%，海草床中生长的大型藻类也是生态系统中碳储量的重要来源（Larkum et al., 2006）。海草、附着生物和大型藻类等通过光合作用固定的碳存储在生物体内，成为海草床生态系统中碳库的重要组成部分（邱广龙等，2014）。

不同种类海草由于形态大小、植物组织中有机碳含量存在显著差异，它们在碳捕获和储存相关的性状方面存在很大差异（Mateo et al., 2006）。全球海草床有 70 多种（Hartog and Kuo，2006），个体有大有小。研究显示，小型海草如长萼喜盐草（*Halophila stipulacea*）植物体储碳密度约为 0.37 Mg C/hm^2（Campbell et al., 2015），而大型海草如大洋波喜荡草（*Posidonia oceanica*）植物体储碳密度约为 7.92 Mg C/hm^2（Fourqurean et al., 2012），远高于小型海草。Fourqurean 等（2012）首次通过对全球 946 个不同的海草床区域储碳情况进行统计，得出全球海草植物体储碳密度平均值约为 2.51Mg C/hm^2。

6.1.2 沉积物储碳

海草床生态系统中的绝大部分有机碳存储于沉积物中形成沉积物碳库，其处于低氧甚至无氧状态而难于被氧化分解，从而随着时间的推移不断积累（Chmura et al., 2003）。研究显示，全球海草床沉积物碳库有机碳储量在 9.8 ~ 19.8 Pg C（Pg=10^{15} g），相当于全球红树林与潮间带盐沼植物沉积物碳储量之和，全球海草生长区占海洋总面积不到 0.2%，但每年海草床生态系统封存的碳占全球海洋碳封存总量的 10% ~ 15%（Fourqurean et al., 2012），沉积物储碳能力是其“蓝碳”功能的重要体现。

关于海草床沉积物储碳能力的表征有两个常用的指标，分别是沉积物储碳密度和沉积物有机碳沉降通量。沉积物储碳密度是指一定深度（一般为 1 m）中单位面积沉积物有机碳含量。沉积物有机碳沉降通量是指一定时间内单位面积沉降的沉积物中有机碳含量（Fourqurean et al., 2012）。关于海草床沉积物储碳能力方面的研究，国外已有较多的报道。研究显示，全球不同区域海草床沉积物碳储密度差异显著，如 Fourqurean 等（2012）利用地中海、莎克湾和佛罗里达海湾海草床的碳库数据估算全球海草床沉积物储碳密度的平均值为 139.70 Mg C/hm^2，但 Miyajima 等（2015）和 Lavery 等（2013）却发现东亚、东南亚区域和澳大利亚海草床沉积物储碳密度仅为全球估算值的 1/4。另外，海草种类会影响其沉积物储碳密度，Mateo 等（1997）发现地中海的大洋波喜荡草海草床产生的大量纤维和木质素类物质（根和根茎）能够形成数米甚至十几米的海草碎屑层，其储碳密度远高于其他种类海草，而且这些埋存于沉积物中的有机碳在经历了上千年后几乎没有发生变化。Lavery 等（2013）对比了澳大利亚沿岸不同种类海草床沉积物储碳密度，结果表现为波状波喜荡草（*Posidonia sinuosa*）> 卵叶喜盐草（*Halophila ovalis*）和一种鳗草（*Zostera muelleri*）> 齿叶丝粉草（*Cymodocea serrulata*）和单脉二药草（*Halodule uninervis*）> 圆叶丝粉草（*Cymodocea rotundata*）、泰来草（*Thalassia hemprichii*）等，分析认为这可能是由于不同海草的细胞壁和其他保护性物质的生化组成不同，以及不同海草的形态对悬浮颗粒物的捕获能力不同所造成。即使相同的海草种类，不同地区沉积物储碳密度也可能存在很大差异，如澳大利亚的 Tanzania 区域和肯尼亚的 Gazi Bay 都生长有泰来草和海菖蒲（*Enhalus acoroides*），在 Tanzania 区域泰来草和海菖蒲生长区域的 1m 以上沉积物储碳密度分别约为 34.09 Mg C/hm^2 和 47.73 Mg C/hm^2，而在 Gazi Bay 泰来草和海菖蒲生长区域 1m

以上沉积物储碳密度分别约为 205 Mg C/hm^2 和 293.75 Mg C/hm^2，大幅高于 Tanzania 区域（Gullström et al., 2018；Githaiga et al., 2017）。此外，环境因素如分布深度和小尺度空间构型等也会影响海草床存储量大小，2 m 水深的大洋波喜荡草海草床沉积物碳储量是 32 m 水深的 14 ～ 16 倍（Serrano et al., 2014）；海草床中心区域的沉积物碳存储量比其边缘区域的高 20%（Ricart et al., 2015）。关于不同区域海草床沉积物有机碳沉降通量的差异也有一些研究报道，如位于西班牙沿岸的巴利阿里群岛（Balearic Islands）和 Culip 的大洋波喜荡草，其沉积物有机碳沉降通量分别为 112.9 g C/(m^2·a) 和 9 g C/(m^2·a)，差异很大（Mateo et al., 1997）；Miyajima T 等（2015）对全球一些地区不同种类的海草床沉积物有机碳埋藏速率进行了汇总统计，发现海草床沉积物沉降速率差异很大，变化范围为（0.32 ～ 8.9）mm/a，沉积物有机碳沉降通量差异也非常大，变化范围为（18.3 ～ 1480）kg C/(hm^2·a)。国内在海草床碳储能力方面仅有一些零星的研究报道，如李梦（2018）对广西海草床沉积物有机碳储量进行了调查和估算，发现该区域沉积物储碳密度为 48 Mg C/hm^2，低于全球海草床沉积物储碳密度（152.17 Mg C/hm^2）；Jiang 等（2017）对海南新发现的几处海草床进行了碳储量评估，发现海草床沉积物平均储碳密度为（7.02 ± 3.57）Mg C/hm^2。我国在海草床沉积物有机碳沉降通量研究方面还鲜有报道。

6.1.3　沉积物有机碳来源

沉积物有机碳来源的确定对于研究海草床生态系统中有机碳的存储极为重要，因为来源的身份是决定有机碳易变性和积累速率的因素之一（Hicks，2007）。海草床沉积物有机碳来源可分为内源性有机碳来源和外源性有机碳来源（Kennedy et al., 2010；Middelburg et al., 2014）。内源性有机碳是指在同一位置产生和沉积的有机碳。如海草床生态系统中的初级生产者通过光合作用从大气 / 海洋中吸收 CO_2，并转化为有机碳，最后这些有机碳中的一部分会沉积埋存于海草床内的沉积物中。外源性有机碳是指在一个地方产生并沉积到另一个地方的有机碳。海草床分布在广阔的浅海区域，经常受到波浪、潮汐和海岸洋流的冲击，海流会将沉积物和相关的有机碳从邻近的生态系统（近海或陆地）输送到海草床。

稳定同位素（Stable isotope）分析技术的应用为海草床沉积物有机碳来源研究提供了重要的方法支撑。海草床沉积物中有机碳来源的辨识通常是通过测量样品 $\delta^{13}C$ 和 C/N 的比值再辅以其他生物标志物（如类脂化合物和木质素），并通过三元混合图解法、线性混合模型或贝叶斯模型来计算各来源的所占比例。研究表明，各海源初级生产者的 $\delta^{13}C$ 差异显著，海草的 $\delta^{13}C$ 的平均值为 −10.1‰，大型藻类、附生藻类和底栖微藻

等藻类的 $\delta^{13}C$ 平均值约为 −15.4‰，而悬浮颗粒物、红树林及陆源有机物比它们更贫，平均值分别为 −19.3‰，−28.1‰和 −27.8‰（刘松林等，2017）。国外关于海草床沉积物有机碳来源的相关研究报道已较为多见，Kennedy 等（2010）利用线性混合模型估算全球海草床沉积物有机碳的来源，其中来自海草的接近 50%。海草床沉积物有机碳来源受区域环境影响显著，如 Miyajima 等（2015）在东亚和东南亚的海草床研究发现，温带、亚热带和热带海草床沉积物有机碳中的海草来源所占比例都不同，分别为 10% ~ 40%、35% ~ 82% 和 4% ~ 34%。地中海沿岸 Fanals 区域大洋波喜荡草沉积物有机碳的海草和悬浮颗粒物来源比例分别为 28% 和 72%，而邻近区域和岛屿的大洋波喜荡草海草床沉积物有机碳的海草来源约占 40% ~ 50%（Papadimitriou et al., 2005），这表明即使是同一种海草，在不同的区域沉积物有机碳来源差异也较大。国内关于海草床沉积物有机碳来源研究还非常少见，仅有 Liu 等（2016）对海南新村港不同种类海草沉积物有机碳来源进行过研究，发现同一区域不同海草（海菖蒲和泰来草）的沉积物有机碳来源相似。

6.1.4 生境退化对沉积物碳库的影响

滨海开发活动、富营养化、淤积以及一些机械性的活动（拖网、挖掘）等人为干预等会导致海草床生态系统的退化，造成其所埋存碳的逃逸和释放。一旦海草床退化消失，它们将停止吸收 CO_2，并将埋存于沉积物中数百年甚至上千年的碳释放出来，成为气候变化新的碳释放源并加剧海洋的酸化。全球海草床正加速退化，其退化速度从 1940 年以前的 0.9% 的中值增长到 1990 年以来的 7%，已成为地球生物圈中退化速度最快的生态系统之一（Waycott et al., 2009）。一些研究预测，由于全球海草的退化，可能会导致每年向地球重新释放超过 299 Tg C（Fourqurean et al., 2012），几乎等同于 2010 年日本全年的碳排放量（310 Tg C）（Peters et al., 2012）。有研究根据沉积物有机碳分解释放率来评估海草床退化的影响（Fourqurean et al., 2012；Pendleton et al., 2012），这些研究都认为沉积物表层 1m 深度的有机碳容易分解释放。Fourqurean 等（2012）认为在生境退化后沉积物表层 1m 深度的有机碳会全部分解释放到大气中，而 Pendleton 等（2012）根据扰动类型，考虑到受扰动物质的重新埋藏以及沉积物有机碳具有一定的稳定性，估算了生境退化所导致的沉积物表层 1m 深度有机碳的释放率为 25% ~ 100%。还有研究认为生境退化后有机碳不会再沉积到无植物的裸滩沉积物中，裸滩沉积物薄表层内的碳可能被氧化，但大部分富碳沉积物可能仍处于还原状态，被沉积物表层的缺氧环境覆盖，经历缓慢的成岩作用（Eldridge and Morse, 2000）。此外，失去的海草床还可能被大型藻类等替代，而不是变为无植被、松散的淤泥和沙土。有

些研究认为，这些大型藻类可以为下面的沉积物碳库提供一定的保护作用（Viaroli et al., 2008）。以上这些研究由于缺乏海草损失后碳释放的具体调查数据，他们对生境退化后有多少碳释放到大气中的估计存在很大的不确定性，关于沉积物碳库不同深度中哪层更容易渗漏的信息也很少，需要进一步研究来了解生境退化后沉积物碳库碳的释放过程和释放量，以及不同沉积物深度的释放情况。

6.2　海南陵水黎安港海草床碳储量调查研究

虽然国内外已开展了一些海草床生态系统碳储量调查评估研究，但是由于涉及的种类和区域非常有限，目前，世界上的大多数海草种类及海草床区域的储碳量的相关调查数据依然十分匮乏（Duarte et al., 2010），一些评估研究中由于缺乏区域海草种类，以及区域环境状况、沉积物特征等详细信息，其评估结果的准确性存疑（Lavery et al., 2013）。目前已有研究中对区域海草床碳储量的估算大部分都是基于地中海大洋波喜荡草植物体和沉积物的有机碳含量进行（Nellemann et al., 2008; Duarte et al., 2005）。然而大洋波喜荡草植物体和沉积物的储碳密度远高于其他海草种类（Mateo et al., 1997; Iacono et al., 2008; Gérard et al., 2012），这样会导致评估结果远高于实际值。我国有较大面积的海草床分布，但在全球海草床生态系统碳储量估算中，我国的海草床碳储量相关情况经常缺失，如 Fourqurean 等（2012）对全球 946 个不同的海草床区域的统计中就没有包含我国的海草床区域，这说明我国在海草床生态系统储碳方面研究不足，相关调查数据极为缺乏，亟须加强。

海南黎安港是我国热带一个近封闭的潟湖生态系统，里面分布有较大面积的海草，主要种类为海菖蒲，其占据绝对优势，此外，还有较小面积的泰来草和圆叶丝粉草等种类分布。本研究通过对黎安港海草床生态系统碳储量进行调查评估，包括海草（含地上部分和地下部分）碳储量、附生生物碳储量、沉积物碳储量以及区域总碳储量。此外，还利用国内外已有的一些海草床碳储量调查结果，结合南海区海草种类和面积分布情况，对我国南海区海草床生态系统总碳储量进行估算，为我国海岸带生态系统蓝碳管理提供数据支撑。

6.2.1　调查内容与方法

6.2.1.1　调查内容

调查内容包括植物碳储量和沉积物碳储量，其中植物碳储量包括海草地上生物量碳储量和地下生物量碳储量，以及附生生物量碳储量。具体调查内容及方式见表 6.1。

表6.1 海南陵水黎安港海草床生态系统碳储量调查内容及方式

调查内容	调查指标	调查方式
植物碳储量	地上生物量、地下生物量、附生生物量、有机碳含量	现场调查、室内分析
沉积物碳储量	沉积物粒度、容重、有机碳含量	现场调查、室内分析

6.2.1.2 站位和样方布设

黎安港区域海草床总面积约为 112 hm^2，主要由 3 个大斑块组成，其中西北部斑块面积约为 25 hm^2，正南部斑块面积约为 24 hm^2，东南部斑块面积约为 63 hm^2。调查站位依据该区域海草床分布状况进行布设，共布设 22 个调查站位，其中 4 个站位（A1′、A4′、B1′ 和 B4′）为裸滩沉积物对照站位，站位布设情况见图 6.1。在每个调查站位设置 1 条平行于岸线方向的 50 m 长样带，宽度为 3 m 左右，在样带中随机布设 3 个 0.5 m× 0.5 m 的样方，用于海草生物量和附生生物量样品的采集。本次调查于 2021 年 8 月在海南陵水黎安港进行。

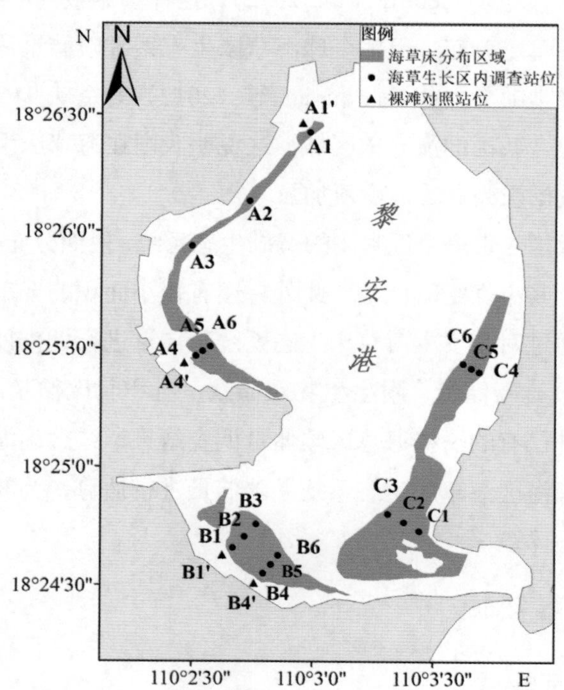

图6.1 黎安港海草床调查站位分布示意图

（图中“●”为海草生长区内调查站位，“▲”为裸滩对照站位）

6.2.1.3 样品采集与分析

样方调查中，采集样方内的所有海草植株，冲洗去除海草根系上的沉积物后装入做好标记的样品袋，在室内使用剪子或刀片将海草植株分离为地上生物量（叶片和叶鞘）、地下生物量（根状茎和根）两部分，使用刀片刮取叶片表面的附生生物；将地上生物量和地下生物量两部分分别装入样品袋，将附生生物装入称重好的离心管。利用单人手持式土壤取样钻机（SD-1, Australia）在每个站位采集一个深度为 1 m 的沉积物柱状样。对于采集的每个沉积物柱状样，现场进行分割装袋，其中 0 ~ 50 cm 深度的沉积物，以 10 cm 为间距分层，50 ~ 100 cm 深度的沉积物分为一层，共计 6 个样品。所有样品均于 −20℃条件下保存，并带至实验室进行分析处理（图 6.2）。

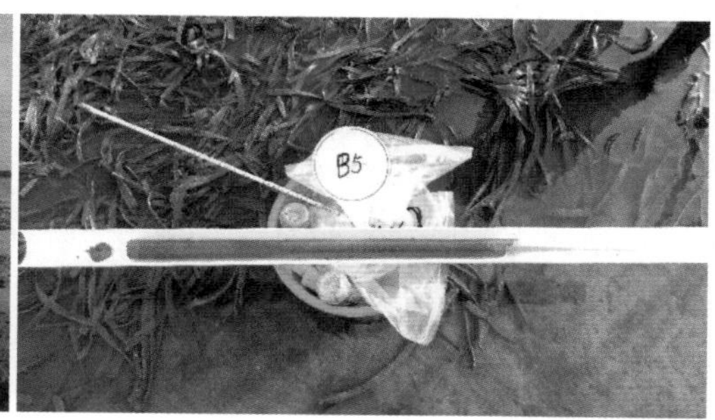

图6.2　沉积物柱状样品的采集

海草生物量样品于真空冷冻干燥器中干燥至恒重，记录干重，然后用碾磨机将干燥后的样品粉碎，过 100 目标准筛，置于小型密封袋中密封，放入干燥器中待测。将沉积物样品置于干燥箱 60℃中烘干至恒重，记录干重，用陶瓷质研钵将干燥后的样品粉碎，过 100 目标准筛，置于密封袋中，放入干燥器中待测。海草植物总有机碳含量分析采用非色散红外吸收法；沉积物有机碳含量分析采用重铬酸钾氧化 − 还原容量法。

6.2.1.4 数据处理

黎安港海草床生态系统碳储量计算时包括植物碳储量（含地上生物量、地下生物量和附生生物量碳储量）和沉积物碳储量两部分。利用 SPSS 13.0 统计软件对调查数据进行分析处理，碳储量相关计算方法如下：

（1）植物碳储量

植物碳储量计算公式如下：

$$VC_{stock} = VC_a + VC_b + VC_e \tag{6-1}$$

式中：VC_{stock} 为植物碳储量，VC_a 为地上部分生物量碳储量，VC_b 为地下部分生物量碳储量，VC_e 为附生生物的碳储量，单位均为兆克碳（Mg C）。

地上部分、地下部分和附生生物的碳储量计算公式如下：

$$VC_a = \sum_{i=1}^{n} \omega_{C_{org,i}} \times M_{sp,i} \times \frac{S_i}{S_{sp,i}} \times 10^{-2} \quad (6\text{–}2)$$

$$VC_b = \sum_{i=1}^{n} \omega_{C_{orgb,i}} \times M_{spb,i} \times \frac{S_i}{S_{sp,i}} \times 10^{-2} \quad (6\text{–}3)$$

$$VC_e = \sum_{i=1}^{n} \omega_{C_{orge,i}} \times M_{spe,i} \times \frac{S_i}{S_{sp,i}} \times 10^{-2} \quad (6\text{–}4)$$

式中：$\omega_{C_{org,i}}$、$\omega_{C_{orgb,i}}$ 和 $\omega_{C_{orge,i}}$ 分别为第 i 个海草分区样方植物地上部分、植物地下部分和附生生物有机碳质量分数，单位为 %；$M_{sp,\ i}$、$M_{spb,\ i}$ 和 $M_{spe,\ i}$ 分别为第 i 个海草分区样方内植物地上部分、植物地下部分和附生生物干重，单位为 g；$S_{sp,i}$ 为第 i 个海草分区植物样方面积，单位为 m^2；S_i 为第 i 个海草分区的面积，单位为 hm^2。

（2）沉积物碳储量

沉积物碳储量计算公式如下：

$$SC_{stock} = \sum_{i=1}^{n} C_{col,i} \times S_i \times 100 \quad (6\text{–}5)$$

其中，

$$C_{col,i} = \sum_{i=1}^{n} \omega_{C_{som,j}} \times \rho_j \times H_j \quad (6\text{–}6)$$

式中：SC_{stock} 为沉积物碳储量，单位为 Mg C；$C_{col,i}$ 为 100 cm 或实际调查深度的柱状样有机碳含量，单位为 g/cm^2；S_i 为第 i 个海草分区的面积，单位为 hm^2；$\omega_{C_{som,j}}$ 为第 j 层沉积物有机碳质量分数，单位为 %；ρ_j 为第 j 层沉积物容重，单位为 g/cm^3；H_j 为第 j 层沉积物厚度，单位为 cm，第 1 至 5 层的厚度均为 10 cm，第 6 层厚度为 50 cm 或 50 cm 以上样品的实际厚度。

（3）总碳储量

海草床生态系统总碳储量计算公式如下：

$$C_{stock} = VC_{stock} + SC_{stock} \quad (6\text{–}7)$$

式中：C_{stock} 为海草床生态系统总碳储量，VC_{stock} 为植物碳储量，SC_{stock} 为沉积物碳储量，单位均为 Mg C。

6.2.2 调查结果

6.2.2.1 海草植物生物量和有机碳含量

黎安港区域发现有海菖蒲、泰来草和圆叶丝粉草三种海草，其中海菖蒲占绝对优势，在所有站位均有出现。圆叶丝粉草仅在A4站位有发现，泰来草仅在A5站位有发现。由表6.2可见，黎安港区域海草地下生物量明显高于地上生物量，海草附生生物量较低。有机碳含量方面，该区域海草地下部分有机碳含量为32.49%±1.37%，明显高于地上部分（24.43%±2.56%），附生生物有机碳含量仅为7.27%±2.18%。

对比各调查站位海草地上部分有机碳含量（图6.3）、地下部分有机碳含量（图6.4）和附生生物有机碳含量（图6.5）。各站位间海草地上部分有机碳含量存在一定差异，位于潟湖开口处的几个站位（B5、B6和C3）的海草地上部分有机碳含量明显要低于潟湖内部的其他站位；各站位间海草地下部分有机碳含量差异不明显；各站位间附生生物有机碳含量差异较大，但无明显规律。

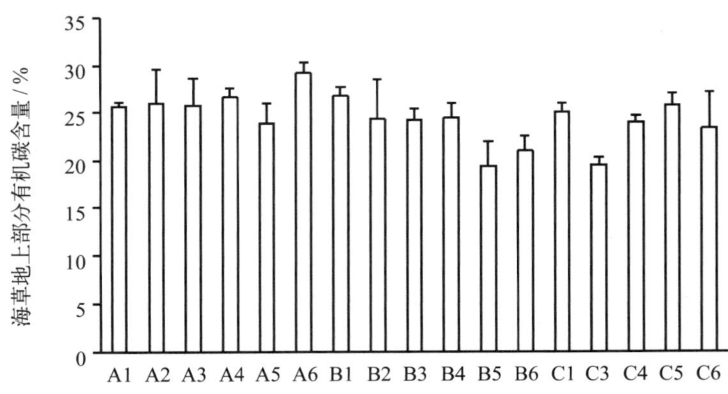

图6.3　各调查站位海草地上部分有机碳含量

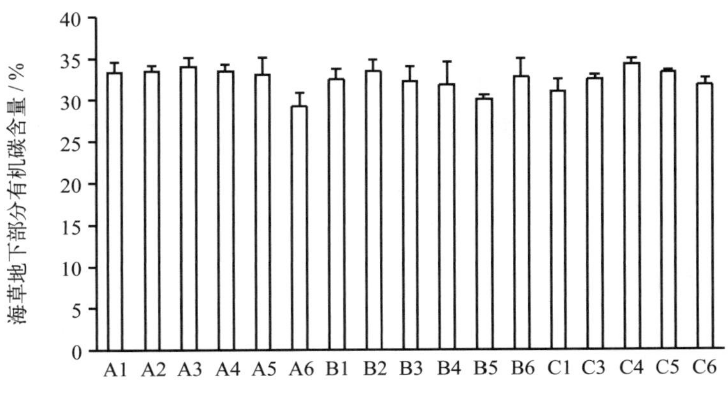

图6.4　各调查站位海草地下部分有机碳含量

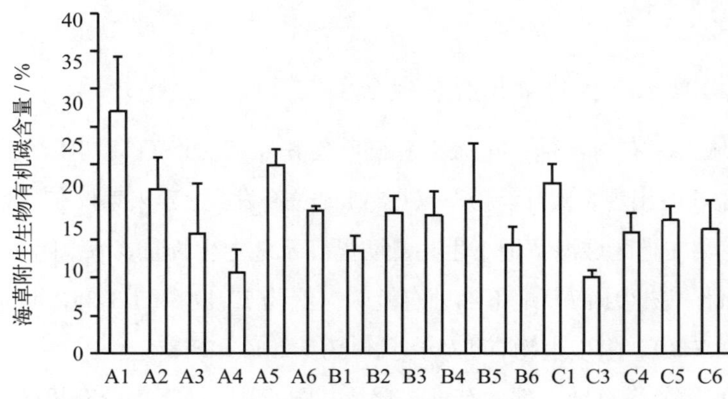

图6.5　各调查站位海草附生生物有机碳含量

表6.2　黎安港海草植物生物量和有机碳含量

组分	生物量 /（g DW · m^{-2}）		有机碳含量 /%	
	变化范围	平均值	变化范围	平均值
海草地上部分	0.00 ～ 290.28	131.72±75.87	19.43 ～ 29.27	24.43±2.56
海草地下部分	0.00 ～ 1051.79	393.96±253.18	29.20 ～ 34.30	32.49±1.37
附生生物	0.00 ～ 75.28	12.23±19.07	4.04 ～ 12.81	7.27±2.18

6.2.2.2　沉积物容重和有机碳含量

黎安港区域各调查站位沉积物容重变化范围为 1.18 ～ 1.52 g/cm^3，总平均值为（1.27±0.18）g/cm^3；各调查站位沉积物有机碳含量变化范围为 0.21% ～ 1.17%，总平均值为 0.56%±0.25%。各调查站位间沉积物容重差异不明显［图 6.6(a)］，而各调查站位间沉积物有机碳含量存在较大差异，其中 A1、B1′ 和 B4′ 站位的沉积物有机碳含量明显高于其他站位。C1 ～ C6 站位沉积物有机碳含量分布规律显示，该区域海草床分布区域内由近岸至远岸沉积物有机碳含量呈现增加的趋势［图 6.6(b)］。不同土层沉积物容重和有机碳含量情况见表 6.3，沉积物容重呈现出由浅至深递增的趋势；而沉积物有机碳含量在各土层间差异不明显，其中最高值出现在 0 ～ 10 cm 和 30 ～ 40 cm 土层。

沉积物有机碳含量垂直分布情况见图 6.7。结果显示，大多数站位的沉积物有机碳含量在垂直分布上差异较小，有些呈现波动状态，其中呈现相似规律的有 A1、A3、B1、C3 和 C4 站位，沉积物有机碳含量由表至底呈现先升高后降低的趋势，其中最大值基本出现在 20 ～ 30 cm 土层。C5、C6 站位沉积物有机碳含量由表至底呈现出先降

低后升高的趋势，最低值出现在 20 ～ 30 cm 土层，最高值出现在表层和 30 cm 以下土层。裸滩对照站位沉积物有机碳含量垂直分布上，A1′ 站位呈波动状态，总体差异不大；A4′ 站位各土层之间差异不明显；B1′ 站位呈现先上升后下降的趋势，最高值出现在 30 ～ 40 cm 土层；B4′ 站位各土层之间差异不明显。海草生长站位与裸滩站位对比可见，A4′ 断面处的裸滩沉积物有机碳含量明显低于海草生长区，B1′ 断面和 B4′ 断面处裸滩沉积物有机碳含量却明显高于于海草生长区。

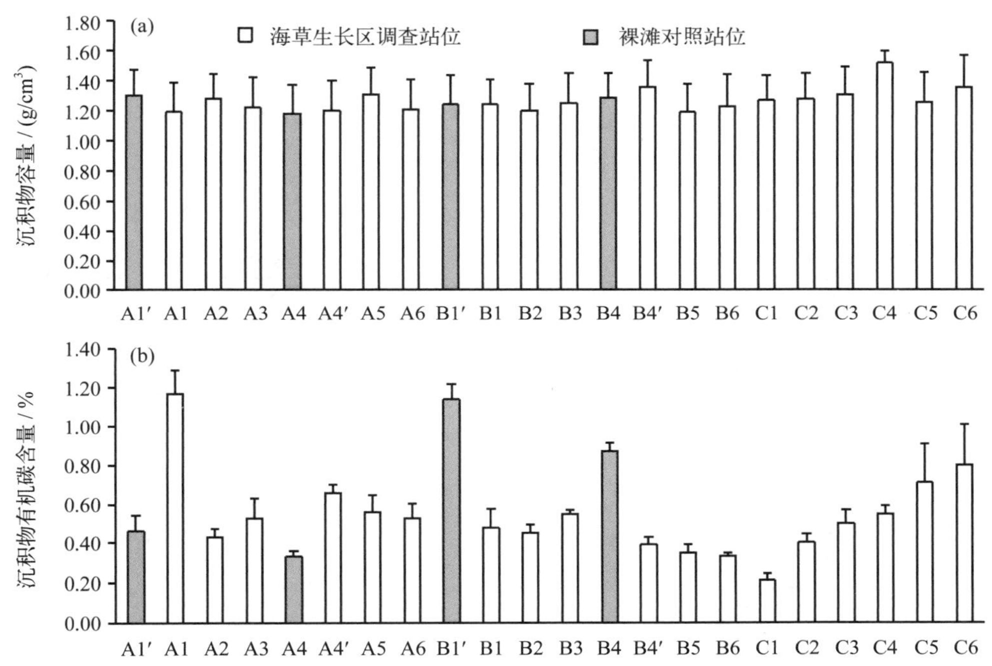

图6.6 各调查站位沉积物容重（a）和有机碳含量（b）

表6.3 黎安港不同层次沉积物容重和有机碳含量

层次	容重 / （g/cm³）		有机碳含量 / %	
	变化范围	平均值	变化范围	平均值
0 ～ 10 cm	0.87 ～ 1.41	1.01±0.11	0.20 ～ 1.19	0.58±0.26
10 ～ 20 cm	1.03 ～ 1.44	1.13±0.09	0.14 ～ 1.27	056±0.27
20 ～ 30 cm	1.14 ～ 1.52	1.23±0.08	0.21 ～ 1.20	0.55±0.25
30 ～ 40 cm	1.21 ～ 1.52	1.32±0.08	0.22 ～ 1.26	0.58±0.28
40 ～ 50 cm	1.33 ～ 1.59	1.41±0.07	0.24 ～ 1.19	0.57±0.26
50 ～ 100 cm	1.43 ～ 1.63	1.50±0.06	0.22 ～ 1.07	0.53±0.23

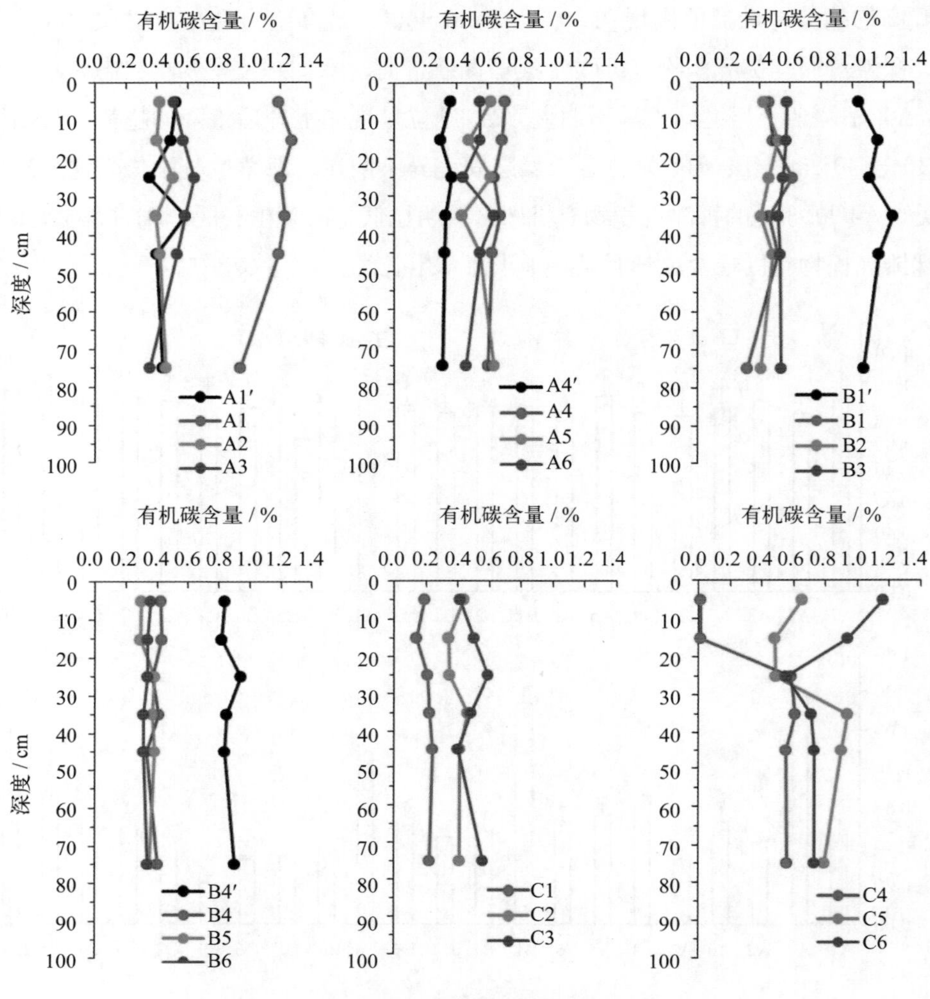

图6.7　沉积物有机碳含量的垂直分布图

6.2.2.3　黎安港储碳密度和碳储量估算

根据海草植物生物量和有机碳含量，以及柱状沉积物容重和有机碳含量，计算得出了区域海草植物储碳密度、100 cm 深度沉积物储碳密度和总储碳密度，结果见表 6.4。区域总储碳密度为（71.21±25.96）Mg C/hm^2，其中 100 cm 深度沉积物储碳密度占绝大部分，为（69.61±26.11）Mg C/hm^2，占比 97.75%。海草植物储碳密度为（1.60±0.91）Mg C/hm^2，在总储碳密度中占比 2.25%，其中海草地下部分储碳密度最高，为（1.27±0.78）Mg C/hm^2；其次为海草地上部分，为（0.33±0.21）Mg C/hm^2，而海草附生生物储碳密度很低。通过将各站位 100 cm 深度沉积物储碳密度情况进行对比（其中包括裸滩区和海草生长区的对比）（图 6.8），结果显示，邻近潟湖开口处的站位（如 B4 ~ B6、C1 ~ C3 等站位）储碳密度要低于潟湖靠内部区域的站位（如 A1 ~ A6、

C4 ~ C6 等站位）。海草生长区域站位与临近的裸滩站位对比显示，黎安港西部区裸滩（A1′ 和 A4′）储碳密度明显低于海草生长区（A1 ~ A6），而在黎安港开口处的裸滩（B1′ 和 B4′）储碳密度明显高于相邻的海草生长区（B1 ~ B6）。

根据储碳密度计算结果，结合黎安港区域海草床面积情况，可估算出该区域的碳储量情况（表 6.4）。结果显示，黎安港海草床分布区总碳储量为（7 975.61±2 907.15）Mg C，其中 100 cm 深度沉积物碳储量为（7 795.86±2 923.75 ）Mg C，占比 97.75%，海草植物（包括海草地上部分、地下部分和附生生物）碳储量为（179.75±102.28）Mg C，占比 2.25%。

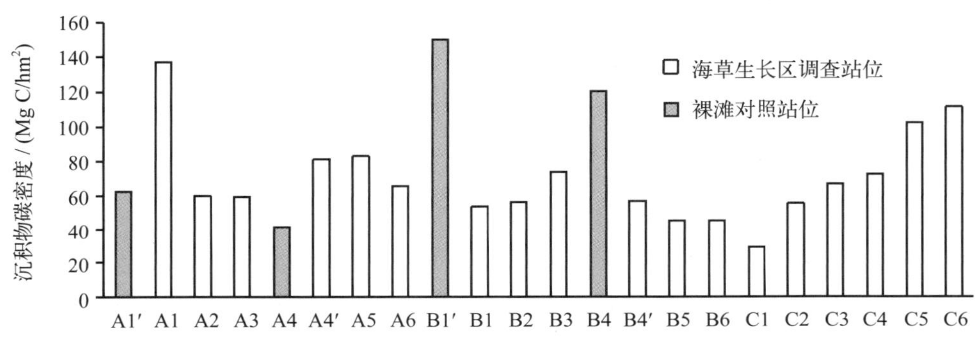

图6.8　各调查站位100 cm深度沉积物储碳密度

表6.4　黎安港海草床储碳密度和储碳量

项目	储碳密度 / （Mg C/hm^2）	碳储量 / Mg C
海草地上部分	0.33±0.21	36.47±23.10
海草地下部分	1.27±0.78	142.38±87.29
附生生物	0.01±0.01	0.91±1.34
海草植物储碳密度	1.60±0.91	179.75±102.28
100 cm 深度沉积物	69.61±26.11	7 795.86±2 923.75
区域整体	71.21±25.96	7 975.61±2 907.15

6.2.3　讨论

黎安港海草床沉积物有机碳含量区域总平均值为 0.56%±0.25%，远低于全球海草床沉积物有机碳含量平均值（2.50%）（Fourqurean et al., 2012）。在沉积物有机碳的垂直分布上，以往研究表明，沉积物有机碳含量一般表现为表层含量最高（辛琨等，2014），而本研究中大多数站位的沉积物有机碳含量在垂直分布上无明显差异，且有些站位沉积物有机碳含量最大值出现在 20 ~ 30 cm 土层。海草床沉积物有机碳含量存在很大区域差异，如 Kennedy 等（2010）对全球包含 20 个海草种类的 219 个海草床区域沉积物有机碳含量进行分析，结果显示，这些区域沉积物有机碳含量的变化范围为 0.1% ～ 11.0%。海草床沉积物有机碳含量与多种因素有关，其中水动力情况和底质类型是影响沉积物有机碳含量的重要因素（Mazarrasa et al., 2018），黎安港虽然是较封闭性潟湖，但也受较强的潮汐作用影响，由于黎安港底质类型为粗砂，混有大量珊瑚和贝壳碎屑，在潮汐等水流的冲刷作用下很容易造成沉积物有机碳的流失，而表层沉积物有机碳的流失则会更加明显，这造成了黎安港海草床沉积物有机碳含量总体偏低，以及一些站位沉积物有机碳含量表现出表层低，高值出现在 20 ～ 30 cm 土层的现象。沉积物有机碳含量决定着沉积物碳密度的高低，黎安港海草床 100 cm 深度沉积物储碳密度变化范围为 28.94 ～ 137.07 Mg C/hm^2，区域平均值为 69.61 Mg C/hm^2，远低于全球平均值（约为 139.70 Mg C/hm^2）（Fourqurean et al., 2012）。Miyajima 等（2015）对东亚、东南亚区域海草床沉积物储碳密度进行了调查，发现我国海草床沉积物储碳密度的变化范围为 38 ～ 120 Mg C/hm^2，这与本研究结果较为一致。Lavery 等（2013）对澳大利亚海草床沉积物储碳密度的调查结果也远低于全球平均值。出现上述情况主要是由于全球统计结果中大部分为大洋波喜荡草海草床的调查结果，而研究显示，大洋波喜荡草含有抑制细菌生长物质，其凋落物的腐败过程非常缓慢，可达 2000 年以上（Mateo and Romero, 1997; Mateo et al., 2002），国外一些大洋波喜荡草海草床区域由于其凋落物的长期堆积而形成了几米甚至十几米沉积物有机碎屑层，沉积物有机碳含量很高，100 cm 深度沉积物储碳密度高达（372.40 ± 74.50）Mg C/hm^2，远高于其他种类海草床（Fourqurean et al., 2012），这也在一定程度上导致全球海草床沉积物储碳密度被高估。不同种类海草床其沉积物储碳密度存在差异，如 Lavery 等（2013）发现澳大利亚沿岸 8 种海草沉积物碳储密度存在显著差异，其分析认为不同海草的细胞壁和其他保护性物质的生化组成不同，以及不同海草的形态对悬浮颗粒物的捕获能力不同造成了这种差异。即使同种类海草床，在不同地区其沉积物储碳密度也会存在很大差异，如澳大利亚的 Tanzania 区域和肯尼亚的 Gazi Bay 都生长有泰来草和海菖蒲，Tanzania 区域泰来草和海菖蒲生长区 100 cm 深度沉积物储碳密度分别约为 34.09 Mg C/hm^2 和 47.73 Mg C/hm^2，而 Gazi Bay 泰来草和海菖蒲生长区 100 cm 深度沉积物储碳密度分别约为 205 Mg C/hm^2 和 293.75 Mg C/hm^2（Gullström et al., 2018; Githaiga et al., 2017），显著高于 Tanzania 区域。

海草植物体储碳密度方面，全球有 70 多种海草，不同种类海草由于形态大小、植物组织中有机碳含量存在显著差异，它们在碳捕获和碳储存方面存在很大差异。研究显示，小型海草如贝克喜盐草，其植物体储碳密度约为 0.14 Mg C/hm^2，卵叶喜盐

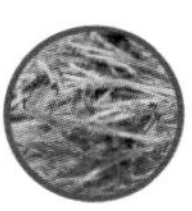

草约为 0.28 Mg C/hm^2；中型海草如泰来草，其植物体储碳密度约为 0.60 Mg C/hm^2（Jiang et al., 2017）；而大型海草如大洋波喜荡草，其植物体储碳密度约为 7.92 Mg C/hm^2（Fourqurean et al., 2012）。黎安港海菖蒲属于大型海草，本研究中黎安港区域海草植物储碳密度为 1.60 Mg C/hm^2，虽高于一些小型海草，但明显低于大洋波喜荡草，这是因为大洋波喜荡草具有其他海草所不具备的一些特征，其主要分布于地中海沿岸区域，生长密度非常大，其叶片长度能超过 1m，根部能深入地下 1 m 多深并能长期存在，这些特性使其植物体储碳密度要明显高于其他海草种类（Marbà et al., 1996）。由于全球统计结果中有大部分源自地中海大洋波喜荡草海草床的调查结果，因此，本研究中黎安港海草植物储碳密度也低于全球海草植物体储碳密度平均值（约为 2.52 Mg C/hm^2）。

关于海草生长区与裸滩区沉积物储碳密度的差异，以往研究显示，由于海草具有较强的碳捕获和碳封存能力，一般海草生长区沉积物储碳密度要明显高于相邻的裸滩区，如 Githaiga 等（2017）对肯尼亚的 Gazi Bay 海草床储碳情况调查中发现所有海草生长区站位沉积物储碳密度都显著高于裸滩对照站位，且高出 4 ～ 6 倍。Gullström 等（2018）在印度洋西部热带海草床区域碳储量的调查中也发现海草生长区沉积物有机碳含量和储碳密度都明显高于裸滩区域。美国弗吉尼亚州一项海草床修复项目显示，该区域海草床修复 9 年后，海草生长区内的 0 ～ 20 cm 层的沉积物储碳密度是裸滩对照区的 3 倍（Serrano et al., 2016）。本研究中，在黎安港靠内部的裸滩沉积物储碳密度明显低于海草生长区，这与以往研究结果较为一致。而本研究还发现在黎安港开口处的裸滩沉积物储碳密度却要显著高于海草生长区。开口处海草生长区沉积物储碳密度较低可能与潮汐等水流因素影响有关，潮汐等水流冲刷作用会导致海草生长区沉积物中有机碳的流失。海草床生态系统是一个开放的系统，海草生长区与其周边一些裸滩区域具有连通性，存在有机碳的转移（Mateo et al., 2006），海草凋落物可由海浪冲刷堆积至裸滩，长期积累导致一些裸滩区域沉积物碳密度超过了海草生长区。因此，建议在海草床生态系统碳储量进行评估时，除了评估海草生长区的碳储量外，也应将与海草生长区存在连通性的裸滩区沉积物碳储量纳入进来，否则会造成区域海草床生态系统总碳储量被低估。

6.3 南海区海草床总碳储量估算

通过收集国内外不同区域不同种类海草床沉积物储碳密度的研究结果，并结合自然资源部南海局于 2020—2021 年对我国南海区海草资源面积分布的调查结果，对南海区海草床总碳储量进行了估算统计（表 6.5）。结果显示，广东省海草床分布区的总储碳量约为 169 794.87 Mg C，其中海草植物储碳量约为 99.76 Mg C，100 cm 深度沉积物碳储量约为 169 695.11 Mg C；广西壮族自治区海草床分布区的总储碳量约为 10 074.17 Mg C，其中海草植物储碳量约为 21.18 Mg C，100 cm 深度沉积物碳储量约为 10 052.99 Mg C；海南省海草床分布区（未包含西南中沙岛礁的海草床分布区）的总储碳量约为 177 139.82 Mg C，其中海草植物储碳量约为 1 534.62 Mg C，100 cm 深度沉积物碳储量约为 175 605.20 Mg C。我国南海区海草床总储碳量约为 357 008.86 Mg C，其中海草植物储碳量约为 1 655.55 Mg C，100 cm 深度沉积物碳储量约为 355 353.31 Mg C。

目前，我国关于海草床碳储量的研究仅有一些零星报道，如李梦（2018）于 2017 年夏季对广西不同种类海草床沉积物储碳情况进行了调查研究，发现广西海草床沉积物储碳密度平均值为 48.32 Mg C/hm^2，估算出广西海草床生态系统 100 cm 深度沉积物总碳储量约为 26 721.62 Mg C。Jiang 等（2017）对海南 8 个新发现的海草床区域（海草床总面积为 203.64 hm^2）的碳储量进行了调查，发现这 8 个区域海草植物体碳储量为 33.50 Mg C，表层沉积物（5 cm 深度）总碳储量为 1 306.45 Mg C。Wu 等（2020）利用全国海草床总面积和全球海草床储碳密度平均值对我国海草床生态系统总碳储量进行了估算，结果为 330 000 ～ 1 060 000 Mg C，本研究估算结果与该结果处于同一数量级水平，且本研究在估算中考虑到了南海各海草床分布区的区域状况、海草种类等差异，结果更为准确。

表6.5　南海区海草床生态系统碳储量估算

省（区）	区域名称	主要海草种类	面积 / hm^2	海草植物生物量 / (g DW/m^2)	海草植物储碳密度 / (Mg C/hm^2)	100 cm 深度沉积物储碳密度 / (Mg C/hm^2)	海草植物碳储量估算 / Mg C	100 cm 深度沉积物碳储量估算 / Mg C	总碳储量估算 / Mg C
广东	湛江流沙湾	卵叶喜盐草	710.44	28.40	0.09	131.80①	60.53	93 635.99	93 696.52
	珠海唐家湾	贝克喜盐草	4.56	2.50	0.01	40.80②	0.03	186.05	186.08
	潮州柘林湾	卵叶喜盐草	378.41	21.40	0.06	131.80①	24.29	49 874.44	49 898.73
	汕头义丰溪	贝克喜盐草	204.44	24.30	0.07	127.17②	14.90	25 998.63	26 013.54

续表

省（区）	区域名称	主要海草种类	面积 / hm^2	海草植物生物量 / （g DW/m^2）	海草植物储碳密度 / （Mg C/hm^2）	100 cm 深度沉积物储碳密度 / （Mg C/hm^2）	海草植物碳储量估算 / Mg C	100 cm 深度沉积物碳储量估算 / Mg C	总碳储量估算 / Mg C
广西	北海铁山港和竹林	卵叶喜盐草	56.61	21.78	0.07	131.80 ①	3.70	7 461.20	7 464.90
	防城港珍珠湾	日本鳗草	72.64	80.20	0.24	35.68 ②	17.48	2 591.80	2 609.27
海南	海口东寨港	卵叶喜盐草	168.73	11.10	0.03	202.45 ③	5.62	34 159.39	34 165.01
	儋州黄沙港	泰来草	2.01	263.40	0.79	34.09 ④	1.59	68.52	70.11
	澄迈花场湾	贝克喜盐草	49.96	21.70	0.07	127.17 ②	3.25	6 353.41	6 356.67
	文昌	海菖蒲、泰来草和卵叶喜盐草	1 860.00	159.90	0.48	47.73 ④	892.24	88 777.80	89 670.04
	琼海	海菖蒲和泰来草	641.20	170.20	0.51	47.73 ④	327.40	30 604.48	30 931.87
	陵水新村港	海菖蒲和泰来草	112.71	369.00	1.11	69.61 ⑤	124.77	7 845.74	7 970.51
	陵水黎安港	海菖蒲、泰来草和圆叶丝粉草	111.73	537.92	1.61	69.61 ⑤	179.75	7 795.86	7 975.61
广东海草床生态系统总碳储量合计（Mg C）							99.75	169 695.11	169 794.87
广西海草床生态系统总碳储量合计（Mg C）							21.18	10 053.00	10 074.17
海南近岸海草床生态系统总碳储量合计（Mg C）							1534.62	175 605.20	177 139.82
南海区海草床生态系统总碳储量合计（Mg C）							1655.55	355 353.31	357 008.86

注：①数据引自Jiang et al.（2017）；②数据引自李梦（2018）；③数据引自邱广龙等（2016）；④数据引自Martin et al.（2017）；⑤数据引自原国家海洋局南海环境监测中心2021年8月调查结果。

表中各区域海草床面积、海草植物生物量、海草植物储碳密度数据均来源于自然资源部南海局2020年对我国南海区海草床生态状况的调查结果（未发表）。100 cm深度沉积物储碳密度数据中，“*”表示本研究结果，其他均已标明参考文献，其中大部分来源于国内调查结果，且考虑了区域环境状况（是否为开放水域或海湾或潟湖、底质类型、有无红树林、珊瑚礁等生态系统等）和海草种类；海南省仅统计了近岸区域的海草床分布区情况，对西南中沙的海草床由于缺乏相关调查数据，未统计。

参考文献

李梦，2018. 广西海草床沉积物碳储量研究 [D]. 南宁：广西师范学院 .

刘松林，江志坚，吴云超，等，2017. 海草床沉积物储碳机制及其对富营养化的响应 [J]. 科学通报，(Z2): 39-50.

邱广龙，林幸助，李宗善，等，2014. 海草生态系统的固碳机理及贡献 [J]. 应用生态学报，25(6): 1825-1832.

辛琨，颜葵，李真，等，2014. 海南岛红树林湿地土壤有机碳分布规律及影响因素研究 [J]. 土壤学报，51(5): 1078-1086.

CAMPBELL J E, LACEY E A, DECKER R A, et al., 2015. Carbon Storage in Seagrass Beds of Abu Dhabi, United Arab Emirates[J]. Estuaries and Coasts, 38(1): 242-251.

CHMURA G L, ANISFELD S C, CAHOON D R, et al., 2003. Global carbon sequestration in tidal, saline wetland soils[J]. Global Biogeochemical Cycles, 17(4): 110-152.

CIFUENTES L, COFFIN R, SOLORZANO L, et al., 1996. Isotopic and elemental variations of carbon and nitrogen in a mangrove estuary[J]. Estuarine, Coastal and Shelf Science, 43(6): 781-800.

DUARTE C M, CEBRIAN J, 1996. The fate of marine autotrophic production[J]. Limnology and Oceanography, 41(8): 1758-1766.

DUARTE C M, CHISCANO C L, 1999. Seagrass biomass and production: A reassessment[J]. Aquatic Botany, 65(1-4): 159-174.

DUARTE C M, MARBA N, GACIA E, et al., 2010. Seagrass community metabolism: Assessing the carbon sink capacity of seagrass meadows[J]. Global Biogeochemical Cycles, 24(4): 1-8.

DUARTE C M, MIDDELBURG J J, CARACO N, 2005. Major role of marine vegetation on the oceanic carbon cycle[J]. Biogeosciences, 2(1): 1-8.

ELDRIDGE P M, MORSE J W, 2000. A diagenetic model for sediment-seagrass interactions[J]. Marine Chemistry, 70(1-3): 89-103.

FOURQUREAN J W, DUARTE C M, KENNEDY H, et al., 2012. Seagrass ecosystems as a globally significant carbon stock[J]. Nature Geoscience, 1(7): 297-315.

GITHAIGA M N, KAIRO J G, GILPIN L, et al., 2017. Carbon storage in the seagrass meadows of Gazi Bay, Kenya[J]. PLoS ONE, 12(5): e0177001.

GULLSTRÖM M, LYIMO L D, DAHL M, et al., 2018. Blue Carbon Storage in Tropical Seagrass Meadows Relates to Carbonate Stock Dynamics, Plant-Sediment Processes, and Landscape Context: Insights from the Western Indian Ocean[J]. Ecosystems, 21(3): 551-566.

GÉRARD P, BAZAIRI H, BIANCHI C N, et al., 2012. Mediterranean seagrass meadows : resilience and contribution to climate change mitigation. A short summary[J]. Transplantation Proceedings, 22(4): 1547-1548.

HARTOG C D, KUO J, 2006. Taxonomy and biogeography of seagrasses[M]. Seagrasses: Biology Ecologyand Conservation, 1-23.

HICKS C E, 2007. Sediment Organic carbon pools and sources in a recently constructed mangrove and seagrass ecosystem[D]. University of Florida.

IACONO C L, MATEO M A, E GRÀCIA, et al., 2008. Very high-resolution seismo-acoustic imaging of seagrass meadows (Mediterranean Sea): Implications for carbon sink estimates[J]. Geophysical Research Letters, 35(18): 102-102.

JIANG Z, LIU S, ZHANG J, et al., 2017. Newly discovered seagrass beds and their potential for blue carbon in the coastal seas of Hainan Island, South China Sea[J]. Marine Pollution Bulletin, 125(1-2): 513-521.

KENNEDY H, BEGGINS J, DUARTE C M, et al., 2010. Seagrass sediments as a global carbon sink: Isotopic constraints[J]. Global Biogeochemical Cycles, 24(4): 1-9.

LARKUM A, ORTH R J, DUARTE C M, 2006. Seagrasses: Biology, Ecology and Conservation[M]. Springer Netherlands.

LAVERY P S, MATEO M-A , SERRANO O, et al., 2013. Variability in the carbon storage of seagrass habitats and its implications for global estimates of blue carbon ecosystem service[J]. PLoS ONE, 8(9): e73748.

LIU S, JIANG Z, ZHANG J, et al., 2016. Effect of nutrient enrichment on the source and composition of sediment organic carbon in tropical seagrass beds in the South China Sea[J]. Marine Pollution Bulletin, 110(1): 274-280.

MARBÀ N, DUARTE C, CEBRIÁN J, et al., 1996. Growth and population dynamics of Posidonia oceanica on the Spanish Mediterranean coast: elucidating seagrass decline[J]. Marine Ecology Progress, 137(1-3): 203-213.

MATEO M, J CEBRIÁN, DUNTON K, et al., 2006. Carbon flux in seagrass ecosystems[M]. AIP Publishing.

MATEO M, RENOM P, JULIA R, et al., 2002. An unexplored sedimentary record for the study of environmental change in Mediterranean coastal environments: Posidonia oceanica (L.) Delile peats[J]. Int At Energy Agency CS Papers Ser, 13: 163-173.

MATEO M, ROMERO J, PÉREZ M, et al., 1997. Dynamics of Millenary Organic Deposits Resulting from the Growth of the Mediterranean Seagrass Posidonia oceanica[J]. Estuarine Coastal & Shelf Science, 44(1): 103-110.

MATEO M, ROMERO J, 1997. Detritus dynamics in the seagrass Posidonia oceanica: Elements for an ecosystem carbon and nutrient budget[J]. Mar Ecol Prog Ser, 151: 43-53.

MAZARRASA I, SAMPER-VILLARREAL J, SERRANO O, et al., 2018. Habitat characteristics provide insights of carbon storage in seagrass meadows[J]. Marine Pollution Bulletin, 134(SEP.): 106-117.

MIDDELBURG J J, NIEUWENHUIZE J, LUBBERTS R K, et al., 2014. Organic carbon isotope systematics of coastal marshes[J]. Estuarine Coastal & Shelf Science, 45(5): 681-687.

MIYAJIMA T, HORI M, HAMAGUCHI M, et al., 2015. Geographic variability in organic carbon stock and accumulation rate in sediments of East and Southeast Asian seagrass meadows[J]. Global Biogeochemical Cycles, 29(4): 397-415.

NELLEMANN C, CORCORAN E, DUARTE C M, et al., 2008. Blue carbon: The role of healthy oceans in binding carbon[M]. UNEP/FAO/UNESCO/IUCN/CSIC.

PAPADIMITRIOU S, KENNEDY H, KENNEDY D, et al., 2005. Sources of organic matter in seagrass-colonized sediments: A stable isotope study of the silt and clay fraction from Posidonia oceanica meadows in the western Mediterranean[J]. Organic Geochemistry, 36(6): 949-961.

PENDLETON L, DONATO D C, MURRAY B C, et al., 2012. Estimating Global "Blue Carbon" Emissions from Conversion and Degradation of Vegetated Coastal Ecosystems[J]. PloS ONE, 7(9): e43542.

PETERS G P, MARLAND G, LE QUÉRÉ C, et al., 2012. Rapid growth in CO_2 emissions after the 2008-2009 global financial crisis[J]. Nature climate change, 2(1): 2-4.

RICART A M, YORK P H, RASHEED M A, et al., 2015. Variability of sedimentary organic carbon in patchy seagrass landscapes[J]. Marine Pollution Bulletin, 100(1): 476-482.

SERRANO O, LAVERY P S, ROZAIMI M, et al., 2014. Influence of water depth on the carbon sequestration capacity of seagrasses[J]. Global Biogeochemical Cycles, 28(9): 950-961.

SERRANO O, RUHON R, LAVERY P S, et al., 2016. Impact of mooring activities on carbon stocks in seagrass meadows[J]. Scientific Reports, 6(1): 1-10.

VIAROLI P, BARTOLI M, GIORDANI G, et al., 2008. Community shifts, alternative stable states, biogeochemical controls and feedbacks in eutrophic coastal lagoons: a brief overview[J]. Aquatic Conservation: Marine and Freshwater Ecosystems, 18(S1): S105-S117.

WAYCOTT M, DUARTE C M, CARRUTHERS T J, et al., 2009. Accelerating loss of seagrasses across the globe threatens coastal ecosystems[J]. Proceedings of the National Academy of Sciences, 106(30): 12377-12381.

WU J, ZHANG H, PAN Y, et al., 2020. Opportunities for blue carbon strategies in China[J]. Ocean & Coastal Management, 194(1): 105241.

第 7 章

南海区海草床生境威胁因素

南海区海草床生境的威胁因素既有自然因素，也有人为因素，自然因素主要有台风、风暴潮、生物竞争等，人为因素主要有高位池塘养殖污水的排放、海水养殖污染和破坏、渔业捕捞、底栖动物采捕等，人为破坏活动已成为造成南海区海草床退化的主要原因。人类在海草床内的挖掘、捕捞、养殖，船舶的行驶、停靠等影响了海草的生长；疏通航道、建造海堤给海草床带来了毁灭性的破坏；海水的富营养化、工业废弃物、有毒化合物、石油泄漏也会对海草造成伤害。近年来，受陆源污染、海洋工程、非法渔业以及极端天气等因素影响，南海区海草在种类、分布面积、密度及生物量等方面均出现下降，并出现海草床由成片分布退化为斑块状分布，再退化成零星分布现象。生活污水和池塘养殖废水的直接排放、海水养殖污染等人类活动引起的水体营养盐富集被认为是引起海草衰退的重要原因。

7.1 自然因素

7.1.1 台风

台风等极端天气会对海草床产生破坏作用。台风能加大近岸风浪流，在强劲的风浪流下，海草不断受到冲刷，导致漂浮死亡，其能将滩涂中的泥沙冲刷起来埋没海草、连根冲起或冲刷掉海草的根系和叶子，使海草丧失最大的恢复能力（李颖虹等，2007）。此外，台风还能通过暴风雨引起水库泄洪，造成海草床底质改变以及海草床内水环境盐度急速下降，幼苗适宜生长的盐度范围比成熟植株更窄，盐度急剧降低对海草幼苗生长极为不利（徐强等，2015）。

南海区海草床受台风影响比较严重的区域主要为海南东海岸，海南东海岸受岛屿性季风的影响，平均每年受 3 ～ 5 次台风的袭击，最大风力达 12 级，风速 40 m/s。在新村港调查区发现大面积海草叶片被冲刷折断的痕迹。2020 年 10 月，海南东海岸接连受到多个台风的正面袭击，文昌（高隆湾—长圮港）和琼海（青葛—龙湾）区域海草床受到较大影响，大面积的海草被连根拔起拍打至滩涂上，水下调查时也发现大面积海草叶片折断现象，其中大型海草海菖蒲由于其叶片较长，受台风影响折断现象最普遍。

7.1.2 生物竞争

海草床生态系统中浮游植物、附生藻类、大型底栖藻类等与海草之间存在种间竞争。由于浮游植物、附生藻类和大型藻类等的补偿光照强度比海草低，当它们大量繁殖生长时会导致水下光照强度下降，首先受影响的就是海草（杨晨玲，2014），且大型海藻等的大量暴发会引起水体缺氧，增加海草光合作用对能量的需求，从而影响海草对营养盐的吸收（Alber et al., 1995; Burkholder et al., 2007）。附着生物会抑制海草的光合作用，使海草叶片的负担加重，进一步对海草的生长造成影响和破坏，如海草床中的奥莱彩螺（*Clithon oualaniensis*）和小锥螺（*Turritella* sp.）繁殖十分迅速，在海滩上成片的堆积，侵占海草生长的区域，会妨碍海草的繁殖扩张（黄小平等，2006）。研究表明，穴居动物在底质空间上也与海草存在竞争，此外，蝼蛄虾（*Upogebia* spp.）等底栖动物还以海草种子为食，阻碍了海草的有性繁殖（许战洲等，2009）。

广东湛江流沙湾、海南东寨港、陵水新村港和黎安港调查区域存在大型藻类竞争现象。其中广东湛江流沙湾大型藻类种类多，分布面积广，密度较大，侵占海草生存空间的现象较为严重，其中在流沙湾东部英良村至八角的海域底部长满了巨大鞘丝藻，无海草分布。陵水黎安港西北部区域定性摸查时发现有大面积石莼存在，与海草竞争生存空间，并且可以看到，有石莼大面积生长的地方海草生长密度较低或没有海草分布，以往调查结果也显示，黎安港石莼等大型海藻侵占海草生存空间的现象较为严重。大型藻类覆盖度较高的区域，海草的盖度相对较低。大型藻类与海草群落形成草藻生境的竞争关系，侵占了海草的生存环境，最终会导致海草的衰退和死亡。在陵水新村港和黎安港海草床的调查中发现，区域内有大量的海葵群体或个体等附着在海草根和叶片上，海菖蒲和泰来草叶片上附着有一层厚厚的浮游藻类和底栖动物外壳等；在广东湛江流沙湾的贝克喜盐草上则有大量的海星和螺类附着，这可能与潟湖环境水体交换能力弱，导致营养盐富集，附着生物大量生长有关。

7.2　人为因素

7.2.1　渔业捕捞

海草床内的生物多样性是相当丰富的，因此，许多当地的居民在海草床区域内设置了大范围的围网。他们利用潮汐的涨落来拦截捕鱼，但这种捕鱼方法在进行打桩的时候，会使海草受到损伤，在收网时又会践踏海草，所以人工捕捞会对海草的生长带来严重的影响。船只拖网捕捞等也会对海草床造成较大破坏，船只抛锚和起锚过程中会将海草连根翻起，其运行时螺旋桨对海草茎叶进行切割搅拌，对海菖蒲等较长茎叶造成了很大的伤害，同时，螺旋桨搅动海草床底质，导致海草栖息地出现道道沟壑，造成海草栖息地不可恢复性损伤，严重时将导致海草区域性消失（陈石泉等，2013）。此外，渔船会造成油污污染，一方面对海草床区域的水质环境带来不利影响；另一方面，油类附着于海草茎叶对其光合作用也带来不利影响（朱志雄等，2017）。船只停泊时会遮挡光线，影响海草的光合作用。

汕头义丰溪、潮州柘林湾调查区域周边存在大量的地笼捕捞作业，饶平区块周边停放了大量的渔船，义丰溪区域在调查期间发现有渔民在进行插网捕捞。广东湛江流沙湾调查区域内存在拖网捕捞的现象，且流沙湾港口较多，因休渔期，港口停泊大量的船只，有渔船、小艇等。广西北海—铁山港周边分布着数十个码头，每天大大小小几百艘渔船进出铁山港，许多渔船会在涨潮时在下龙尾和沙尾—铁山港区域的海草床区域内下网捕鱼。海南东海岸的文昌、琼海、新村港和黎安港调查区域均存在拖网捕捞的现象，且港内船只较多，多为小艇。新村港和黎安港区域还存在较多围网、四角网和三层刺网等捕捞现象。

7.2.2　底栖动物挖掘采捕

底栖动物挖掘采捕主要表现为挖沙虫和耙螺。这些活动通常会将海草连根翻起，最终海草会被晒死或被海水冲走，给海草造成了毁灭性破坏。挖掘挖松了滩涂的泥沙，造成泥沙流动，使泥沙覆盖在海草上，导致海草缺氧而逐渐死亡，同时进一步降低了海草对光的吸收利用效率，导致了海草床的退化（黄小平等，2006）。当地居民还会在退潮后，聚集到海草床电鱼虾，践踏海草，平时拖网现象也比较普遍，对海草的破坏也很突出。

底栖动物采捕活动主要集中在广东湛江流沙湾、广西防城港和北海区域以及海南东海岸的新村港和黎安港调查区域。广东湛江流沙湾居民挖螺和耙螺的现象几乎每天都会出现。在广西防城港珍珠湾，大潮期低潮时每天约 500 名当地渔民骑摩托车到珍珠湾海草床生长区，用锄头和螺耙进行底栖动物的采捕，使得整个滩涂的海草都遭到严重破坏。在广西北海，大潮期低潮时每天约 200 名当地渔民乘船到铁山港的下龙尾区域进行底栖动物采捕，与珍珠湾的情况类似。海南东海岸的新村港和黎安港存在当地居民在海草床内挖贝、挖沙虫、耙螺等现象，挖掘活动主要为每天的下午 4 点至 7 点。此外，当地居民在布置网具以及打桩时会践踏海草，对海草的生长造成影响。海南东寨港潟湖退潮后，当地渔民在海草床区域进行耙螺、耙贝活动。在流沙湾，当地渔民通过摩托车将采捕的底栖动物或其他渔获物运送至岸，交通工具的使用不仅会直接机械地损伤海草（碾压等），而且增加了挖掘采捕的强度，从而加速了海草的退化。

7.2.3 养殖排污

部分区域的潮间带滩涂大量开发插桩养殖牡蛎，在养殖过程中，海草部分被清除和随意践踏，造成海草分布稀疏，大量的水泥桩和牡蛎贝壳被丢弃至海草床，影响和破坏海草的生长环境。此外，一些区域还存在围海养殖现象，一些海草床区域被开发成了鱼虾塘，其内部的海草基本绝迹（黄小平等，2006）。除直接破坏外，人工海水养殖投放的饵料、高位池塘养殖污水排放等人为因素可造成海水中重金属、难降解有机物、营养盐、悬浮物等的含量增加，破坏了海草床的生态环境，从而影响了海草的生长。污染不仅导致水体透明度下降，影响海草的光合作用，同时，海水中氮和磷等营养元素的增加引起浮游植物、附生藻类和大型底栖藻类的迅速生长，直接造成了生物竞争，使海草面积逐渐缩小（柳娟等，2008）。此外，NH_4^+ 的毒性也能引起海草衰退，研究表明，在可溶性无机氮（DIN）大于 8 μmol/L 时，海草密度下降，当浓度超过 25 μmol/L 时，海草开始死亡（Short and Neckles，1999）。

南海区近岸存在大量的高位池塘养殖与海水养殖，在各调查区域均存在范围不等的养殖区域。广东汕头义丰溪、潮州柘林湾调查区域是重要的海水养殖区域，主要养殖种类为鱼类和虾类，柘林湾海域存有大量的养殖蚝排。珠海唐家湾调查区域主要的养殖活动为插桩养蚝，养殖区的海草已经基本绝迹，弃养遗留的断桩、废蚝壳遍地皆是，对海草造成毁灭性的破坏。广东湛江流沙湾自 20 世纪 90 年代初以来开始大力发展海水养殖业，直接在海草床内开挖虾池，导致了养殖范围内喜盐草的绝迹。另外，在海草区内还有大量的打桩吊养贝类（包括牡蛎和珍珠贝），养殖丢弃的断桩和死牡蛎壳，令人难以插足。广西防城港珍珠湾和北海铁山港调查区，调查人员虽没有在海草床生长区域及可视范围内发现海上养殖活动，但无论是防城港珍珠湾还是北海铁山

港，其滩涂高位均存在大片的虾塘。海南东海岸的新村港和黎安港调查区域发现了大量的养殖渔排，该区域还存在麒麟菜养殖活动，养殖麒麟菜大多采用“打桩吊养”的模式，高密度的打桩破坏海洋底土，直接威胁到海草的生存环境。海南东海岸文昌和琼海调查区域存在大量高位养殖池塘、养殖污水排放较为严重，调查时发现多处因养殖污水排放导致海水变色的现象。海南东寨港调查区存在吊桩养殖和网箱养殖，吊桩养殖面积较大，成排排列。东寨港海水养殖区域内已无海草生长，越接近养殖区海草盖度越小。在海南澄迈花场湾附近区域内存在大量牡蛎桩。

7.2.4　海上工程

海洋工程的实施能够导致附近海岸地形地貌发生改变，引起原海域潮流发生变化，进而造成海床泥沙冲淤和泥沙运动的变化（张秋丰等，2017）。如围填海施工过程会造成水体中悬浮物浓度增加及扩散，悬浮物沉降黏附在海草表面，引起光衰，从而影响海草的光合速率和呼吸速率，当悬浮物浓度大于 30 μmol/L 时，海草床面积明显减少（Herbeck et al，2011）。海草在完全掩埋情况下，海草叶和根茎中的碳及非结构碳水化合物的含量会明显下降，海草存活不超过两周（Cabaco and Rui，2007）。此外，挖沙填海、开挖航道等工程会将原来生长的海草连同泥沙被一起挖掉，海草的生长遭到彻底毁坏。如广西铁山港北暮区域的海草床由于挖沙、围填海等工程，自 2018 年后已消失。广东惠东考洲洋在 2016 年以前分布有较多的贝克喜盐草，2016 年后该区域开展了红树林种植工程，原有海草分布的区域被挖泥填土，导致海草消失。珠海唐家湾海草床沿岸的鸡山沙滩是珠海市情侣路沙滩修复项目的一部分，在未开展修复前，此区域有海草分布，由于沙滩修复工程的开展，导致该区域部分海草床被填埋。因此，海上工程对海草床有比较严重的影响。

7.2.5　旅游开发破坏

海上旅游经营项目会排放大量的含油污水、生活污水、垃圾以及水产品加工废弃物等。因为监管缺失，经营者很难做到将废弃物、污水运送到陆地上处置，往往直接排向大海，不仅污染水质，还带来大量的固态沉积物影响海草床沉积环境，造成海草床的退化。黎安港西北近几年在建陵水海洋主题公园，该工程离潟湖较近，大量松散泥土可能冲刷至潟湖，导致水体变得浑浊，悬浮泥沙附着在海草叶片上影响光合作用，甚至部分植株矮小的海草遭到掩埋。海港中有许多旅游餐厅和渔排，旅游人数的增加增大了对海水及水产品的压力，也带来了沉积物、污水和固体废物等的环境问题。

表7.1　南海区各调查区域威胁因素统计情况

省（区）	调查区名称	威胁因素		主要威胁因素
		自然因素	人为威胁	
广东	潮州柘林湾	台风与风暴潮	海水养殖活动、渔业捕捞、海岸带工程、污染排放	海水养殖及其污染排放、渔业捕捞
	汕头义丰溪	台风与风暴潮	海水养殖活动、渔业捕捞、海岸带工程、污染排放	海水养殖及其污染排放、渔业捕捞
	珠海唐家湾	台风、其他物种竞争	渔业捕捞、生蚝养殖活动、污水排放、旅游活动、海岸工程	海岸工程（沙滩修复项目）、生蚝养殖活动
	湛江流沙湾	大型藻类竞争、附着生物影响	渔业捕捞、底栖动物采捕、海水养殖、污染排放、港口污染、人为踩踏	渔业捕捞、底栖动物采捕、海水养殖
广西	北海铁山港	台风和风暴潮、外来物种入侵	水产养殖及污水排放、渔业捕捞、底栖动物采捕、海鸭养殖、渔船停泊	底栖动物采捕、水产养殖及污水排放
	防城港珍珠湾	台风和风暴潮、外来物种入侵	水产养殖及污水排放、渔业捕捞、底栖动物采捕、海鸭养殖、渔船停泊	底栖动物采捕、水产养殖及污水排放
海南	海口东寨港	台风影响、大型藻类竞争、其他生物影响	渔业捕捞、底栖动物采捕、海水养殖、海洋工程、污染排放	底栖动物采捕、海水养殖及其污染排放
	儋州黄沙港	台风影响、大型藻类竞争	渔业捕捞、底栖动物采捕、海水养殖	底栖动物采捕、海水养殖及其污染排放
	澄迈花场湾	台风影响、其他生物种类竞争	海水养殖、底栖动物采捕	海水养殖及其污染排放、底栖动物采捕
	文昌	台风影响	渔业捕捞、海水养殖及其污染排放	渔业捕捞、海水养殖及其污染排放
	琼海	台风影响	渔业捕捞、海水养殖及其污染排放、海洋工程	渔业捕捞、海水养殖及其污染排放
	陵水新村港	台风影响、大型藻类竞争、附着生物影响	渔业捕捞、底栖动物采捕、海水养殖、海洋工程、污染排放、海上旅游污染	台风、海水养殖及其污染排放、海上旅游污染
	陵水黎安港	台风影响、大型藻类竞争、附着生物影响	渔业捕捞、底栖动物采捕、海水养殖、海洋工程、污染排放	海水养殖及其污染排放

参考文献

陈石泉，吴钟解，王道儒，等，2013. 海南岛海草床群落种间关系研究 [J]. 海洋通报，32(001): 78-84.

黄小平，黄良民，李颖虹，等，2006. 华南沿海主要海草床及其生境威胁 [J]. 科学通报，51(B11): 114-119.

李颖虹，黄小平，许战洲，等，2007. 广西合浦海草床面临的威胁与保护对策 [J]. 海洋环境科学，26(6): 587-590.

柳娟，张宏科，覃秋荣，2008, 2006 年夏季广西合浦海草示范区海水水质模糊综合评价 [J]. 海洋环境科学，27(4): 335-337.

徐强，牛淑娜，张沛东，等，2015. 鳗草实生幼苗的盐度适宜性 [J]. 生态学杂志，34(11): 3146-3150.

许战洲，罗勇，朱艾嘉，等，2009. 海草床生态系统的退化及其恢复 [J]. 生态学杂志，28(12): 2613-2618.

杨晨玲，2014. 广西滨海湿地退化及其原因分析 [D]. 桂林：广西师范大学 .

张秋丰，靳玉丹，李希彬，等，2017. 围填海工程对近岸海域海洋环境影响的研究进展 [J]. 海洋科学进展，35(4): 454-461.

朱志雄，马坤，方彰胜，等，2017. 海南省麒麟菜自然保护区海草资源分布及保护建议 [J]. 广东农业科学，44(4): 90-98.

BORUM J, 1985. Development of epiphytic communities on eelgrass (Zostera marina) along a nutrient gradient in a Danish estuary[J]. Marine Biology, 87(2): 211-218.

BURKHOLDER J M, TOMASKO D A, TOUCHETTE B W, 2007. Seagrasses and eutrophication[J]. Journal of Experimental Marine Biology and Ecology, 350: 46-72.

CABACO S, RUI S, 2007. Effects of burial and erosion on the seagrass *Zostera noltii*[J]. Journal of Experimental Marine Biology & Ecology, 340(2): 204-212.

HERBECK L S, UNGER D, KRUMME U, et al., 2011. Typhoon-induced precipitation impact on nutrient and suspended matter dynamics of a tropical estuary affected by human activities in Hainan, China[J]. Estuarine Coastal & Shelf Science, 93(4): 375-388.

SHORT F T, NECKLES H A, 1999. The effects of global climate change on seagrasses[J]. Aquatic Botany, 63(3-4): 169-196.

第 8 章

海草床生态保护修复建议

海草床生态系统具有重要的生态服务功能，但目前，我国南海区海草床退化形势严峻，海草床生态保护方面工作还存在不足，面临着保护措施不到位，民众保护意识淡薄等情况。同时，由于我国海草床修复工作起步较晚，虽然已在海草床修复方面开展了一些研究和试点项目并取得了一定成果，但在海草床生境修复技术的研究应用以及海草床修复效果的评估等方面还十分薄弱。本章节将参考 2020—2021 年对南海区海草床生态系统进行调查掌握的数据，针对南海区海草床生态系统现状，提出一些相关的保护修复和布局建议，并对国内外海草床人工修复方法进行简要介绍。

8.1 保护建议

8.1.1 补充划定海草床生态红线区

我国沿海各省区海洋生态红线划定方案中已将部分海草床分布区划入了生态红线保护范围，明确了海草床生态红线区管控措施。对应管理措施为：禁止围填海、矿产资源开发、设置直排排污口及其他可能破坏海草床的各类开发活动；限制贝类采挖活动，禁止围海养殖、底拖网、非法捕捞等落后的渔业生产方式，保护现有海草资源及其生态系统，并加强对受损海草床生态系统的修复。环境保护要求为：按照海洋环境保护法律法规及相关规划要求进行管理，禁止排放有害有毒的污水、油类、油性混合物、热污染物和废弃物，改善海洋环境质量。执行一类海水水质标准、二类海洋沉积物标准和海洋生物标准。

此前，由于我国海草床本底数据缺乏，南海各省区海洋生态红线划定方案中存在应划未划、应保未保现象。现参考本次海草床生态系统调查结果提出以下建议：

广东省：湛江流沙湾全部区域已被划入海草床限制类红线区；汕头市义丰溪入海口被划入“义丰溪重要河口生态系统限制类红线区”，但义丰溪河口外侧海草床未被划入该生态红线区范围，位于工业与城镇用海区，保护级别较低，建议将其划入红

线区，并加入相关海草床保护内容；潮州柘林湾海草床位于柘林湾重要渔业海域限制类红线区内部，但该区域生态保护目标主要是针对渔业资源，而渔业养殖等人类活动会导致海草床生态系统的破坏和退化，建议对该区域红线区进行进行重新评估调整，将海草床区域与渔业区区分开；珠海市唐家湾被划入“重要滨海旅游区限制类红线区”，建议将海草床的保护内容加入其中。

广西壮族自治区：防城港市珍珠湾的海草床所在区域已划入“广西北仑河口红树林保护区禁止类红线区”；北海市铁山港区域的下龙尾海草床所在区域位于“广西合浦儒艮保护区禁止类红线区”，沙尾—丹兜海海草床所在区域位于“广西山口红树林保护区禁止类红线区”，但沙尾—铁山港的卵叶喜盐草所在的区域仍未划入自然保护区内，建议将其划入红线保护区，对海草床加以保护。

海南省：仅有文昌、琼海、陵水新村港和陵水黎安港被划入海草床限制类红线区，其他海草床分布区域，如海口东寨港、澄迈花场湾等区域未被划入，建议将其他有海草分布区域划入海草床限制类红线区之内，如已划入其他生态红线区，建议将海草床的保护内容加入其中。

8.1.2　对人为破坏活动加强监管和引导

人为破坏活动是导致南海区海草床生态系统退化的主要原因，建议相关职能部门加强监管。①减少当地居民在海草床内的人为破坏活动：目前南海区多数海草床存在破坏性渔业捕捞和底栖生物的过度挖掘采捕活动，如耙螺贝、挖沙虫、电炸鱼、底拖网捕捞和围网捕鱼等，这些活动也是沿海居民重要的经济来源，建议当地政府应控制当地居民在海草床内进行渔业采捕活动的强度，避免海草受到不可恢复性的破坏。具体由当地政府部门实施，并制定生态补偿和生产转移措施，当地政府可通过积极制定惠民和鼓励政策，拓宽沿海居民的就业渠道，适当地进行经济补偿，逐渐退养还滩。②优化海草床内的渔业养殖活动：超过承载力的养殖活动不仅会对海水造成污染，而且网箱、鱼排等养殖设施的遮光效应可以直接导致海草死亡。建议对这些养殖活动加以统筹管理和优化，使其对海草的影响降至最低，实现人与自然的和谐发展。③加强排污管理：南海区海草床陆源排污现象非常严重，如高位池塘养殖污水和生活污水向海随意排放，导致海水富营养化和海草的死亡。应严格加强排污管理，对污水进行净化处理后再进行排放。④加强海洋工程开发管理：在广西北海铁山港、广东珠海唐家湾和海南文昌等区域均存在涉海工程对海草床的破坏现象，应加强监管。任何涉海工程等用海项目必须按照步骤，认真科学地做好海洋环境评价、海域使用论证、项目用海规划与项目审批工作。假如开发活动不可避免地造成海草床的损失，那么必须通过人工营建相似功能的生境来补偿。

8.1.3 构建海草保护的法律框架

我国海草保护缺乏相关的法律法规依据，建议加快海草保护立法进度，以层级较高的法律来规范海草资源保护和管理。同时，建议国家或地方的立法与保护法规将一些具有重要保护价值的海草生境划为保护区或整合到其他受保护的地区，以保证一些自然状态的海草生境受长期的保护。

8.1.4 加强海草保护宣教

现场调研发现，我国大多数沿海居民不了解海草的重要性和生态功能，缺乏对海草的保护意识。因此，亟须加强对沿海居民（尤其是重要的利益相关者）开展宣传教育和正确引导，提高公众对海草重要性的认识，促进沿海群众自觉保护海草床的意识。建议当地政府加强管理，制定合理有效的游客管理条例，避免人为破坏。创建海草床保护的奖励机制，鼓励企业和个人自觉保护海草床。在海草床分布区通过设立警示标语、宣传栏等方式加强实地宣传，向游客普及海草床的知识和保护方法，呼吁游客自觉杜绝在海草床内挖取蛤蜊、螃蟹等行为，减少对海草床的破坏。同时，利用多种新媒体，科普海草床生态系统的重要生态价值和保护意义，形成自觉保护海草床的普遍认知。

8.1.5 加强海草床长期监测和相关科学研究

建议在我国重点海草床分布区域建立海草床监测站。①开展海草床生态系统及环境与生态学过程长期监测，分析研究海草床生态效应、演变规律及影响机制，评估海草床生态服务功能和生物多样性，研究海草床生物资源特征及其对全球气候变化与人类活动的响应。②建立海草种子库与基因库，收集保护海草种质资源。③开展贝类资源调查与评估，阐明贝草共生的生物机制与生态功能。④研究海草床固碳能力，阐明海草床生态系统物质能量循环，为我国提出的“碳中和”愿景做出重要贡献。

8.2 修复建议

8.2.1 加强海草床修复技术研究

海草床修复包括自然恢复和人工修复，其中自然恢复是指改造现有海草床生态系统，包括使受污染的水环境和底质环境等得到恢复，在禁止人为污染破坏的前提下，让区域内的海草床生态系统自我恢复。人工修复是针对一些海草床发生不可逆破坏退

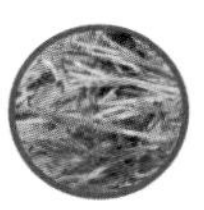

化或者已无海草的区域，除了要改善区域环境外，还需要采用人工的方式，即采用播种法或成体移栽法来修复区域内的海草。由于我国海草床生态修复起步较晚，一些修复技术尚不成熟，主要技术难点有：①如何使受污染破坏的区域环境恢复到适合海草生长的状态，其中包括水环境、底质环境以及底栖动物群落等的恢复。②人工修复中如何收集和保存海草种子、如何进行种苗培育、如何改进成体移栽的方法、如何提高播种和成体移栽的成活率等，这些修复技术均应加强研究。

8.2.2 开展前期修复试验工作

目前，我国海草床人工恢复研究刚刚起步，一些修复技术尚不成熟，且我国区域环境差异很大，海草床生态状况和受损情况也差异较大，因此，修复工作需因地制宜，建议针对一些需要修复的区域多开展一些前期小规模的修复试验，为后期开展大规模的海草床修复积累实践经验。

南海区已有一些海草床修复试验的报道，例如，陈石泉等（2021）于 2019 年 3—4 月在高隆湾人工岛外光滩区采用“单株定距移植法”移植泰来草及海菖蒲进行海草床修复研究，修复面积约为 1000 m^2。结果显示，采用铁架加网的修复方式，泰来草 1 年后平均成活率为 56.39%，其成活率在移植 7 个月后下降比较明显，容易被掩埋；而海菖蒲植株高大，受风浪影响较小，移植 1 年后其成活率为 88.75%。邱广龙等（2014）于 2008—2013 年在广西沿岸开展了 3 个海草床修复项目，其中于 2008 年 4—8 月在北海市竹林进行了喜盐草、二药草和日本鳗草的移植修复，实施面积为 150 m^2；2009 年 2 月至 2010 年 2 月在北海市山口镇乌坭进行了卵叶喜盐草、贝克喜盐草和日本鳗草的移植修复，实施面积为 700 m^2；2010 年 5 月至 2013 年 12 月在防城港市江平镇交东村进行了日本鳗草、喜盐草、二药草和贝克喜盐草的移植恢复，实施面积为 33 300 m^2；广西合浦儒艮国家级自然保护区在 0.07 hm^2 的范围内通过小规模移植恢复贝克喜盐草、日本鳗草和卵叶喜盐草，移植 3 个月后，成活率分别为 98.3%、14.7% 和 9.3%，此后，该保护区在约 32 hm^2 的区域内进行了卵叶喜盐草的恢复试验，通过改善生境及加强管护，试验恢复区的海草覆盖度由 1% 提高到 2%。黄小平（2019）研究团队在南海区也开展了一些海草床修复试验，其于 2015 年 6 月至 2016 年 6 月，在海南新村港、黎安港等地进行了 11 次海草移植试验，试验面积为 40 ～ 180 m^2，移植种类为泰来草和圆叶丝粉草，选用的方法包括草块法、花篮法、木架法、金属网法、麻绳网法和麻绳铆钉法等，并在移植后进行了 6 个月的观察与监测（水质、沉积物和藻类生物量等），6 个月后海草的存活率为 30% ～ 50%；于 2018 年 5 月在西沙永兴岛珊瑚砂底质区域开展了热带海草移植试验，利用篮子架法、草块法等移植技术，选择泰来草、喜盐草、日本鳗草进行移植，共投放移植单元 30 个，海草 3 000 株；2015—2016 年共 4 次前往南沙岛礁开展海草移植，主要利用金属网片法实施泰来草和圆叶丝粉草的移植，自 2017 年以来，又两次前往南沙岛礁对采用金属网片法移植的效果进行了检验，发现移植的海草已腐烂死亡。2019 年 3 月，由海南省海洋与渔业科学院海洋生态研究所承担的“清澜港 5000 吨级航道扩建填海造地项目生态整治修复”项目在清澜港开展了海草资源修复，修复面积为 0.2 hm^2，移植海草种类为海昌蒲和泰来草，该项目已于 2020 年通过专家评审及现场验收，成为海南省海草床修复的首个成功案例。

8.3 南海区海草床保护修复布局建议

由于南海区各海草分布区域环境状况和海草床生态受损情况存在差异，各区域所需采取的保护修复方式也应有所区别，此处根据各区域海草床生态系统受损情况和存在的主要问题，提出相应的保护修复建议，其中各区域具体的保护修复建议见表 8.1。

8.4 海草床人工修复方法介绍

受自然环境变化和各种人类活动的影响，自 20 世纪 50 年代以来，包括我国在内的全球海草床面积、覆盖度都持续下降。随着对海草床生态系统研究的加深，其生态功能和对人类发展的作用逐渐被人们认识，人们越来越重视海草床生态系统的修复工作。Addy（1947）在美国马萨诸塞州成功进行了第一次移植海草的试验，之后，大量的修复工作在世界范围内广泛开展，其中美国、澳大利亚、欧洲等是世界上修复实践较多的国家和地区。较为成功的修复案例有美国 Virginia 海岸保护区恢复了约 1 700 hm^2 已经消失的鳗草（Orth and Mcglathery，2012）；到 2018 年为止，澳大利亚已经恢复了近 3600 hm^2 的海草，并且重新引入的海草已经能够自然传播到新区域（Sinclair et al., 2021）。我国最早的海草移植始于 20 世纪 80 年代末，中国科学院海洋研究所的研究者为净化水质、改善底质、增加对虾产量而将鳗草移植到山东省荣成市的养殖池（任国忠等，1991），此后，在山东、广东、广西和海南四省区相继开展了鳗草、日本鳗草、单脉二药草、卵叶喜盐草、海菖蒲和泰来草等海草床的修复。目前，我国海草床修复工程项目的数量不多，修复面积较小，占我国海草床总面积比低于 0.1%（Liu et al., 2016），其中北方鳗草的修复工作开展较多。最新报道显示，2020 年 7 月唐山市曹妃甸龙岛海草床生态保护与修复工程项目开始正式施工，预计一期工

表8.1　南海各区域海草床生态系统保护修复建议

省（区）	区域	受损原因	保护建议	修复建议	修复布局建议
广东	湛江流沙湾	沿岸养殖池污水排放污染、大型藻类的大量繁殖和人类捕捞破坏活动	合理规划鱼塘养殖，禁止污水直接排放；对当地居民海水养殖、围网捕鱼、滩涂挖贝耙螺等捕捞破坏活动进行严格管理，以及加强科普宣传；严格执行《广东省海洋生态红线》要求	建议减少污染排放，清除湾内网桩捕鱼设施以及其他海洋垃圾，控制当地居民滩涂挖采的人数和频率；在被大量大型藻类覆盖的区域，实施人工修复，对区域内的大型海藻进行清除，改善底质环境，采用播种修复的方法进行修复	优先修复
	珠海唐家湾	沙滩修复工程污染破坏；生蚝养殖，碎石投放和占用破坏了海草的生存空间，有碎石的地方基本无海草生长；滩涂挖贝耙螺活动破坏	禁止在海草床分布区开展破坏性的工程项目；对海草床分布区内的生蚝养殖碎石块进行清理，禁止区域内养殖活动；对当地居民滩涂挖贝、耙螺等采挖破坏活动进行严格管理，以及加强科普宣传	控制污染排放，改善水质和底质环境，清除海草床区域内的碎石、禁止当地居民在海草床区域内的采挖活动，进行自然恢复	保护
	汕头义丰溪	海水养殖污染和渔业捕捞活动破坏，此外，热带气旋及其引起的风暴潮，以及互花米草入侵也对区域海草床造成了影响	建议严格按照义丰溪河口生态红线区管控要求，控制河流入海污染物排放等；加强对调查区域的渔业养殖活动进行规范，对养殖废水施行达标排放，对互花米草进行持续监测，及时掌握区域环境情况和互花米草生长情况，警惕范围扩大	目前，调查区域涉及汕头市义丰溪海岸线生态修复项目和汕头市义丰溪左岸万里碧道工程两个海岸带工程项目，建设内容包括环境整治工程、海堤生态化工程、滨海湿地恢复工程、湿地科普宣教工程和配套基础设施工程	优先修复
	潮州柘林湾	海水养殖污染和渔业捕捞活动破坏，此外，还存在互花米草入侵现象	建议加强对调查区域的渔业养殖活动进行规范，对养殖废水施行达标排放，对渔业捕捞活动进行引导控制；对互花米草进行持续监测，及时掌握区域环境情况和互花米草生长情况，警惕范围扩大	建议将东侧潮州饶平海山岛对岸互花米草分布区域列入修复区划，对优先修复区内互花米草进行防控治理，控制互花米草进一步的扩散	保护

续表

省（区）	区域	受损原因	保护建议	修复建议	修复布局建议
广西	北海竹林	区域周边存在大量虾塘养殖池，排污现象严重，此外，当地居民赶海活动频繁	加强对调查区域的虾塘养殖活动进行规范，对养殖废水施行达标排放，控制当地居民在海草床内赶海挖掘的强度，避免海草受到不可恢复性的破坏	控制当地居民的人为破坏活动，改善水环境，使海草自然恢复	保护
	北海铁山港	该区域卵叶喜盐草的生长受到耙螺挖沙虫等粗放式渔业生产的严重影响，使得生长的海草被连根割断，贝克喜盐草的生长区域严重受到互花米草入侵的影响，生长区域受到侵占	海草床生长的区域需纳入海草床的保护区，制定保护海草床的法律法规	首先，应禁止当地渔民粗放式的渔业生产活动；其次，对部分受损区域进行海草的补种；同时需清理互花米草，避免进一步侵占海草的生长区域	优先修复
	防城港珍珠湾	该区域日本鳗草的生长严重受到耙螺挖沙虫等粗放式渔业生产的影响，使得生长的海草被连根割断	海草床生长的区域需纳入海草床的保护区，形成海草床的保护法律法规	首先，应禁止当地渔民粗放式的渔业生产活动；其次，对部分受损区域进行海草的补种	优先修复
海南	文昌	每年台风季的自然侵扰；高位池塘养殖污水排放；游客在礁盘上对海草的踩踏	对当地群众在海草床内的采捕、赶海挖掘活动，以及游客的下海踩踏破坏进行控制和管理，避免海草受到不可恢复性破坏；加强排污管理，严格加强排污管理，遏制池塘等养殖污水和生活污水向海随意排污	建议在控制好人为污染破坏的前提下，以自然恢复为主，开展前期人工修复试验	优先修复
	琼海	渔业船只捕捞活动、高位池塘养殖污水排放、居民赶海挖掘踩踏、海上工程造成的水动力变化和泥沙覆盖等	加强对渔业捕捞破坏活动、养殖污水排放，以及居民赶海挖掘踩踏活动的管理	建议在控制好人为污染破坏的前提下，先采用自然恢复的措施	保护

续表

省（区）	区域	受损原因	保护建议	修复建议	修复布局建议
海南	陵水新村港	海草叶片上大量附着生物引起的遮光效应；拖网捕捞现象；当地居民在海草床内挖贝、挖沙虫、耙螺等破坏活动；高位池塘养殖排污现象严重；大量鱼排养殖导致的遮光效应和水体污染；海上旅游餐厅的排污等	对陆源污染、海水养殖污染，以及海上生产经营污染等加强监管，改善水质和底质环境；对海草床内的吊桩、围网，以及一些废弃物等进行清理；加强区域滩涂和海上巡逻，制止人为破坏活动	区域内水体较为平静，适合进行人工修复，同时加强保护监管，减少人为干扰因素和控制陆源污染	优先修复
	陵水黎安港	区域西北部存在大量大型藻类，与海草竞争生存空间；海草叶片上大量附着生物的遮光效应；拖网捕捞现象；当地居民在海草床内挖贝、挖沙虫、耙螺等破坏活动；高位池塘养殖排污现象严重；大量鱼排养殖导致的遮光效应和水体污染	对陆源污染、海水养殖污染等加强监管，改善水质和底质环境；对海草床内的吊桩、围网，以及一些废弃物等进行清理；加强区域滩涂和海上巡逻，制止人为破坏活动	区域内水体较为平静，适合进行人工修复，同时加强保护监管，控制人为干扰因素和陆源污染	保护
	海口东寨港	区域内存在有众多牡蛎插桩养殖、耙螺和耙贝等人类破坏活动；鱼排和网箱养殖的排污和遮光效应；水体溶解性无机磷和无机氮浓度超标，严重影响海草的生长	建议在东寨港国家级自然保护区增加海草床保护内容，采取海草床的管理制度，并在渔民经常出入的区域增设警示牌，加大宣传力度，提高海草床保护力度	开展海草床的修复工作，及时清退东寨港海草床分布区的插桩养殖设施和牡蛎养殖设施，对未有海草生长的区域进行补种	保护
	澄迈花场湾	牡蛎桩养殖和插桩围网养殖活动的影响；高位围塘养殖废水的排放；当地居民在海草床内挖贝、耙螺、挖蟹坑等破坏活动	建议将该处海草床纳入海草床生态红线区或保护区，加强对海草床区域渔业活动的监管工作，对周边的围塘养殖进行退塘还林，加强海草床生态功能的宣传教育，增强民众的海草保护意识	对陆源污染、海水养殖污染，以及海上生产经营污染等加强监管，改善水质和底质环境。对海草床内的吊桩、围网，以及一些废弃物等进行清理，以利于海草的生长繁殖	保护

续表

省（区）	区域	受损原因	保护建议	修复建议	修复布局建议
海南	儋州黄沙港	高位池塘养殖废水排放，造成海水水质变差，影响海草生长	建议当地政府建立该区域海草床保护修复机制，采取有效措施避免或减缓其衰退，加强区域滩涂和海上监管，增设警示标志，加强宣教，提高居民保护意识	对部分退化区域采取人工补种的方式进行生态修复，提高海草覆盖度，增加海草床面积	保护
	文昌东郊椰林湾	高位虾塘养殖污水和居民生活污水直排入海较为严重；大型藻类的大量繁殖，与海草竞争生存空间；当地居民赶海强度大；东郊椰林湾海上休闲度假中心人工岛的围、填、挖等工程施工建设对海草产生破坏	建议政府部门设立海草管理站，联合海警部门定期巡查，形成一定的执法力度，联合各职能部门发布有效的海草床的管理规章制度和法律体系，并在渔民经常出入的区域增设警示牌，加大宣传力度，提高海草床保护力度	及时清退区域内的四角网设施，关停污水排海设施，清理岸上垃圾，改善水环境和底质环境，开展人工修复工作	优先修复
	临高马袅湾	当地渔业采捕活动强度大，区域内有大量废弃牡蛎桩养殖和废弃渔网，高位虾塘养殖废水通过地埋式管道排入大海，近岸海水浑浊，能见度差。该区域现已无海草	减少区域内的人为破坏活动，加强群众的科普教育	及时清退区域内的废弃牡蛎桩养殖和废弃渔网，关停污水排海设施，改善水环境和底质环境，开展人工修复试验工作	优先修复
	三亚鹿回头	当地居民和游客下海游玩踩踏。该区域现已无海草	减少区域内的人为破坏活动，加强群众海草保护的科普教育	改善水环境，开展人工修复工作	优先修复

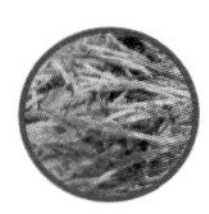

程修复面积 300 hm^2，远景安排修复面积 20 000 hm^2。南方在广西和海南等区域也开展了一些海草修复工作，使用方法多为植株移植法。目前，较高的修复成本和较低的存活率是制约海草床修复工作开展的难题（Liu et al., 2016 ；van Katwijk et al., 2016）。

关于如何开展海草床的修复工作，首先，了解原海草床生境退化的原因，并有针对性地减少导致海草床衰退因子的影响是非常必要的。台风、风暴潮等自然因素，以及水质下降、营养盐输入、污水排放、船只航行等人类干扰是海草床生境退化的原因，且人类干扰对海草床的破坏比自然影响大得多（范航清等，2011），营造适合修复区海草生长的环境、加强对海草床生态环境的保护，才能达到修复目的。其次，海草床修复中修复区域的选择非常重要，有研究者认为，海草床修复地点必须要满足三个要求：①该海域历史上曾存在海草床；②人为影响导致消失；③影响已消除。也有研究者认为，修复区的水深应该与附近天然生境海草床相似，且修复区也不需要在历史上确定存在过海草（Katwijk，2009）。海草床生态系统修复有多种方式，总的来说可分为三大类：生境修复法、植株移植法和种子法。

8.4.1 生境修复法

生境修复法是指通过保护、改善或模拟海草床生境，借助海草自然繁殖的自然属性，最终达到逐步恢复原来生态系统的目的的方法。该方法是海草床修复最早尝试的方法，优点是不需要投入大量的资源即可完成修复，缺点是修复所需时间长，甚至不能修复，难以达到海草床修复的目的。Meehan 和 West（2000）研究了澳大利亚 Jervis Bay 的澳大利亚波喜荡草（*Posidonia australis*）生长情况，发现该地区澳大利亚波喜荡草海草床完全依靠自然恢复要 60 ～ 100 年；Kenworthy 等（2018）认为，以龟裂泰来草（*Thalassia testudinum*）为主的热带海草群落，在遭遇船只破坏之后自然恢复需要几年到几十年，甚至不可能恢复。美国 Virginia 沿岸的南湾因疾病和其他扰动而损失的鳗草，自然恢复估计需要 100 多年（Reynolds et al., 2016）。

由于修复成果见效慢，此方法已经较少或同时与植株移植法、种子法结合使用，两种方法同时使用的好处是既可以提高修复速度，也可以提高移植植株或种子的存活率，更好地达到修复效果。在澳大利亚西岸的 Success Bank 进行澳大利亚波喜荡草海草床修复时，Campbell 和 Paling（2003）利用人工海草垫模拟天然海草甸的方法稳定海底沉积环境，降低波浪对海草的影响，再移植澳大利亚波喜荡草营养枝，发现有人工海草垫的植株存活率明显提高。Kenworthy 等（2018）试验了用鸟粪作为肥料增加海水中的营养，再通过植株移植法移植莱氏二药草（*Halodule wrightii*），发现莱氏二药草的密度和盖度明显增加。

8.4.2 植株移植法

植株移植法是指在长势良好的海草床区域将海草幼苗或成熟的植株移植到生态修复区内的一种方法，其原理是利用海草无性繁殖特性，实现海草床的修复和扩张的目的，是目前最成熟的修复退化海草床的方法。相比于生境修复法和种子法，其优点是能够快速将海草植株移栽到移植地点，并且移植地的海草成活率较高，可实现快速修复的目的，缺点是对现有海草床破坏较大，且需要投入大量的成本（王明，2015）。

植株移植过程分为植株采集和移植两个步骤，以移植单元（Planting Unit，PU）为移植基本单位。根据 PU 的不同，可将该方法分为草皮法、草块法、根状茎法和单株移植法。草皮法和草块法的 PU 相似，都包含了叶、根和根状茎，不同之处在于草块法借助了聚氯乙烯（Polyvinyl chloride，PVC）管等空心工具，采集的 PU 包含了完整的根状茎及其周围沉积物底质，保证了植株免受损伤。根状茎法的 PU 不包括底质，是由单株或多株只包含根状茎及以上部位的植株构成。单株移植法的 PU 是完整的单一植株。各类植株移植法具体介绍如下：

（1）草皮法

草皮法是采集一定面积的海草作为 PU，然后将其移植、平铺于生态修复区内的一种植株移植方法。其主要步骤是：使用铁锹、海草收割机等合适的工具，到供体海草床采集一定面积的海草草皮作为 PU，该草皮包括枝、根和附带沉积物的根状茎，将湿布盖住采集到的 PU，防止海草干燥死亡，然后运送至移植地点，等待移植；在移植地点挖出一定深度的“坑”，种植 PU，然后将周围的土壤覆盖在根状茎系统上。该方法的优点是移植操作简单、方便，但 PU 容易被海流冲刷，留存率非常低。

（2）草块法

草块法是使用 PVC 管等中空的采集工具，将海草及其附着基质作为 PU，移植到修复区内挖掘的和 PU 同样大小体积的“坑”内。其主要步骤是利用 PVC 管等空心的工具从供体海草床中提取柱状海草块作为 PU，PU 包括整株营养枝、叶片、根，以及包含未受损的且周围包含完整沉积物的根状茎，然后用手将海草及沉积物推入空心管中，盖住底部以保留沉积物，减少对根和根状茎的损害，移栽前需要用湿布盖住 PU 以保持潮湿。其优点是有较高的海草留存率和成活率，但是对供体海草床破坏较大且移植成本高。

（3）根状茎法

根状茎法是指在整株海草中采集一定长度的包括完整根和根状茎的枝条，除去底

质和叶片附生生物，然后将其栽种在生态修复区中的一种移植方法。主要步骤是在海草繁盛季节的低潮时，采集长势好的营养株（植株包含 1 ～ 2 cm 带根的根状茎、一定数量的叶片和叶鞘）剪去腐烂叶子，除去附生生物以及泥土，然后将植株放入装有海水的容器中保存，直至移植。移植时，使用可降解的线或细绳将几株植株捆绑成束，形成一个 PU，绑扎位置在植株茎的分生组织以下；根据设定的移植间距，使用不同的固定方式将 PU 固定在修复区底质中。根据 PU 固定方式的不同，分为直插法、枚钉法、框架法、沉子法和夹系法等。

直插法是指徒手或利用铁铲、小锹等移栽工具将 PU 固定在生态修复区底质中的一种移植方法。该方法固定 PU 时需要将植株放入生态修复区中事先用小铲挖好的深约 5 cm 的“坑”中，然后将挖出的沉积物填回“坑”中，压实。掩埋时要保证根状茎保持与底质表面平行，同时确保地面上枝叶要向海岸或盛行波浪方向倾斜以减少波浪破坏。直插法的优点是操作简便，但因未添加固定 PU 装置，当修复海区的风浪大或海流急时，根状茎存活率较低。

枚钉法又叫订书针法，是参照订书针的原理，使用金属制、木制或竹制的“I”形、“U”形或“V”形枚钉，将 PU 固定在生态修复区底部的移植方式。该方法固定 PU 时用选定的枚钉穿过捆绑 PU 的线或细绳，根据设定的移植间距，将 PU 固定于底质中，然后覆盖一定厚度的底泥在植株底部。固定时要保证根状茎保持与底质表面平行，同时确保减少波浪损伤枝叶。该方法对 PU 的固定效果较好，根状茎成活率较高，但劳动强度大，所需成本高。

框架法是用可降解材料将多个 PU 同时绑在内部放置砖块等重物作为沉子的框架上，然后将框架置于修复区海底的移植方法。其优点是框架重力较大，不会被水流冲走，能够保护植株免受生物的干扰，提高了移植效率；且框架能够回收利用，污染少，但是回收过程也增加了成本。

沉子法是将 PU 绑在木棒、贝壳等物体上，然后将其掩埋或投掷在修复海区中的一种移植方法。该方法固定 PU 的方式与框架法类似，PU 连同重力较大的外物一起沉入海底，借此将植株固定在底质中。优点是 PU 的固定较好，且操作简单方便，所需成本低，且沉子从自然中采集，不会对修复区产生污染，但用投掷的方法进行移植时，在底质为硬质的海区固定效果差。

夹系法是指将 PU 夹系于网格或绳索等物体的间隙，然后将网格或绳索固定在生态修复区海底的一种移植方法。该方法优点是操作简单，且绳索价格低，所需成本较低，但是网格或绳索等物体遗留在修复区会对海洋环境造成污染。

（4）单株移植法

单株移植法是指采集完整的单株海草作为PU，然后将PU种植在椰壳、竹筐等容器内，再将其移栽在修复区中先挖好的“坑”内压实的一种移植方法。其主要步骤是采用“疏林”的方式采集，从密集的供体海草床中采集新长出的幼嫩单一植株，将其植入装有底质、有空隙的椰壳、竹筐等容器或挂在普通渔网上形成PU；然后根据设定移植距离，在修复区内挖“坑”，将PU固定在“坑”中，压实。

利用移植法进行海草床修复的相关报道较为多见，表8.2对国内外的海草移植法修复案例进行了总结。尽管移植法修复效果好、见效快，但使用该方法进行海草床修复时，仍需要注意如下相关事项。

供体海草植物的选择：①应该选择与移植地点相近的海草作为供体，两者有相似的物种组成，暴露在类似生境条件，保证供体海草在移植地点能够生存和扩展（Campbell and Paling，2003）。②供体海草能够在移植地点长期生存，也即供体海草要有较高的基因型多样性，确保移植对象应具有足够的遗传变异，避免近亲繁殖。可以通过移植多个来源的同种海草实现基因交流的方式实现（Katwijk，2009；Evans et al., 2018）。③选择海草密度较高、面积大的海草床作为移植供体海草床（张沛东等，2013）。要进行规模化的移植，需要大量的供体海草，如果供体海草床覆盖度低、密度低，那么采集海草则会破坏原海草床生态系统。④海草残体的利用（Tan et al., 2020）。随着世界海草面积的减少，移植所需的海草繁殖体通常有限，而且季节性较强，移植时收集移植植株可能会破坏供体海草床，因此，PU需要有其他来源。海草残体是一个很好来源，它是通过风和潮汐的运输而在海滩上积累的海草植株活体，可作为移植植株。

表8.2　移植法实例

修复的方法	海草种类	修复区地点	移植季节	存活率	存活率监测时间	参考文献
草皮法	波状波喜荡草（*Posidonia sinuosa*）	Success Bank, Australia	春季 夏季 秋季	90.9% 74.1% 73.2%	20～22个月 17～19个月 14～16个月	Paling et al., 2001
	革质波喜荡草（*Posidonia coriacea*）	Success Bank, Australia	春季 夏季 秋季 冬季	80.6% 84.6% 61.5% 62.7%	8～10个月 5～7个月 2～4个月 1个月	Paling et al., 2001
草块法	澳大利亚波喜荡草	Success Bank, Australia	夏季	42%	18个月	Campbell and Paling，2003

续表

修复的方法		海草种类	修复区地点	移植季节	存活率	存活率监测时间	参考文献
根状茎法	直插法	澳大利亚波喜荡草	Oyster Harbour, Australia	秋季	0	4 个月	Bastyan and Cambridge, 2008
	枚钉法	澳大利亚波喜荡草	Oyster Harbour, Australia	秋季 春季 夏季	98% 95% 94% ~ 97%	79 个月 44 个月 53 个月	Bastyan and Cambridge, 2008
		鳗草	Koje Bay, Korea	冬季	>60%	2 ~ 3 个月	Park and Lee，2007
			Kosung Bay, Korea	冬季	>60%	1 个月	
			Jindong Bay, Korea	冬季 春季	>60% >60%	1 个月 2 个月	
		鳗草	荣成天鹅湖，中国	春季 夏季	76.5% ~ 90.4% 100%	4 个月 4 个月	刘燕山等，2015
	沉子法	鳗草	Koje Bay, Korea	冬季	< 20%	3 ~ 4 个月	Park and Lee，2007
			Kosung Bay, Korea	秋季 冬季	>60% >60%	3 个月 3 ~ 4 个月	
			Jindong Bay, Korea	冬季 秋季 春季	>60% >60% >60%	4 个月 3 ~ 4 个月 3 个月	
		鳗草	Koje Bay, Korea	秋季 冬季	>75% >75%	3 ~ 4 个月 2 ~ 3 个月	Lee and Park，2008
		鳗草	青岛汇泉湾，中国	冬季 夏季	95% 95%	1 个月 1 个月	刘鹏等，2013
	框架法	鳗草	Koje Bay, Korea	冬季	58.7%	2 ~ 3 个月	Park and Lee，2007
			Kosung Bay, Korea	秋季 冬季	>60% >60%	1 ~ 2 个月 3 ~ 4 个月	
	夹系法	澳大利亚波喜荡草	Burraneer Bay, Australia	夏季	200%	16 个月	Meehan and West，2002
			Gunnamatta Bay, Australia	夏季	0	6 个月	
			Lilli Pilli Point, Australia	夏季	0	12 个月	
			Red Jacks Point, Australia	夏季	78%	16 个月	
单株移植法		海菖蒲	海南高隆湾，中国	春季	43.75% ~ 100%	12 个月	陈石泉等，2021
		泰来草	海南高隆湾，中国	春季	0 ~ 93.75%	12 个月	陈石泉等，2021

移植技术的选择：①对于移植被用于修建码头、围海造地等海洋工程的海草时，选择草块法或草皮法对于最大量保存海草生物量更佳（张沛东等，2013）。②根据水文、底质环境不同，选择不同方法。不同方法对移植植株固定能力不同，在水流湍急、底质为硬相沉积环境的地方，应该选择固定能力较强的方法（Lanuru et al., 2017）。

移植过程：①了解移植植株的生长条件。不同海草对环境的要求不同，找到最适环境条件有利于提高存活率。例如，潮间带鳗草生长分布的下限受水动力增加的限制，生长分布的上限与干燥有关；诺氏鳗草通常生长在紧密的黏土岸上（Campbell and Paling，2003）。②多样化移植降低移植风险，提高存活率。可通过在一年内不同的日期或者不同的年份进行移植操作，或同一时间内将植株移植到水动力状况不同的地区、不同潮汐深度的地区等方法提升移植成功概率（Katwijk，2009）。③移植过程中注意海草植物间的相互作用。移植海草密度及PU的大小、不同种海草混种等都会影响海草的存活率。有研究发现，海草植株的PU越大，成活率越高；移植密度越大，因植株间竞争加剧，越不利于移植植株扩大繁殖（van Katwijk et al., 2009）；不同种海草混种增加了物种丰富度，对海草移植的扩张有积极影响（Nenni et al., 2018）。④在合适的时间采集供体海草。不同月份间，海草种群的面积、覆盖度、密度、繁殖器官密度等存在明显差异（邱广龙等，2013）。移植时间影响植株生长发育，适宜的时间移植海草能提高移植效果。在冬末或春季时，植株处于营养生长期时，在此时进行移植操作可以提高生长速率，更快地在移植地点建立海草床（Phillips，1976）。

8.4.3 种子法

种子法是指从自然生长的海草中采集成熟的海草种子，将其直接播撒或掩埋于修复区海底，或者先将种子人工培养成幼苗后再移栽的一种方法，该方法原理是利用海草能够产生种子、可以有性繁殖的特性进行生态修复。

种子法的应用可以追溯到20世纪末，随着海草床面积的降低，人们开始利用种子播种的技术来代替海草植株移植的方法进行海草床的修复（Harwell and Orth，1999）。由于播种海草种子不但可以提高海草床的遗传多样性，而且对提供种子的海草床干扰较少，降低了对供体海草的需求和成本，同时可以扩大规模，易于达到海草床创建规模（Unsworth，2019），目前，越来越多地被应用于海草床的修复。使用种子法修复受损海草床包括种子的收集和播种两个步骤，其中种子的收集包括生殖枝的收集、生殖枝的储存、种子的提取和保存三步。

8.4.3.1 种子的收集

（1）生殖枝的收集

受多种因素的影响，海草种子形成、发育、成熟和萌芽时间存在一定差异（Tanner and Parham，2010），想要控制获得种子的时间，在合适的时候收集生殖枝尤为重要。一般来讲，需要在授粉完成、种子成熟时收集，且收集的是满载种子的生殖枝。

生殖枝的收集有人工收集和机械收集两种方式。人工收集主要是通过潜水员浮潜或水肺潜水收集（Busch et al., 2010），采集效率大约是 1.6 万粒 / h（Marion and Orth，2010）。机械收集主要是利用机械船收集。该方法于 2004 年被 Marion 和 Orth 用于在 Mobjack 湾（海草床面积大于 40 hm^2）和 Lower York 河（海草床面积大于 50 hm^2）收集鳗草生殖枝（Marion and Orth，2010）。它使用一副装在船头的、可调节高度的锯齿状切割杆，在海水表面下切割海草植株的上部包含佛焰苞的部分，切割得到的生殖枝通过传送带转移到单独的运输船上。机械船能够在采集地点上方移动，根据需要调整位置，且安装有全球定位系统（GPS），可根据机械船移动的轨迹来计算收割生殖枝的面积。

在密度过低和面积过小的海草床，使用机械采集效果不佳（潘金华，2015）。使用机械收集生殖枝过程中，会将摄食种子的一些动物和生殖枝一起收集，因此，需要在收集生殖枝前清理这些生物（Fishman and Orth，1996）。因为机械收集要求较高，目前，人工收集依旧是生殖枝收集的主要方法。

（2）生殖枝的储存

生殖枝储存分为自然海域储存和水族箱储存两种方法（刘燕山，2015）。自然海域储存是将生殖枝放入网目小于种子短径的网袋，然后置于自然海域，直到生殖枝降解、种子成熟自动脱落（Orth et al., 1994）。水族箱储存是将生殖枝放置于水族箱中，水族箱内带有控温、充气装置，期间保持海水充分供应、保持适宜的温度和盐度，同时定期保养和清洗水族箱以减少藻类污染，储存至生殖枝降解、种子成熟自然脱落（Unsworth et al., 2019）。

（3）种子的提取和保存

种子的提取是将成熟的海草种子从生殖枝中筛选出来，同时去除杂质和不符合要求的种子，获得饱满的种子的过程。可使用多种过滤网、一系列的嵌套式筛子等工具筛分种子（Fishman，1996；王明，2015；Infantes and Moksnes，2018；Xu et al., 2020）。也有人研究了一种方法，能将成熟的种子通过快速下沉来实现分离，而无需过筛（Marion and Orth，2010），其原理是利用成熟、饱满的种子会沉到水底，而其他大部分杂质、死亡或腐烂的种子会悬浮在水中，从而实现分离并得到可用种子的目的。

种子成熟脱落到萌发需要较长一段时间（Tanner and Parham，2010；王朋梅等，2016），在这期间，提取得到的种子需要根据种子的特性选择合适的环境条件保存，目的是抑制种子萌发，减少种子的损失，直至合适时进行播种（韩厚伟等，2012；刘燕山等，2014）。与陆地生境的植物不同，海草种子不耐干燥而需保存在海水中（Yue et al., 2019）。由于大部分海草种子都存在休眠期以确保物种能在恶劣的环境条件下存活，且种子的休眠受基因、激素及环境的控制（Baskin and Baskin，2004；Finch-Savage and Leubner-Metzger，2006），因此，可以通过人为控制环境条件使种子进入休眠期，抑制种子萌发。

研究发现种子的萌发受温度、盐度、溶解氧等多种条件的影响。XU 等（2020）发现鳗草以盐度为 40 ～ 50、温度为 0℃的湿藏条件为最佳长期储藏条件。在 40 ～ 60 的盐度条件下，0℃下储藏的日本鳗草种子损失较小，活力高，萌发快，是最佳储藏条件（Yue et al., 2019）。在相同温度、盐度条件下，一种鳗草（*Zostera capricorni*）种子在缺氧环境萌发的速度远快于有氧环境（Brenchley and Probert，1998）。微生物感染会增加种子的损失，在保存种子时，加入抗菌剂可以减少或抑制微生物的感染（Xu et al., 2019）。因此，需要根据不同种类种子选择各自合适的环境条件保存。

8.4.3.2 播种和培育

种子收集后，需要在适合的时机将其播种到生态修复区。播种的方法有多种，可将其分为直接撒播法和人工种子培育法两大类。前者所需劳动成本少，播种方便，但是种子损失率大，萌发率和成苗率较低；后者对种子保护较强，提高了种子利用率，但是所需播种成本高，劳动强度大。

（1）直接撒播法

直接撒播法是指将种子直接撒播到生态修复区内。此方式播种可能会因被海流运输、遭遇摄食、深埋底质中不能萌发等而丧失种子，导致播种效果不佳（李森等，2010）。具体又可分为两大类：一类是将种子直接撒播到海底表面，包括人工直接撒播（Sinclair et al., 2021）和漂浮网箱法（Pickerell et al., 2005）；另一类是在水下将种子掩埋到底质内。包括人工掩埋法、麻袋法（Harwell and Orth，1999）、机器播种法（Orth et al., 2009）以及生物辅助播种法（韩厚伟等，2012）。

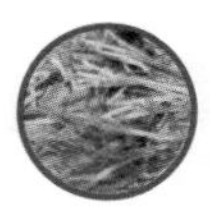

人工直接撒播法是指人工将种子直接撒播到生态修复区，不需要借助额外工具固定种子的一种播种方法。其优点是操作简单方便，所需成本低，但是种子撒播在海底表面，容易被海流运输或动物摄食而导致种子丧失，降低修复效果。

漂浮网箱法是指将收集的生殖枝放到带有浮球和沉子的珍珠网中，然后将该漂浮撒播设备安置到生态修复区内，待种子随生殖枝自然降解自动沉降到海底表面的一种播种方法。该方法无须收集、储存和撒播种子，节省人力和物力，但是种子撒播在海底表面，容易丧失而减弱修复效果。

人工掩埋法是指通过潜水员潜水，将种子直接掩埋到生态修复区底质中的一种播种方法。该方法可减少种子丧失，提高种子萌发率，缺点是需要潜水员潜水，效率低成本高，难以大范围开展海草床修复。

种子保护法是指将种子放入网孔小于种子短径的网袋或具有较小间隙的容器中保护种子，然后将网袋或容器掩埋在海底，待种子自然萌发的一种播种方法。该方法降低了种子的丧失率，且不影响种子的发芽过程，显著提高种子的利用效率，但是网袋的存在会影响种子萌芽后幼苗的生长。

机器播种法是指通过播种机等机械设备，将种子埋入修复区底质中的一种播种方法。目前研发出了一款播种机器，人工将种子与一定比例的明胶混合，目的是保护种子，然后用播种机将悬浮在明胶基质中的种子泵入1个带8个移植喷嘴的海底滑车，通过喷嘴将种子埋入沉积物中（Orth et al., 2009）。机器播种法节约了成本，同时提高了修复的效率，但也存在种子成苗率低和不同底质播种效率差异大的缺点。

生物辅助播种法是借助海洋生物生理生态习性，将种子撒播到底质中的一种播种技术。该方法由我国研发，使用该方法播种时，用糯米糊将种子粘在蛤蜊贝壳上，之后种子随蛤蜊穴居行为而被埋入修复区海底（韩厚伟等，2012）。该方法操作简便，播种效率高，能减少播种成本，但是成苗率较低。

（2）人工种子培育法

人工种子培育法是指将获得的种子在人工条件下或自然环境中培育成幼苗，再将幼苗移植到生态修复区中的一种方法。该方法减少了修复时在种子阶段的损失，提高了成苗率，但是所需成本高。

表 8.3 对国内外海草床的种子法修复案例进行了总结。尽管种子法修复海草床生态系统的优点多，但目前尚存在低种子萌发率和低成苗率的情况（Infantes et al., 2016; Eriander et al., 2016; Statton et al., 2017），为了增强修复效果，在使用种子法时需要注意以下几个问题。

首先是修复区的选择：①在水流运动变化剧烈的海区，如潮差大的海域、河口等，迅速变化的水流运动能将播种的种子从预定的位置移走而导致修复失败（Unsworth，2019）。因此，在这些地方播种时，要选择水下掩埋的方法以防止种子被冲刷。②动物的捕食也是导致修复失败的因素，包括对种子的捕食和对幼苗叶子的摄食。摄食种子的生物包括某些蟹类、鱼类和龟鳖等生物，这些生物对种子的捕食可导致种子损失而影响修复效果。有研究显示，海岸附近蟹类对种子的捕食是瑞典 Gullmars 海湾鳗草种子损失的重要原因，而用一层 2 cm 厚的沉积物覆盖种子能够大量减少种子的损失，增加种子的成苗率（Infantes et al., 2016）。另外，一些生物也能够摄食幼苗的叶子，抑制海草的生长。例如，美国 Casco 海岸中青蟹会摄食鳗草的幼苗（Neckles，2015）。因此，修复存在较多摄食海草种子和幼苗生物的海草床时，需要考虑到对种子和幼苗的保护而选择水下掩埋法或人工种子培育法等适合的播种方式。③沉积物对海草幼苗的掩埋会降低幼苗的存活率(Campbell,2016)。自然情况如波浪再悬浮、径流的加剧等，以及人类活动如疏浚、拖网捕捞、倾倒等都有可能改变海底沉积物的动态，因此需要选择适合的修复区。

此外，海草种子获取、保存和播种时间的控制非常重要。海草的种子需要授粉才有活力，但种子授粉成熟后很快脱落，因此，需要在适当的时间收集生殖枝。生殖枝的储存会影响种子的获得率。Infantes 和 Moksnes（2018）研究了瑞典西北部 3 个海湾的鳗草，发现应在佛焰苞内发育的种子超过 50% 时收集生殖枝，且为了获得最理想的可用种子，生殖枝存放时间不宜超过 40 天。另外，在收集生殖枝时，需要了解不同种类海草种子的特性，例如，澳大利亚波喜荡草、狭叶波喜荡草（*Posidonia angustifolia*）、革质波喜荡草以及波状波喜荡草几种海草果实一旦被采集，会在几天内裂开并释放出萌发的种子，无法储存（Kirkman，1998）；鳗草种子在适宜的条件下能够储存较长时间（Infantes et al., 2016），在获得种子之后，可使用适当的方法储存到合适的时间播种，以降低种子的损失。为提高种子留存率、种子萌发率，应避免在台风季播种（Unsworth et al., 2019）。

表8.3　播种法实例

播种方法			海草种类	修复区地点	播种季节	成苗率	成苗率监测时间	参考文献
直接撒播种子	水面撒播	人工直接撒播法	鳗草	Spider Crab Bay, America	秋季	3.98.%	6个月	Marion and Orth，2010
		漂浮网箱法	鳗草	Sag Harbor Cove, America	夏季	6.9%	12个月	Pickerell et al., 2005
			鳗草	Spider Crab Bay, America	秋季	1.11%	6个月	Marion and Orth，2010
	水下掩埋	人工掩埋法	海菖蒲	黎安港，中国	冬季	5.88%	1个月	于硕等，2019
			鳗草	Chesapeake Bay, America	秋季	1.0% ~ 7.4%	6个月	Orth et al., 2009
		种子保护法	海菖蒲	黎安港，中国	冬季	96.10%（2 cm埋藏深度）1.25%（6 cm埋藏深度）	1个月	于硕等，2019
		机器播种法	鳗草	Chesapeake Bay, America	秋季	1.2% ~ 10.1%	6个月	Orth et al., 2009
		生物辅助播种法	鳗草	莱州朱旺港，中国	秋季	9.9% ~ 19.1%	5个月	（韩厚伟等，2012）
人工种子培育法			鳗草	山东半岛，中国	鳗草	/	/	张壮志等，2017
			托利虾形草（*Phyllospadix torreyi*）	near Santa Barba, America	秋季	0.9% ~ 2.3%	6个月	Bull et al., 2004

注：“/”表示数据缺失。

参考文献

陈石泉,蔡泽富,沈捷,等,2021. 海南高隆湾海草床修复成效及影响因素 [J]. 应用海洋学学报,40(1): 65-73.

范航清,邱广龙,石雅君,等,2011. 中国亚热带海草生理生态学研究 [M]. 北京:科学出版社.

黄小平,江志坚,刘松林,等,2019. 中国热带海草生态学研究 [M]. 北京:科学出版社.

韩厚伟,江鑫,潘金华,等,2012. 基于鳗草成苗率的新型海草播种技术评价 [J]. 生态学杂志,31(2): 507-512.

李森,范航清,邱广龙,等,2010. 海草床恢复研究进展 [J]. 生态学报,30(9): 2443-2453.

刘鹏,周毅,刘炳舰,等,2013. 鳗草海草床的生态恢复:根茎棉线绑石移植法及其效果 [J]. 海洋科学,37(10): 1-8.

刘燕山,郭栋,张沛东,等,2015. 北方潟湖鳗草植株枚订移植法的效果评估与适宜性分析 [J]. 植物生态学报,39(2): 176-183.

刘燕山,张沛东,郭栋,等,2014. 海草种子播种技术的研究进展 [J]. 水产科学,33(2): 127-132.

刘燕山,2015. 鳗草四种播种增殖技术的效果评估与适宜性分析 [D]. 青岛:中国海洋大学.

潘金华,2015. 鳗草(*Zostera marina* L.)场修复技术与应用研究 [D]. 青岛:中国海洋大学.

邱广龙,范航清,周浩郎,等,2014. 广西潮间带海草的移植恢复 [J]. 海洋科学,38(6): 24-30.

邱广龙,范航清,李宗善,等,2013. 濒危海草贝克喜盐草的种群动态及土壤种子库——以广西珍珠湾为例 [J]. 生态学报,33(19): 6163-6172.

任国忠,张起信,王继成,等,1991. 移植大叶藻提高池养对虾产量的研究 [J]. 海洋科学,1: 52-57.

王明,2015. 庙岛群岛鳗草生态系统修复 [D]. 青岛:中国海洋大学.

王朋梅,周毅,张晓梅,等,2016. 天鹅湖鳗草种苗补充情况调查 [J]. 海洋科学,40(6): 49-55.

于硕,张景平,崔黎军,等,2019. 基于种子法的海菖蒲海草床恢复 [J]. 热带海洋学报,38(1): 49-54.

张沛东,曾星,孙燕,等,2013. 海草植株移植方法的研究进展 [J]. 海洋科学,37(5): 100-107.

张壮志,潘金华,李晓捷,等,2017. 鳗草种子育苗及移栽技术研究 [J]. 中国海洋大学学报(自然科学版),47(5): 80-87.

ADDY C E, 1947. Eelgrass planting guide[J]. Maryland Conserv, 24: 16-17.

BASKIN J M, BASKIN C C, 2004. A classification system for seed dormancy[J]. Seed Science Research, 14: 1-16.

BASTYAN G R, CAMBRIDGE M L, 2008. Transplantation as a method for restoring the seagrass *Posidonia australis*[J]. Estuarine, Coastal and Shelf Science, 79: 289-299.

BRENCHLEY J L, PROBERT R J, 1998. Seed germination responses to some environmental factors in the seagrass *Zostera capricorni* from eastern Australia[J]. Aquatic Botany, 62(3): 177-188.

BULL J S, REED D C, HOLBROOK S J, 2004. An Experimental Evaluation of Different Methods of Restoring Phyllospadix torreyi (Surfgrass)[J]. Restoration ecology, 12(1): 70-79.

BUSCH K E, GOLDEN R R, PARHAM T A, et al., 2010. Large-Scale *Zostera marina* (eelgrass) Restoration in Chesapeake Bay, Maryland, USA. Part I: A Comparison of Techniques and Associated Costs[J]. Restoration Ecology, 18(4): 490-500.

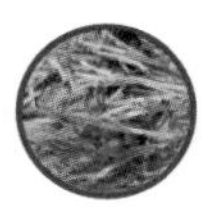

CAMPBELL M L, PALING E I, 2003. Evaluating vegetative transplant success in *Posidonia australis*: A field trial with habitat enhancement[J]. Marine Pollution Bulletin, 46(7): 828-834.

CAMPBELL M L, 2016. Burial Duration and Frequency Influences Resilience of Differing Propagule Types in a Subtidal Seagrass, *Posidonia australis*[J]. PLoS ONE, 11(8): e0161309.

ERIANDER L, INFANTES E, OLOFSSON M, et al., 2016. Assessing methods for restoration of eelgrass (*Zostera marina* L.) in a cold temperate region[J]. Journal of Experimental Marine Biology and Ecology, 479: 76-88.

EVANS S M, SINCLAIR E A, POORE A G B, et al., 2018. Assessing the effect of genetic diversity on the early establishment of the threatened seagrass *Posidonia australis* using a reciprocal-transplant experiment[J]. Restoration Ecology, 26(3): 570-580.

FINCH-SAVAGE W E, LEUBNER-METZGER G, 2006. Seed dormancy and the control of germination[J]. New Phytologist, 171: 501-523.

FISHMAN J R, ORTH R J, 1996. Effects of predation on *Zostera marina* L. seed abundance[J]. Journal of Experimental Marine Biology and Ecology, 198: 111-126.

HARWELL M C, ORTH R J, 1999. Eelgrass (*Zostera marina* L.) seed protection for field experiment sand implications for large-scale restoration[J]. Aquatic Botany, 64(1): 51-61.

INFANTES E, ERIANDER L, MOKSNES P O, 2016. Eelgrass (*Zostera marina*) restoration on the west coast of Sweden using seeds[J]. Marine Ecology Progress, 546: 31-45.

INFANTES E, MOKSNES P O, 2018. Eelgrass seed harvesting: flowering shoots development and restoration on the Swedish west coast[J]. Aquatic Botany, 144: 9-19.

KATWIJK M, BOS A R, JONGE V, et al., 2009. Guidelines for seagrass restoration: Importance of habitat selection and donor population, spreading of risks, and ecosystem engineering effects[J]. Marine Pollution Bulletin, 58(2): 179-188.

KENWORTHY W J, HALL M O, HAMMERSTROM K K, et al., 2018. Restoration of tropical seagrass beds using wild bird fertilization and sediment regrading[J]. Ecological Engineering, 112: 72-81.

KIRKMAN, H, 1998. Pilot experiments on planting seedlings and small seagrass propagules in Western Australia. Marine Pollution Bulletin, 37(8): 460-467.

LANURU M, AMBO-RAPPE R, AMRI K, et al., 2017. Hydrodynamics in Indo-Pacific seagrasses with a focus on short canopies[J]. Botanica Marina, 61(1): 1-8.

LEE K S, PARK J I, 2008. An effective transplanting technique using shells for restoration of *Zostera marina* habitats[J]. Marine Pollution Bulletin, 56: 1015-1021.

LEPOINT G, VANGELUWE D, EISINGER M, et al., 2004. Nitrogen dynamics in *Posidonia oceanica* cuttings: implications for transplantation experiments[J]. Marine Pollution Bulletin, 48(5): 465-470.

LIU Z Z, CUI B S, QIANG H, 2016. Shifting paradigms in coastal restoration: Six decades' lessons from China[J]. Science of the Total Environment, 566: 205-214.

MARION S R, ORTH R J, 2010. Innovative techniques for large-scale seagrass restoration using *Zostera marina* (eelgrass) seeds[J]. Restoration Ecology, 18(4): 514-526.

MEEHAN A J, WEST R J, 2002. Experimental transplanting of *Posidonia australis* seagrass in Port Hacking, Australia, to assess the feasibility of restoration[J]. Marine Pollution Bulletin, 44: 25-31.

MEEHAN A J, WEST R J, 2000. Recovery times for a damaged *Posidonia australis* bed in south eastern Australia[J].Aquatic Botany, 67(2): 161-167.

NECKLES H A, 2015. Loss of Eelgrass in Casco Bay, Maine, Linked to Green Crab Disturbance[J]. Northeastern Naturalist, 22(3): 478-500.

NENNI A, ROHANI A R, MAHATMA L, et al., 2018. Species richness effects on the vegetative expansion of transplanted seagrass in Indonesia[J]. Botanica Marina, 61(3): 205-211.

ORTH R J, MCGLATHERY K J, 2012. Eelgrass recovery in the coastal bays of the Virginia Coast Reserve, USA[J]. Marine Ecology Progress, 448: 173-176.

ORTH R J, LUCKENBACH M, MOORE K A, 1994. Seed Dispersal in a Marine Macrophyte: Implications for Colonization and Restoration[J]. Ecology, 75(7): 1927-1939.

ORTH R J, MARION S R, GRANGER S, et al., 2009. Evaluation of a mechanical seed planter for transplanting *Zostera marina* (eelgrass) seeds[J]. Aquatic Botany, 90(2): 204-208.

PALING E I, VAN KEULEN M, WHEELER K, et al., 2001. Mechanical seagrass transplantation in Western Australia[J]. Ecological Engineering, 16: 331-339.

PARK J I, LEE K S, 2007. Site-specific success of three transplanting methods and the effect of planting time on the establishment of *Zostera marina* transplants[J]. Marine Pollution Bulletin, 54: 1238-1248.

PAULO D, CUNHA A H, BOAVIDA J, et al., 2019. Open coast seagrass restoration. Can we do it? Large Scale Seagrass Transplants[J]. Frontiers in Marine Science, 6: 1-15.

PHILLIPS R C, 1976. Preliminary observations on transplanting and a phenological index of seagrasses[J]. Aquatic Botany, 2(2): 93-101.

PICKERELL C H, SCHOTT S, WYLLIE-ECHEVERRIA S, 2005. Buoy-deployed seeding: Demonstration of a new eelgrass (*Zostera marina* L.) planting method[J]. Ecological Engineering, 25(2): 127-136.

REYNOLDS L K, WAYCOTT M, MCGLATHERY K J, et al., 2016. Ecosystem services returned through seagrass restoration[J]. Restoration Ecology, 24(5): 1-6.

SINCLAIR E A, SHERMAN C, STATTON J, et al., 2021. Advances in approaches to seagrass restoration in Australia[J]. Ecological Management & Restoration, 22(1): 10-21.

STATTON J, MONTOYA L R, ORTH R J, et al., 2017. Identifying critical recruitment bottlenecks limiting seedling establishment in a degraded seagrass ecosystem[J]. Scientific Reports, 7(1): 1-12.

SUYKERBUYK W, GOVERS L L, BOUMA T J, et al., 2016. Unpredictability in seagrass restoration: analysing the role of positive feedback and environmental stress on *Zostera noltii* transplants[J]. Journal of Applied Ecology, 53: 774-784.

TAN Y M, DALBY O, KENDRICK G A, et al., 2020. Seagrass Restoration Is Possible: Insights and Lessons From Australia and New Zealand[J]. Frontiers in Marine Science, 7: 1-21.

TANNER C E, PARHAM T, 2010. Growing *Zostera marina* (eelgrass) from Seeds in Land-Based Culture Systems for Use in Restoration Projects[J]. Restoration Ecology, 18(4): 527-537.

TANNER C, HUNTER S, REEL J, et al., 2010. Evaluating a Large-Scale Eelgrass Restoration Project in the Chesapeake Bay[J]. Restoration Ecology, 18(4): 538-548.

UNSWORTH R K F, BERTELLI C M, CULLEN-UNSWORTH L C, et al., 2019. Sowing the seeds of

seagrass recovery using hessian bags[J]. Frontiers in Ecology and Evolution, 7: 1-7.

VALLE M, GARMENDIA J M, CHUST G, et al., 2015. Increasing the chance of a successful restoration of *Zostera noltii* meadows[J]. Aquatic Botany, 127: 12-19.

VAN KATWIJK M M, BOS A R, DE JONGE V N, et al., 2009. Guidelines for seagrass restoration: importance of habitat selection and donor population, spreading of risks, and ecosystem engineering effects[J]. Marine Pollution Bulletin, 58(2): 179-188.

VAN KATWIJK M M, THORHAUG A, MARBÀ N, et al., 2016. Global analysis of seagrass restoration: the importance of large-scale planting[J]. Journal of Applied Ecology, 53: 567-578.

XU S, XU S, ZHOU Y, et al., 2020. Long-term seed storage for desiccation sensitive seeds in the marine foundation species *Zostera marina* L. (eelgrass)[J]. Global Ecology and Conservation, 24: e01401.

XU S, ZHOU Y, XU S, et al., 2019. Seed selection and storage with nano-silver and copper as potential antibacterial agents for the seagrass *Zostera marina*: implications for habitat restoration[J]. Scientific Reports, 9: 20249.

YUE S D, ZHANG Y, ZHOU Y, et al., 2019. Optimal long-term seed storage conditions for the endangered seagrass *Zostera japonica*: implications for habitat conservation and restoration[J]. Plant Methods, 15: 158-168.

ZHOU Y, LIU P, LIU B, et al., 2014. Restoring Eelgrass (*Zostera marina* L.) Habitats Using a Simple and Effective Transplanting Technique[J]. Plos One, 9(4): 1-7.

附图　南海区海草床调查图谱

广东湛江流沙湾

海草群落

1～4：卵叶喜盐草（*Halophila ovalis*）；5～6：小喜盐草（*Halophila minor*）

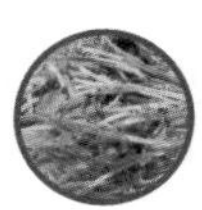

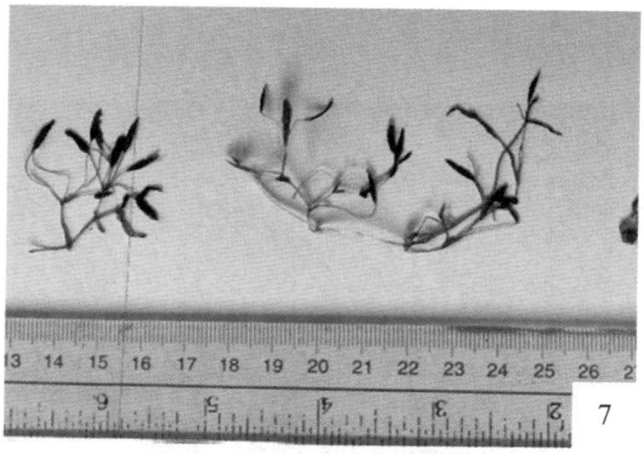
7

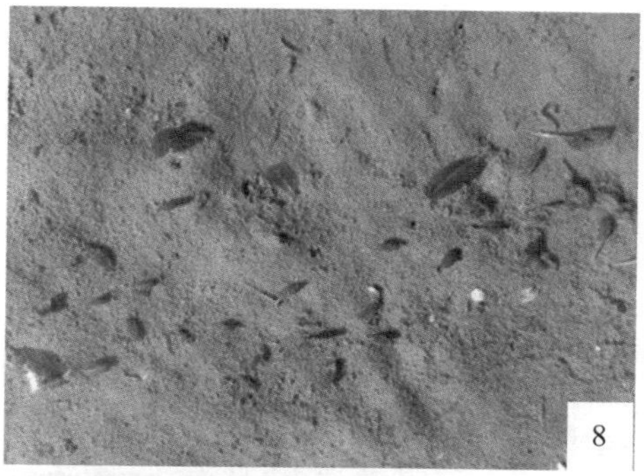
8

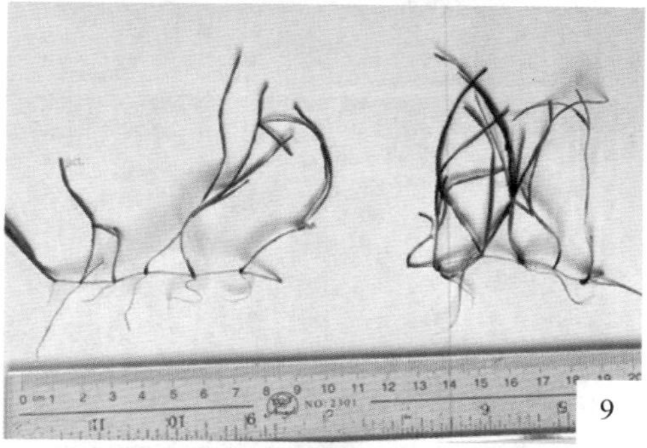
9

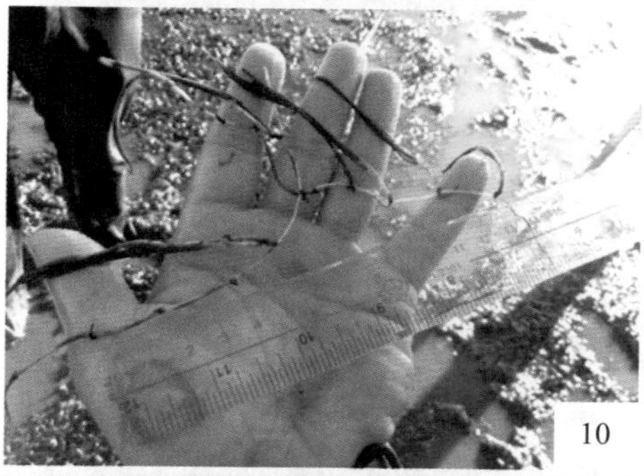
10

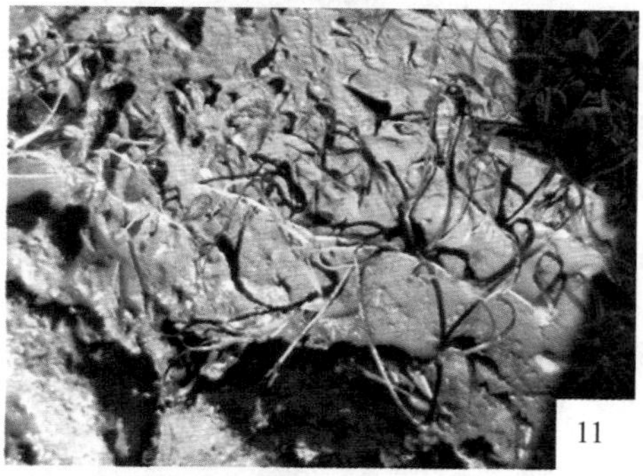
11

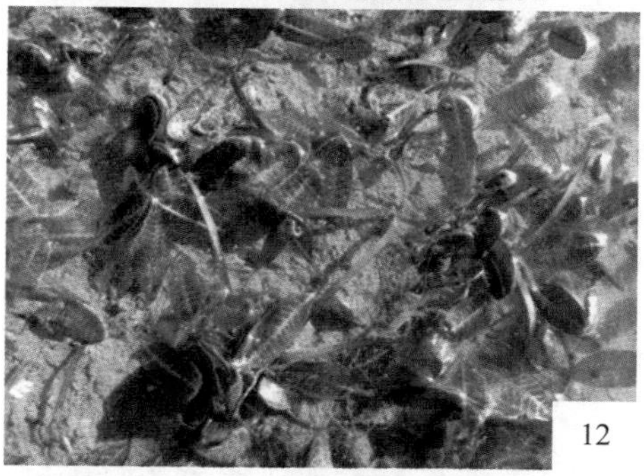
12

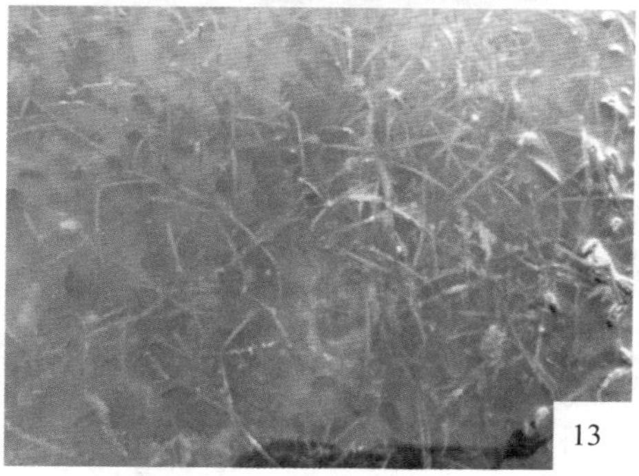
13

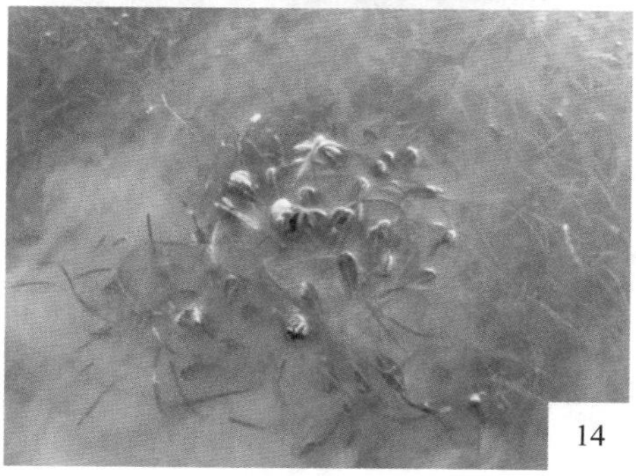
14

7～8：贝克喜盐草（*Halophila beccarii*）；9～11：单脉二药草（*Halodule uninervis*）；
12～14：单脉二药草和卵叶喜盐草混生

海草床中的底上生物

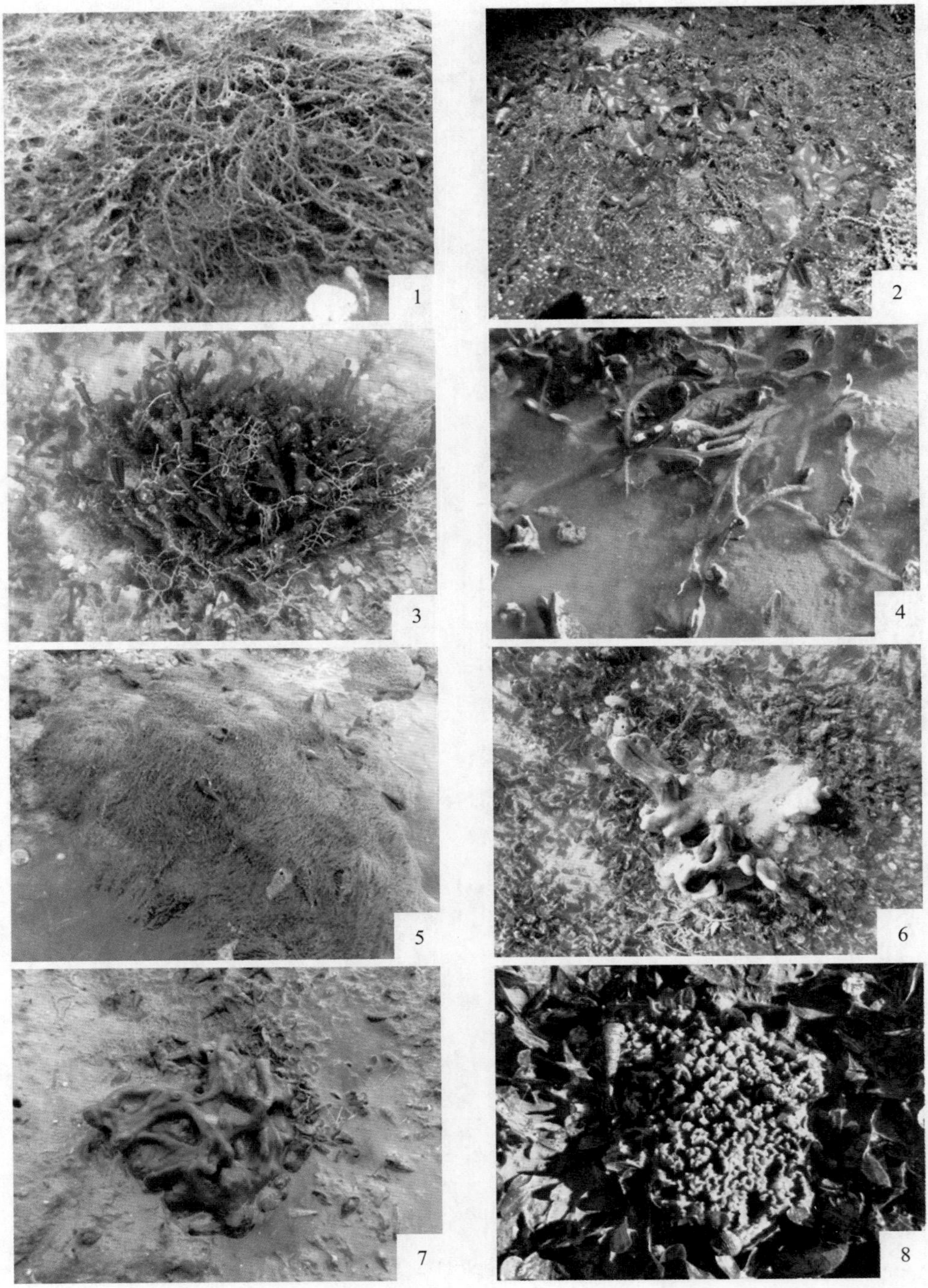

1～7：海草床中的大型藻类；8：海草床中的海绵

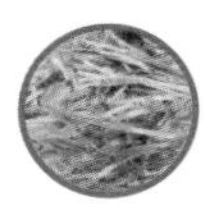

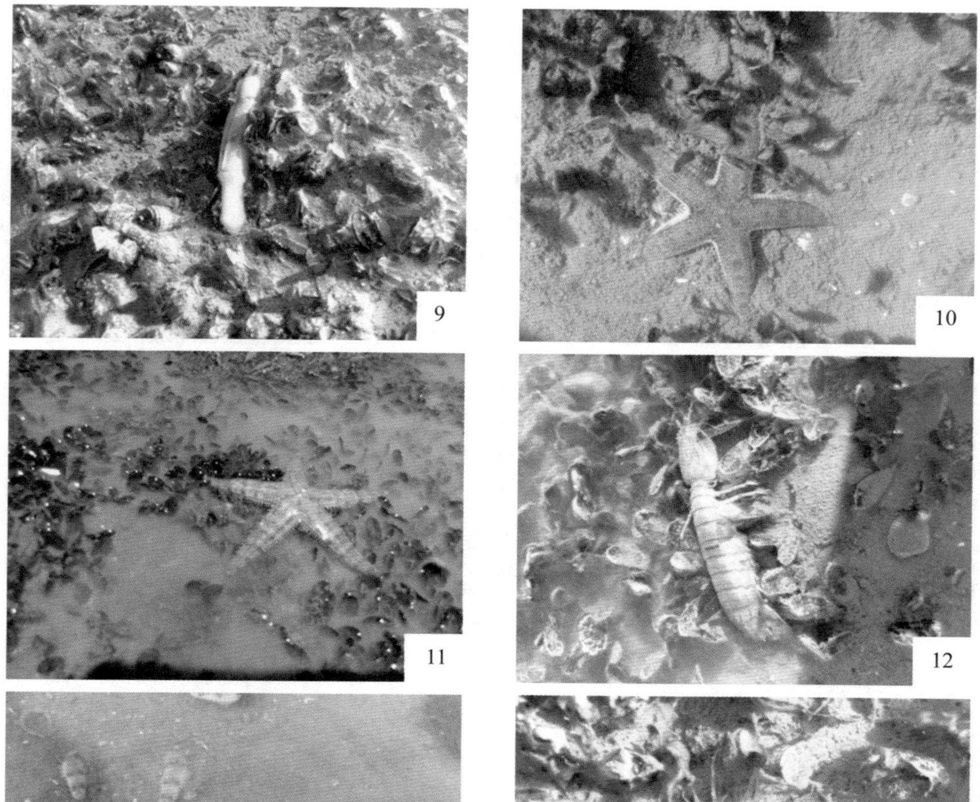

9

10

11

12

13

14

15

16

9～16：海草床中的大型底栖动物

区域状况和威胁因素

1：区域无人机俯拍图；2：湾内大量围网捕鱼设施；3～4：鱼塘养殖排污；

5：海上鱼排养殖；6：大量繁殖的大型海藻将海草完全覆盖；7：海草床内养海鸭；

8：当地居民在海草床内挖贝、耙螺

广东珠海唐家湾

海草群落

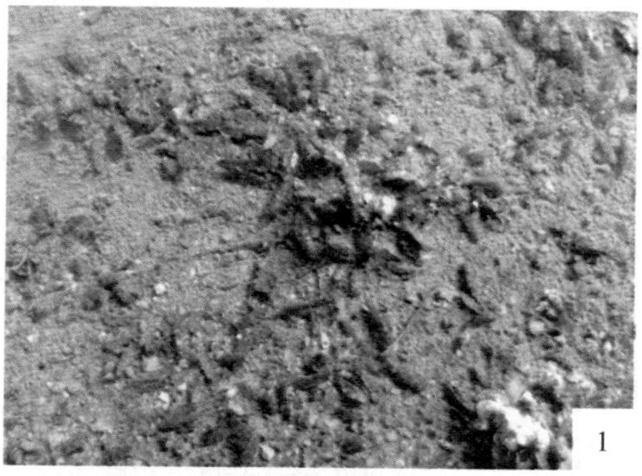

1～5：贝克喜盐草（*Halophila beccarii*）；6：海草床中生长的扁浒苔（*Ulva compressa*）

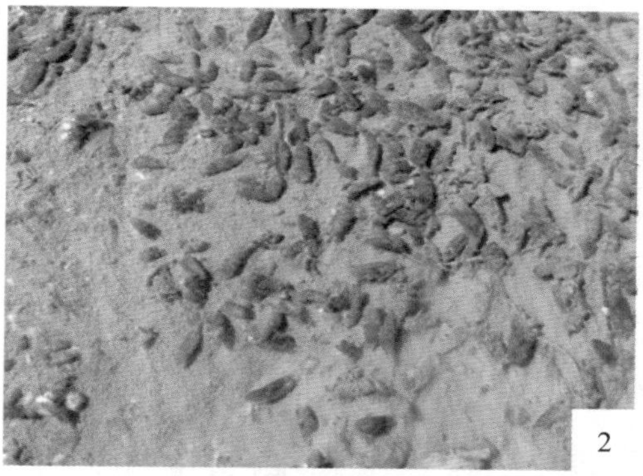

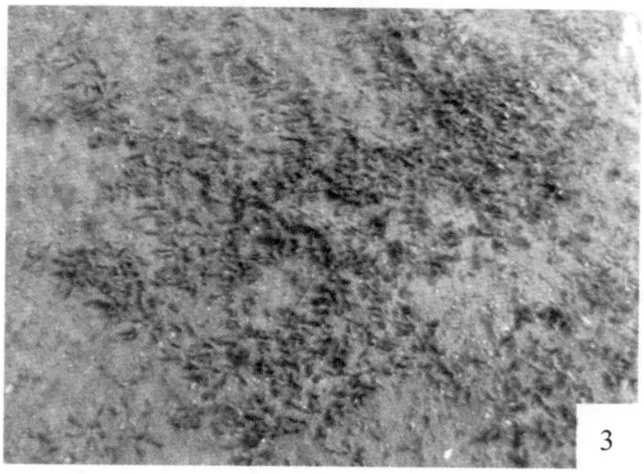

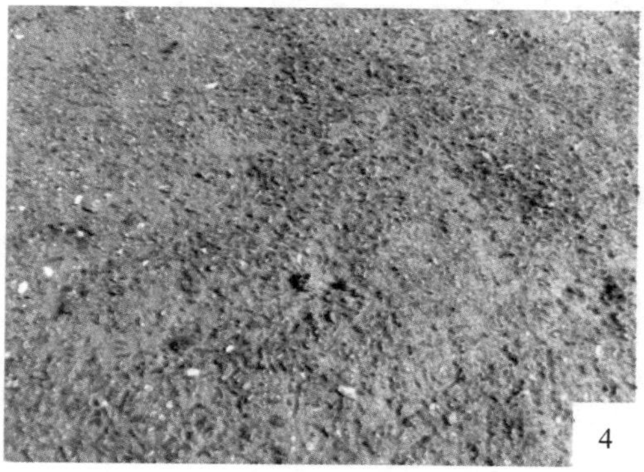

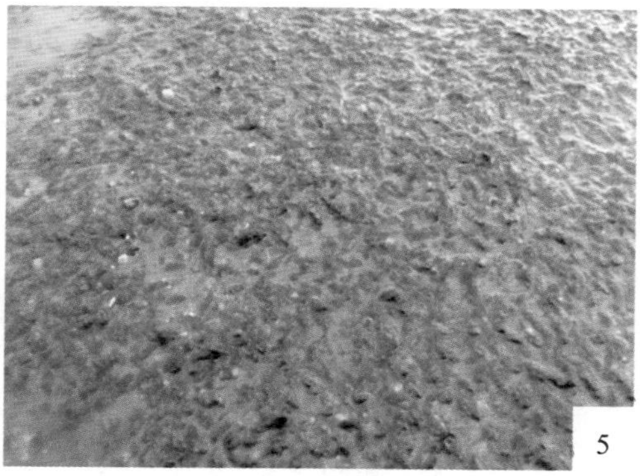

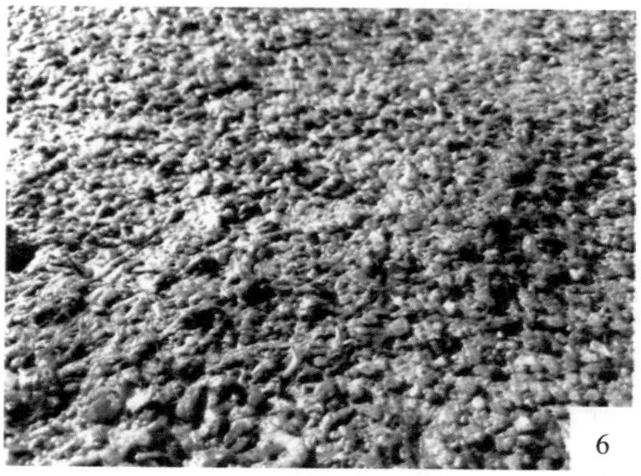

区域环境和威胁因素

1～2：区域无人机俯拍图；3～4：当地居民在海草床内挖贝、耙螺、收割生蚝等；

5～6：人为投放大量碎石用于生蚝养殖；7～8：人工沙滩、生活污水排放影响

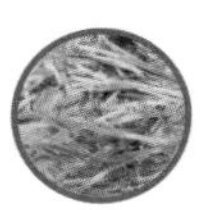

广东汕头义丰溪

海草群落

1

2

3

4

5

6

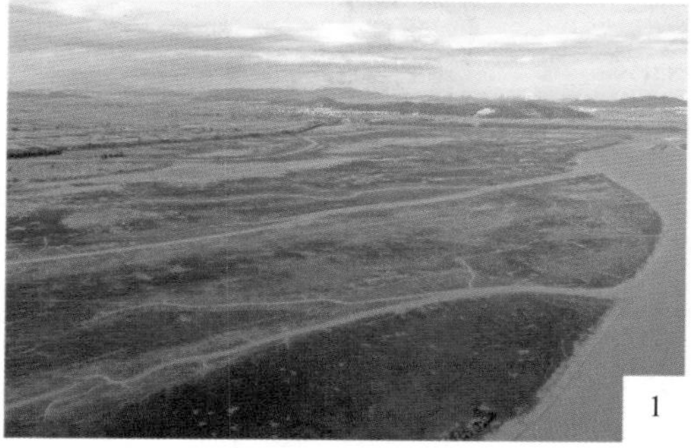

1～2：区域无人机俯拍图；3～4：卵叶喜盐草（*Halophila ovalis*）；5～6：海草床中的浒苔（*Ulva* sp.）

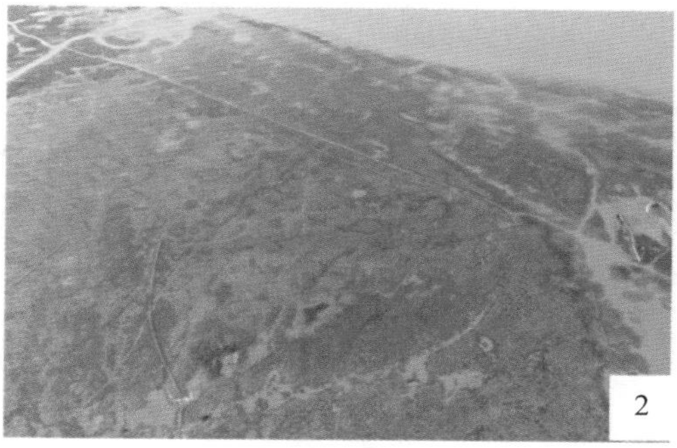

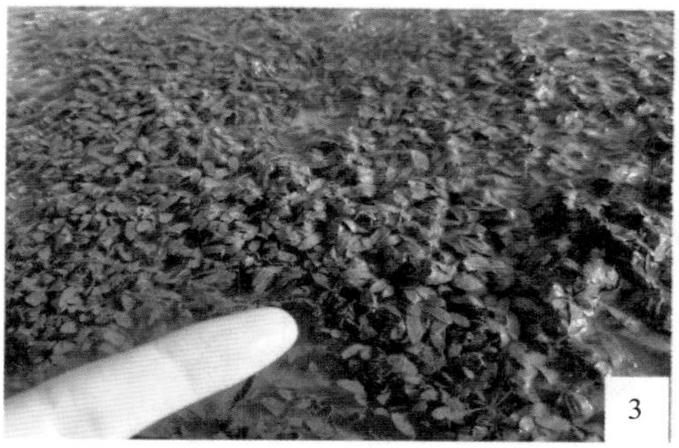

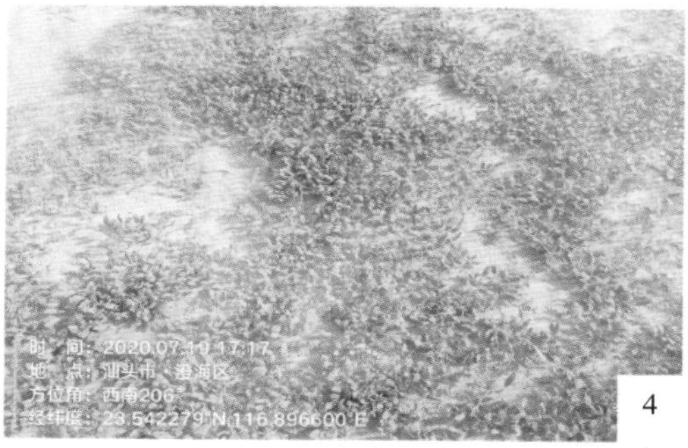

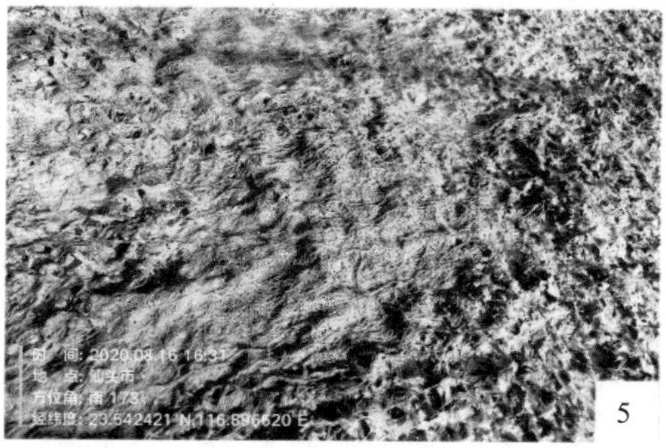

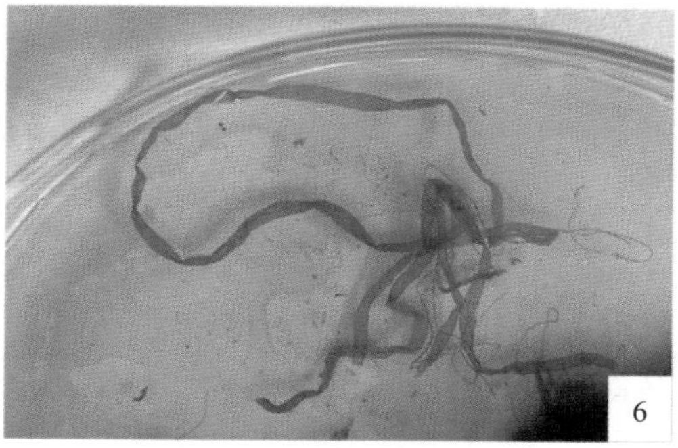

区域状况和威胁因素

1：大量高位池塘养殖；2～3：当地居民挖贝、耙螺；4～5：地笼捕捞；6～8：大面积海水养殖现象

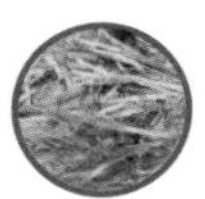

广东潮州柘林湾

区域状况和海草群落

1

2

3

4

5

6

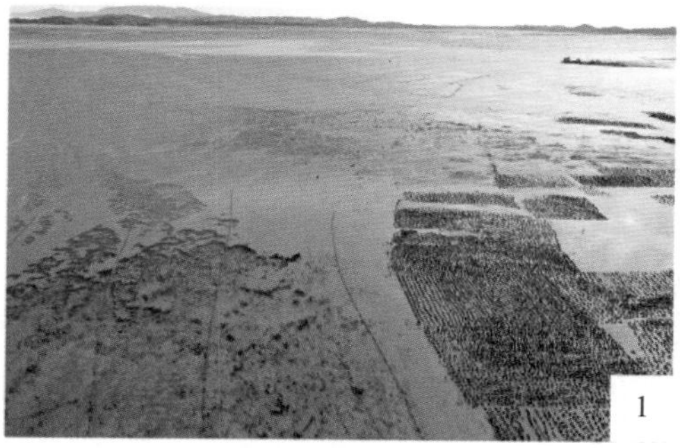

1～2：区域内大面积海水养殖现象；3：贝克喜盐草（*Halophila beccarii*）；4：卵叶喜盐草（*Halophila ovalis*）；5～6：大面积的大型藻类

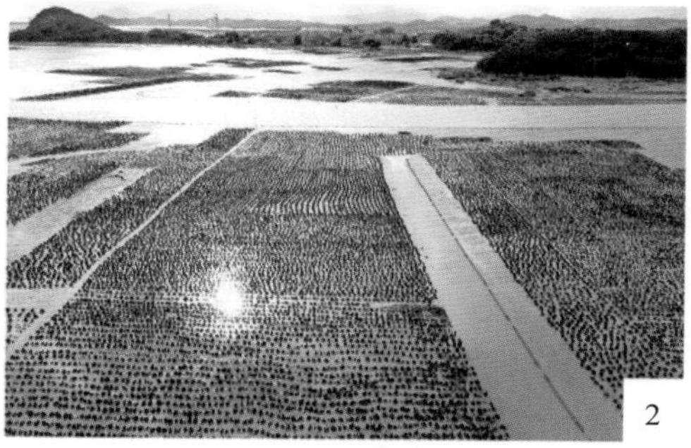

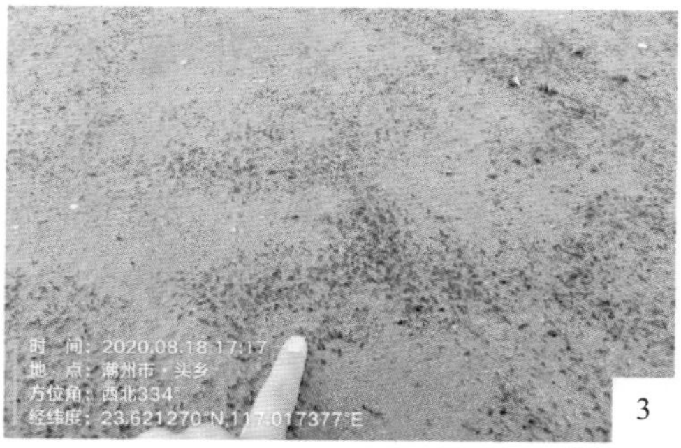

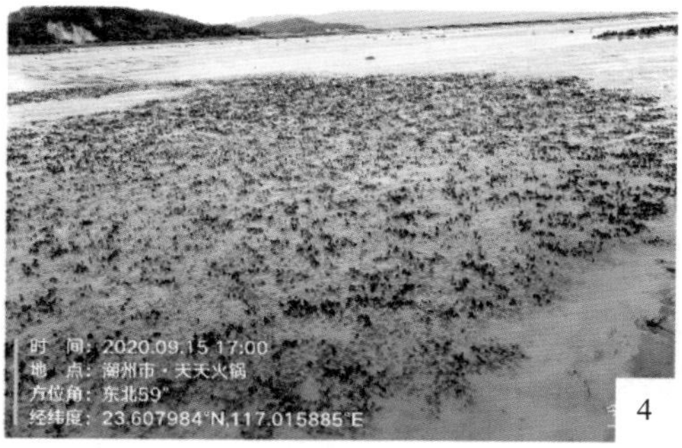

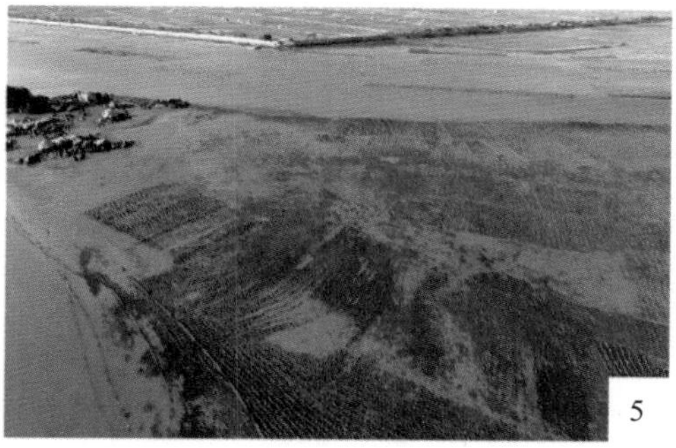

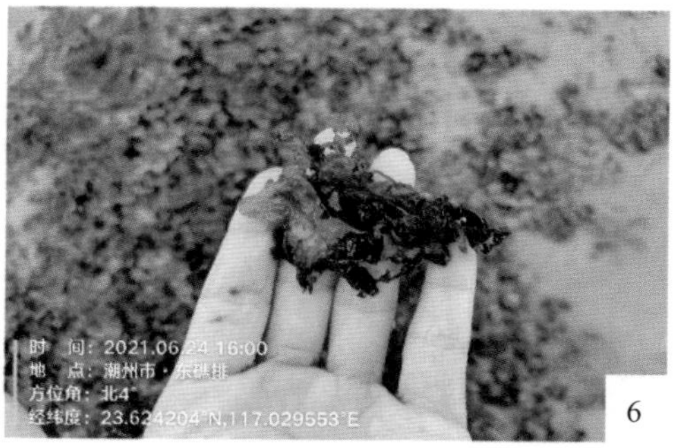

威胁因素

1～2：区域内大面积的插桩养殖现象；3～4：地笼捕捞；5：当地居民挖贝；6：大量小型渔船停泊

广西北海铁山港

海草群落

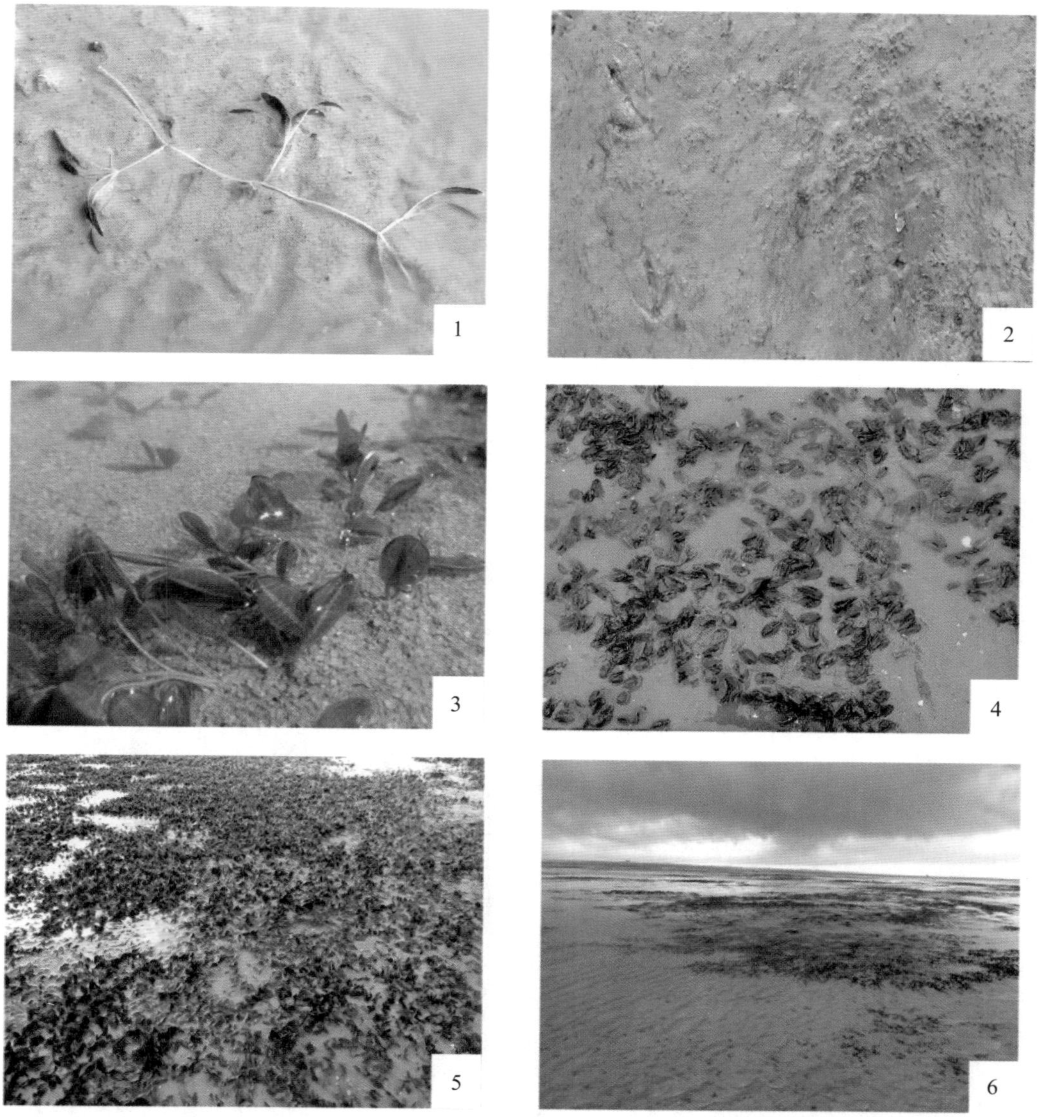

1：贝克喜盐草（*Halophila beccarii*）植株；2：贝克喜盐草群落；3～5：卵叶喜盐草（*Halophila ovalis*）；6：海草斑块

区域状况和威胁因素

1：围填海工程；2：海上抽沙活动；3：围网捕捞；4：鱼排养殖；5：互花米草入侵；6～8：当地居民在海草床内挖贝、螺耙、养殖海鸭等

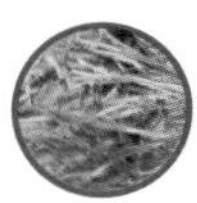

广西防城港珍珠湾

海草群落和威胁因素

1～4：日本鳗草（*Zostera japonica*）；5：海草床内的中华鲎；6～7：居民挖贝、耙螺；8：高位池塘养殖

海南文昌

海草群落

1～3：海菖蒲（*Enhalus acoroides*）；4：泰莱草（*Thalassia hemprichii*）；
5：海菖蒲标本；6：泰莱草标本

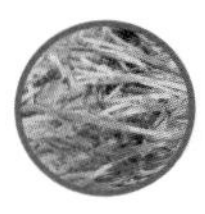

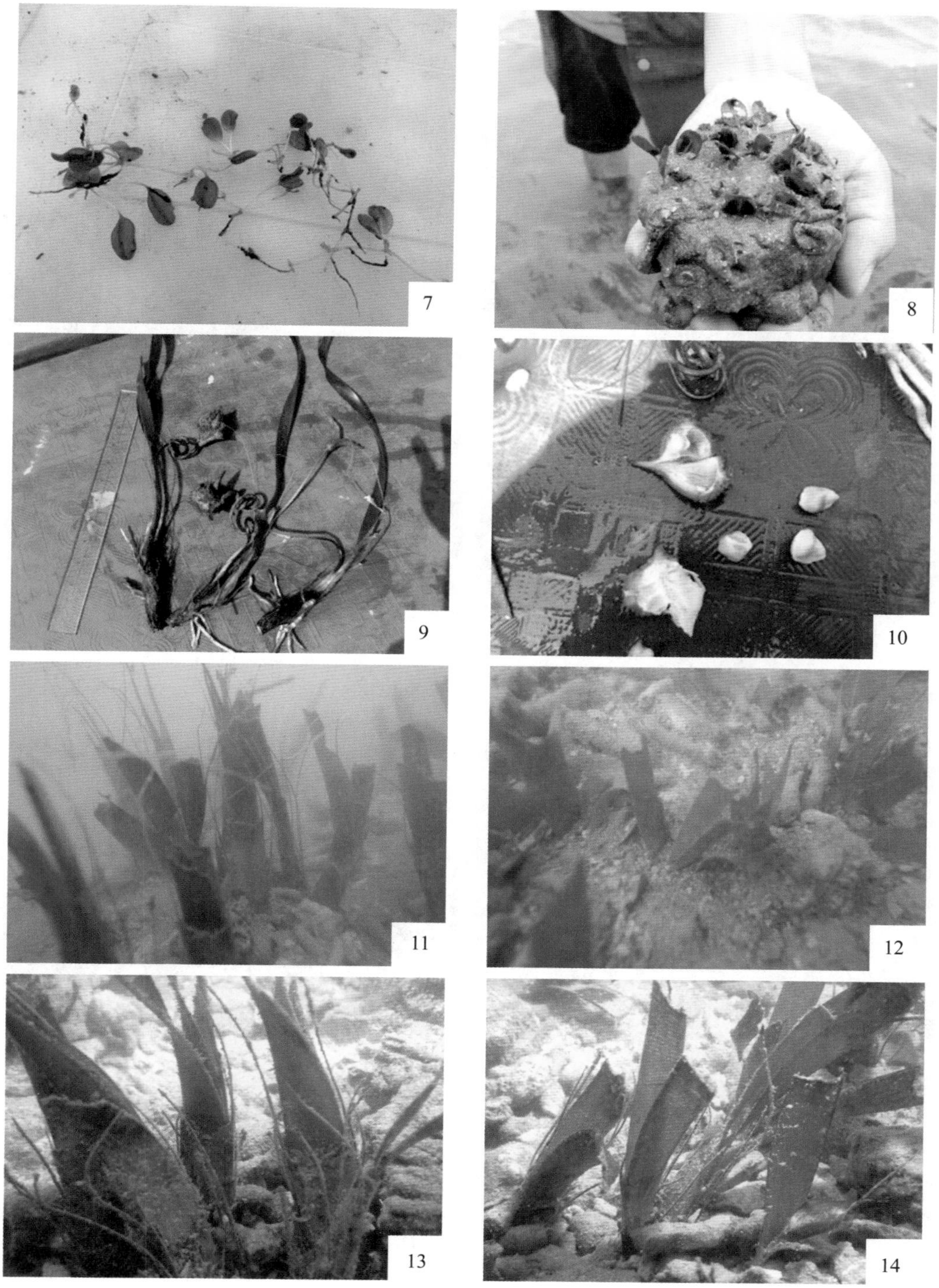

7～8：卵叶喜盐草（*Halophila ovalis*）；9～10：海菖蒲的花和种子；

11～14：台风影响后折断的海草叶片

区域状况和威胁因素

1～2：区域无人机俯拍图；3～4：大量高位池塘养殖和污水排放；5：高隆湾围填海工程；

6：养殖池抽取海水形成的沟壑

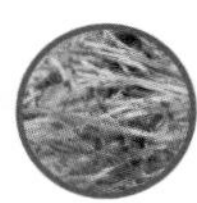

海南琼海

海草群落

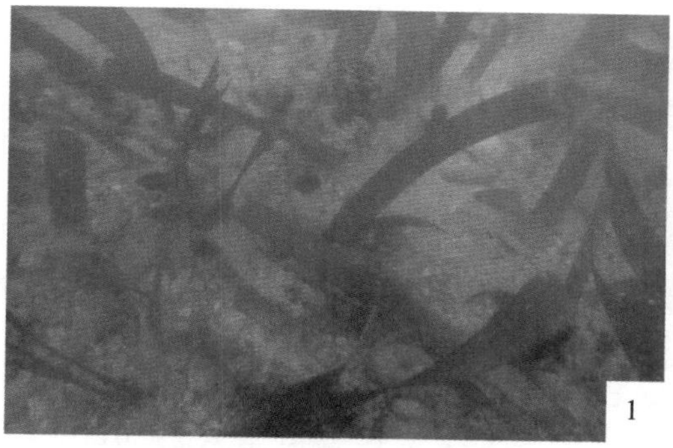
1

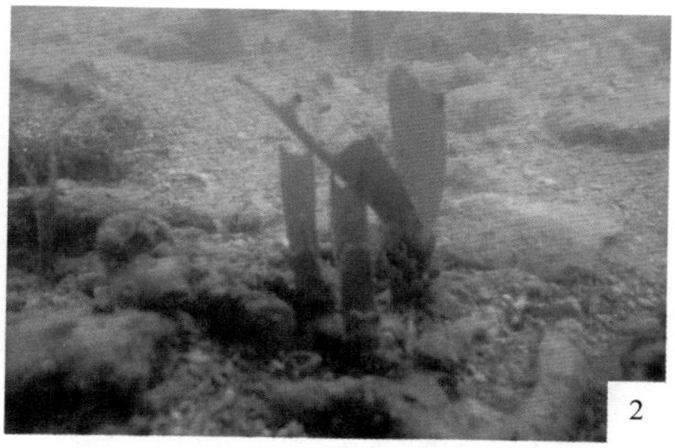
2

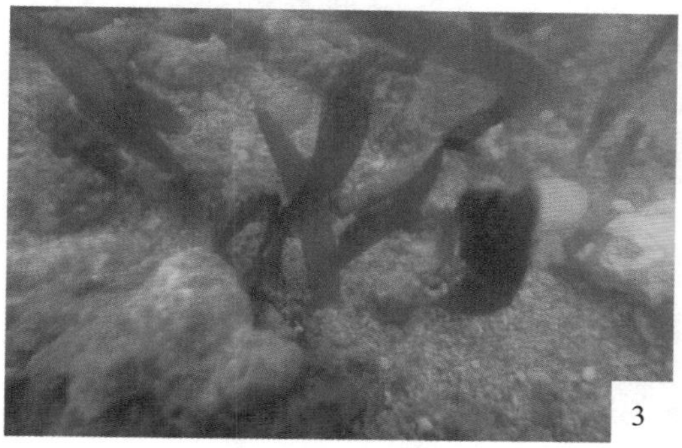
3

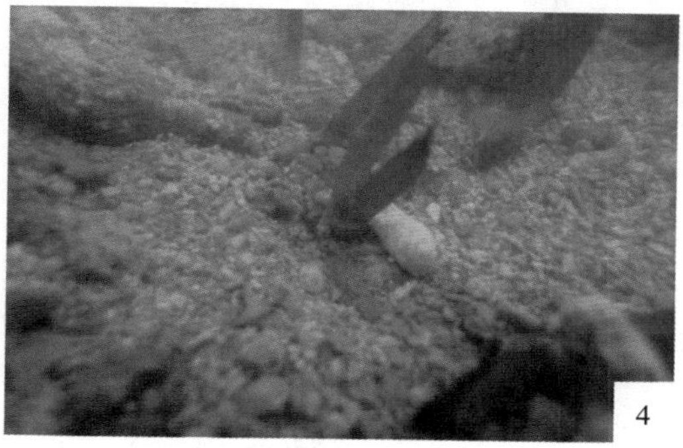
4

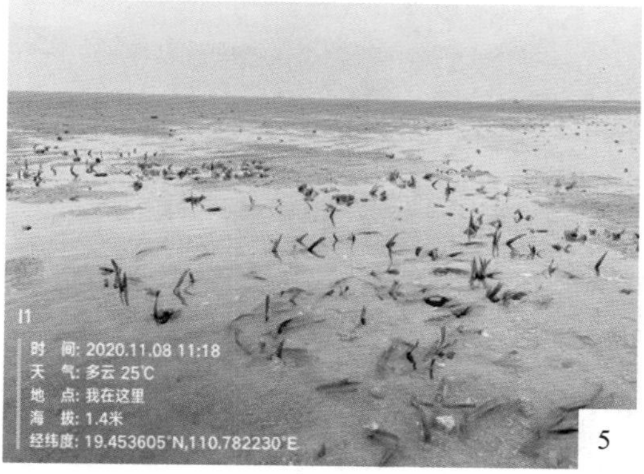

5

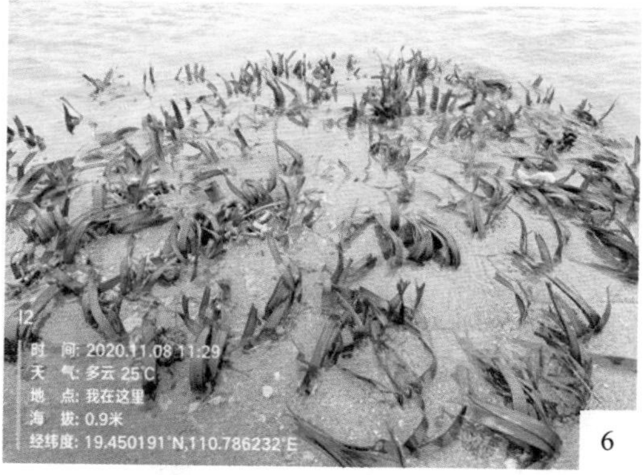

6

1～4：水下泰来草（*Thalassia hemprichii*）；5～6：退潮后露出的海菖蒲（*Enhalus acoroides*）

区域状况和威胁因素

1～2：海上工程设施的影响；3：存在大量高位养殖池塘；4～8：养殖污水排放引起海水变色

海南陵水新村港

海草群落

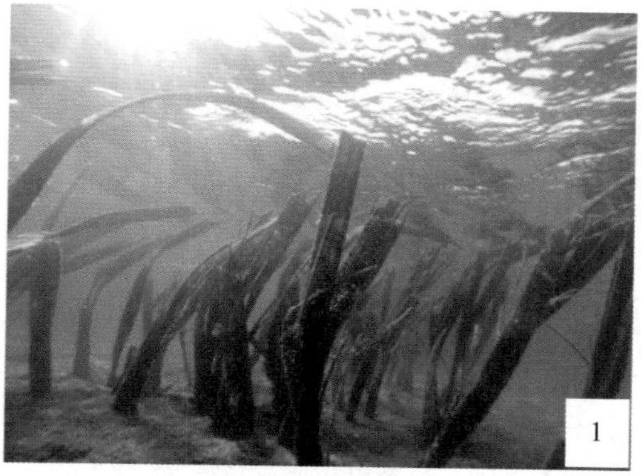

1～4：海菖蒲（*Enhalus acoroides*）；5：海菖蒲的花；6：海菖蒲叶片上大量的附生生物

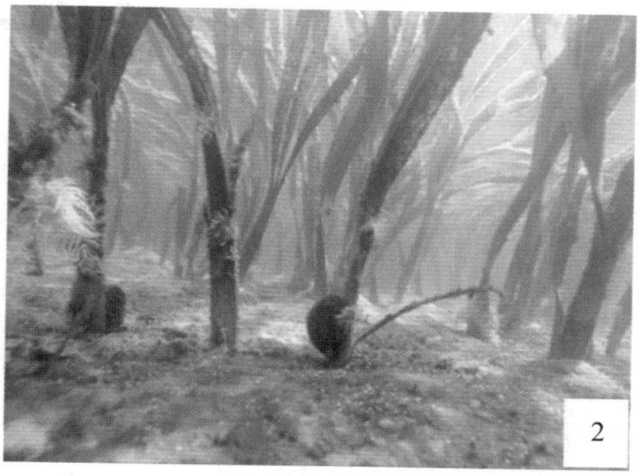

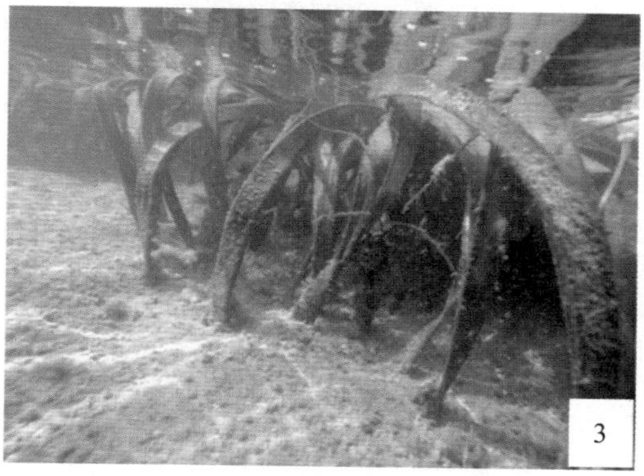

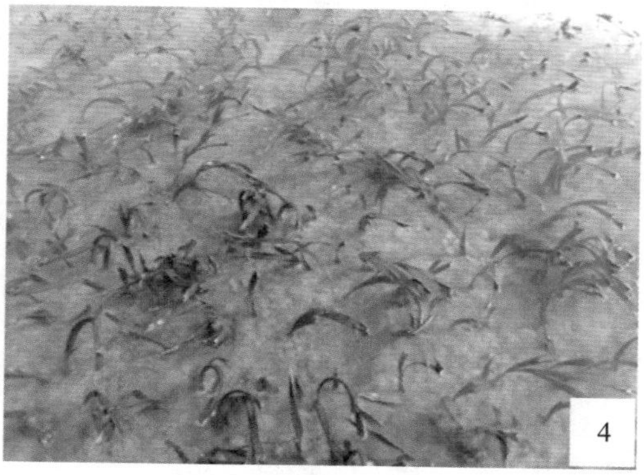

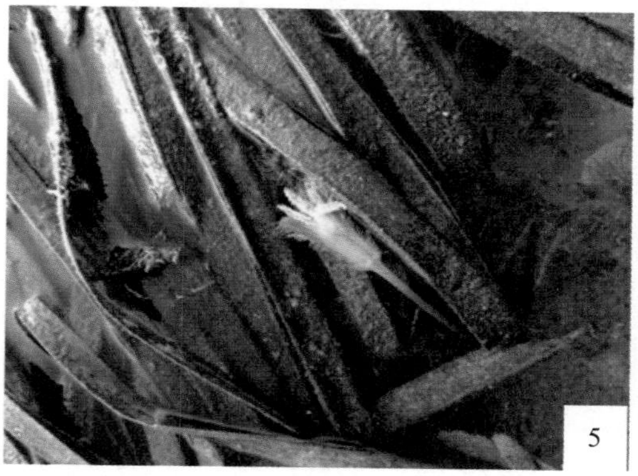

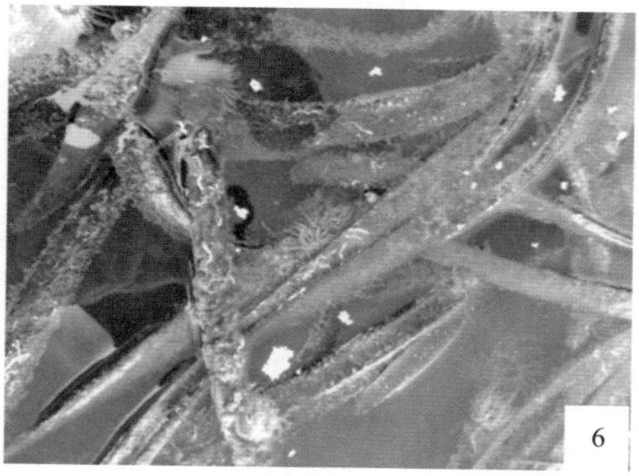

7～11：泰来草（*Thalassia hemprichii*）；12：泰来草斑块；13～14：圆叶丝粉草（*Cymodocea rotundata*）

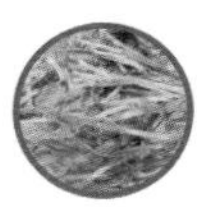

海草床中的底上生物

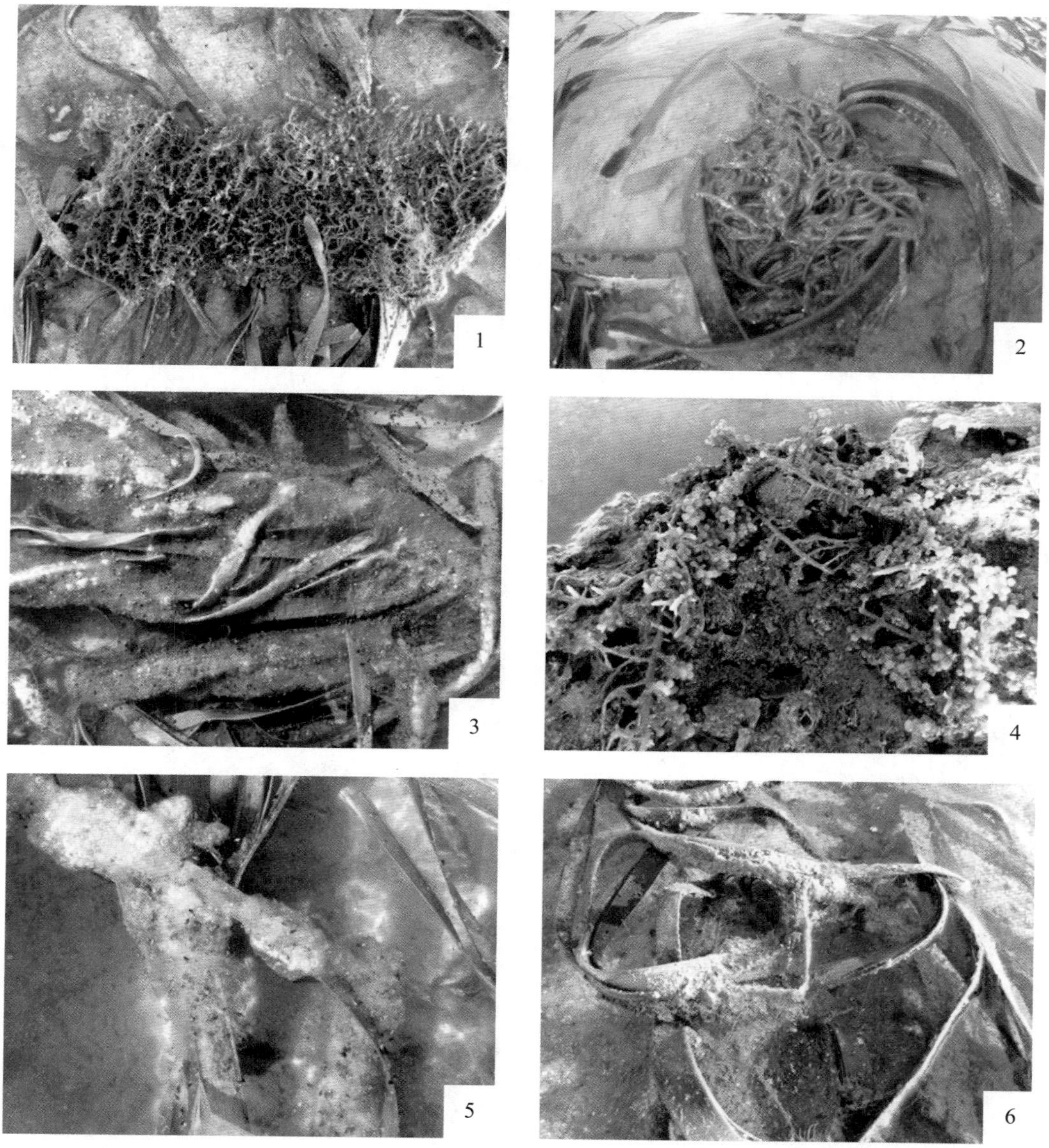

1　2

3　4

5　6

1：刺枝鱼栖苔（*Acanthophora taxiformis*）；2：线形硬毛藻（*Chaetomorpha linum*）；3：刚毛藻属（*Cladophora* sp.）；4：总状蕨藻（*Caulerpa racemosa*）；5：大量生长在刚毛藻中的小型螺类；6：生长在海菖蒲（*Enhalus acoroides*）叶片上的大量附生生物

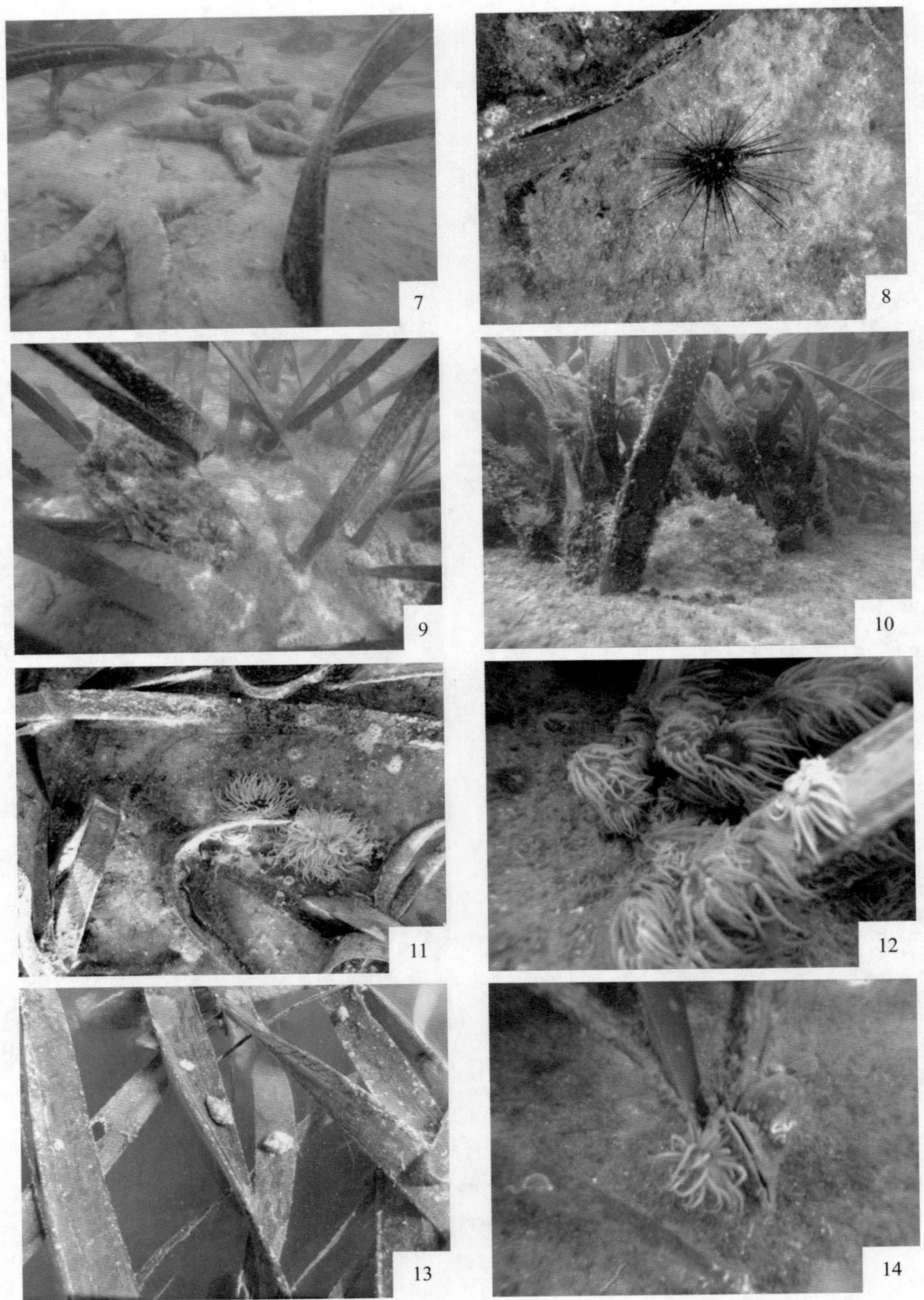

7：海星；8：海胆；9～10：海兔；11～12：海草叶片上附着大量海葵；13：附生于海草叶片上的螺类；14：附生于海草根部的贝类

区域状况和威胁因素

1～4：区域状况图；5：港内鱼排分布情况；6：港周边养殖池塘分布情况

7：海草被连根挖起；8～9：海草床内的垃圾；10～11：地笼、网桩捕捞；12：当地居民在海草床中抓捕鱼贝类；13～14：人工栈道和海上工程开发

海南陵水黎安港

海草群落

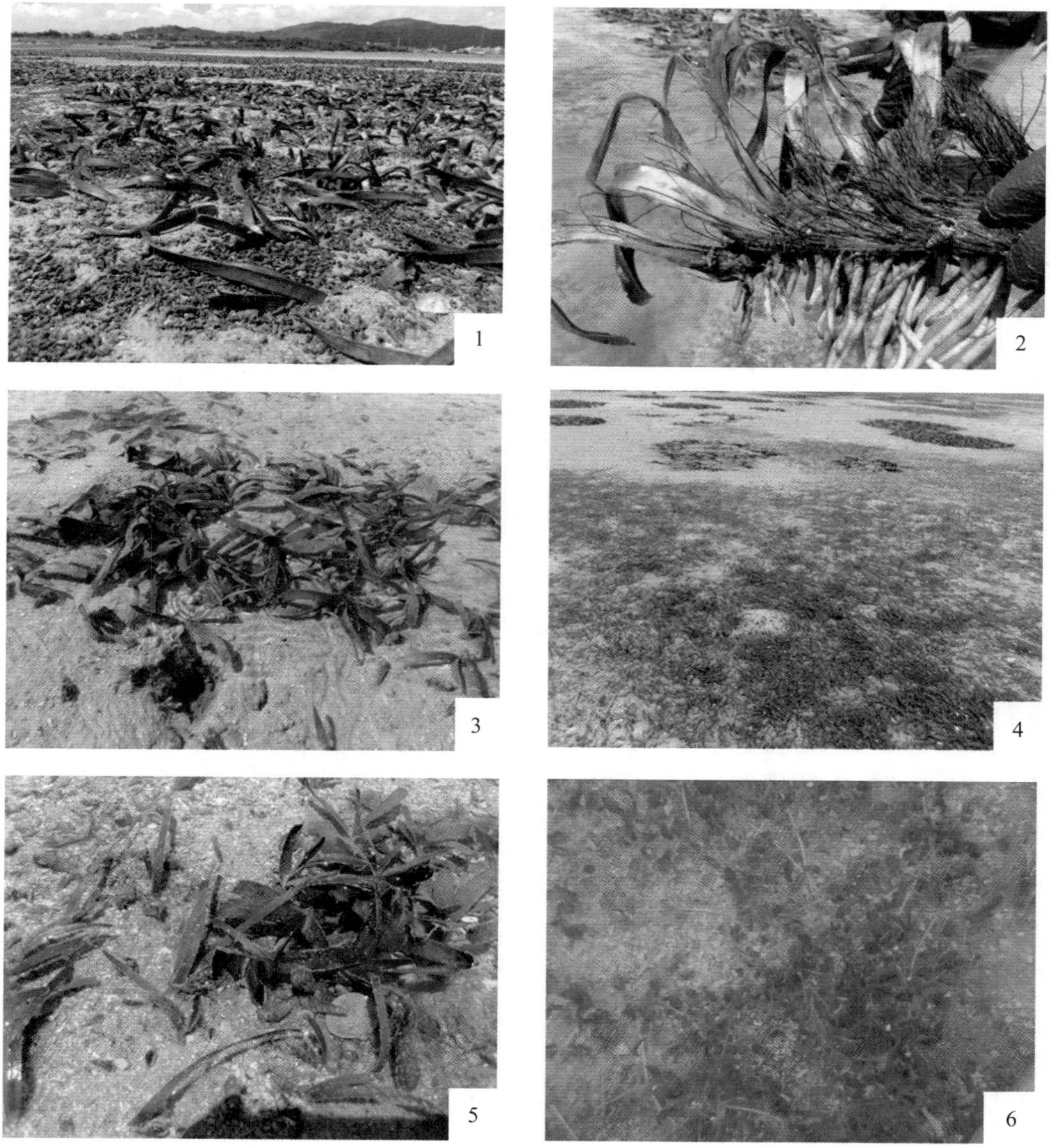

1

2

3

4

5

6

1～2：海菖蒲（*Enhalus acoroides*）；3：泰来草（*Thalassia hemprichii*）；4：圆叶丝粉草（*Cymodocea rotundata*）；5：泰来草和圆叶丝粉草混生；6：卵叶喜盐草（*Halophila ovalis*）

海草床中的底上生物

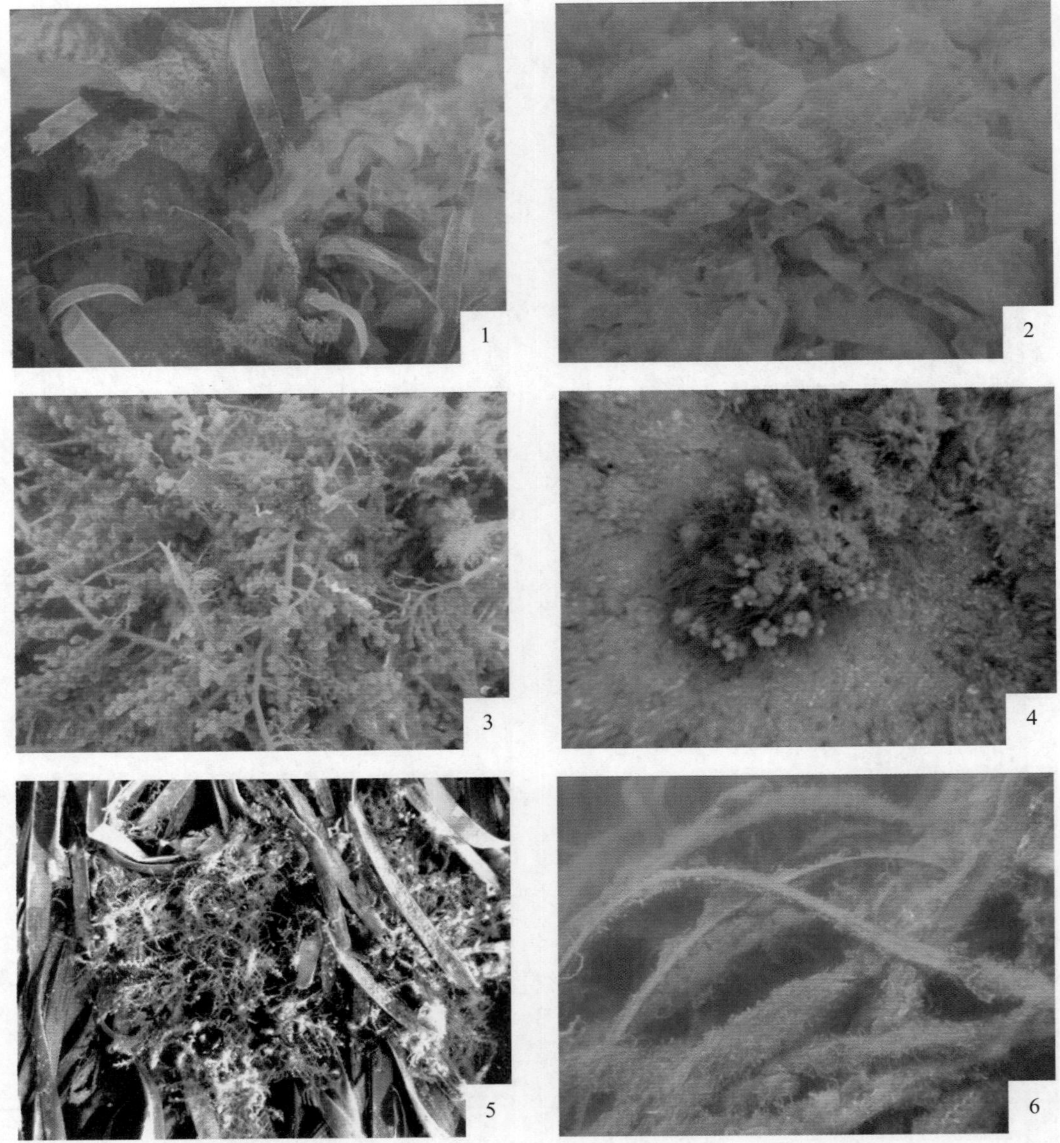

1～2：大量生长的石纯（*Ulva lactuca*）；3～4：总状蕨藻（*Caulerpa racemosa*）；5：刺枝鱼栖苔（*Acanthophora taxiformis*）；6：海草叶片上附着大量的藻类

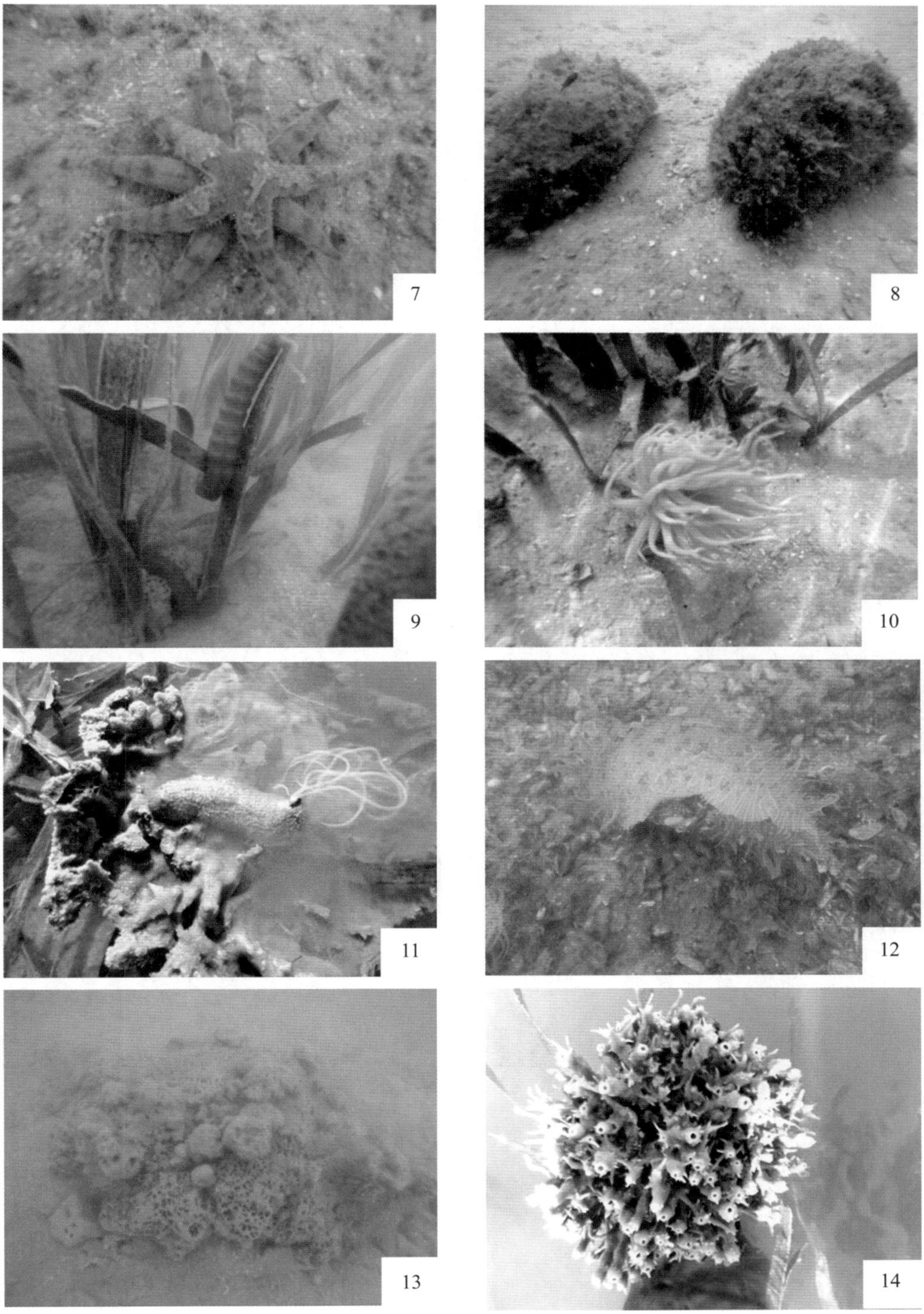

7 8

9 10

11 12

13 14

7～14：海草床中的大型底栖动物

区域状况和威胁因素

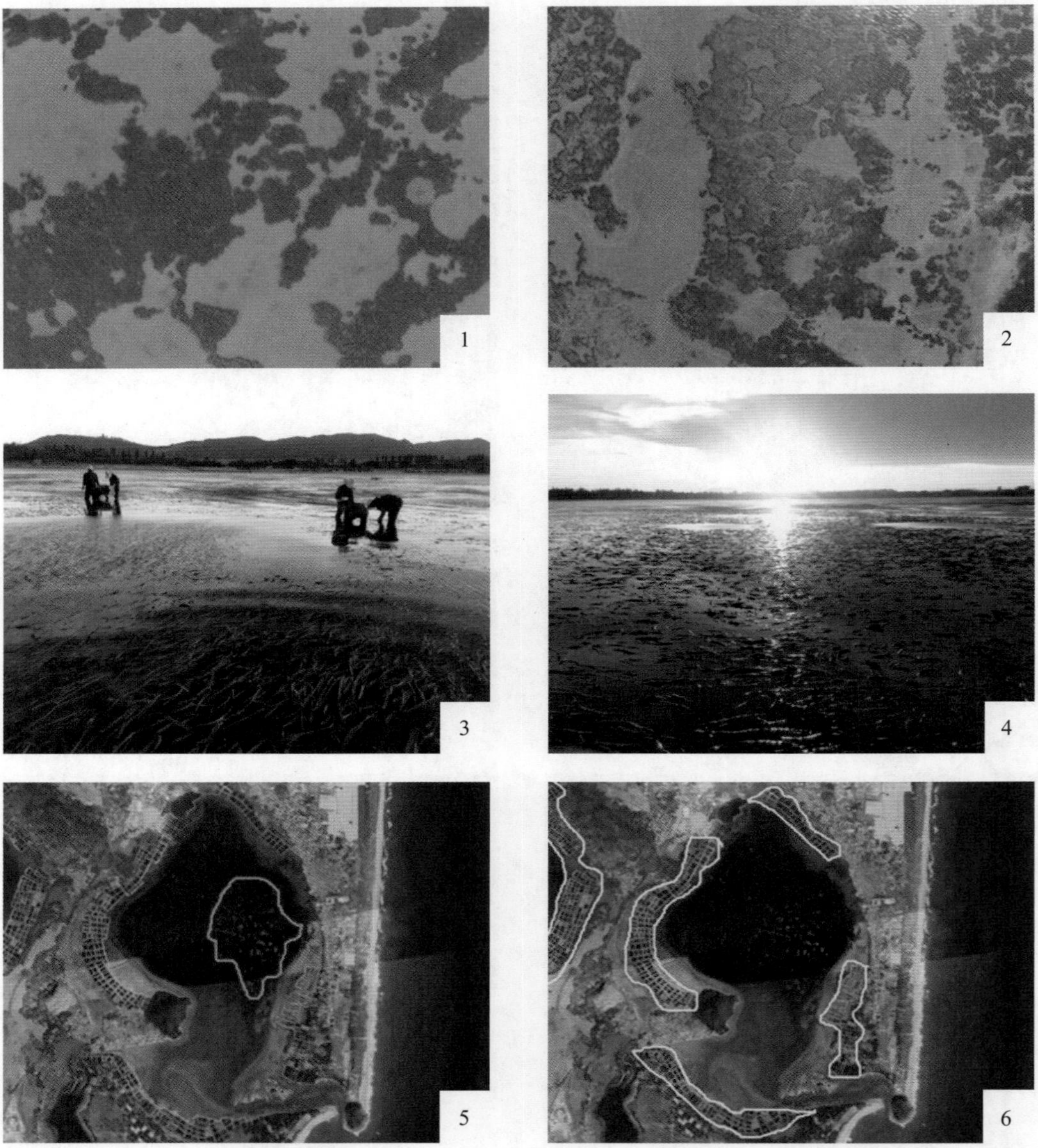

1～2：海草床的斑块状分布；3～4：区域状况图；5：港内鱼排分布情况；6：港周边养殖池塘分布情况

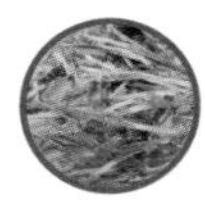

7

8

9

10

11

12

7：海草床中的围网捕鱼；8～10：高位池塘养殖及污水排放现象；

11～12：污水排放所引起的水体大面积变色

海南海口东寨港

1～3：区域状况图；4～5：卵叶喜盐草（*Halophila ovalis*）；6～7：插桩养殖；8：当地居民的挖机破坏

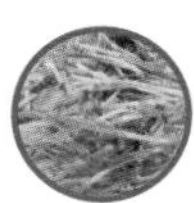

海南澄迈花场湾

1～2：贝克喜盐草（*Halophila beccarii*）；3～4：针叶草变种（*Syringodium* sp.）；5：海草床中生长的大型藻类；6：海草床周边的养殖排污口；7～8：大面积的插桩养殖现象

海南儋州黄沙港

1：泰来草（*Thalassia hemprichii*）；2～4：海草床中的大型藻类；5：海上堤坝工程；6：船只停泊

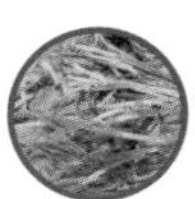

海南西沙永兴岛石岛

区域状况和海草群落

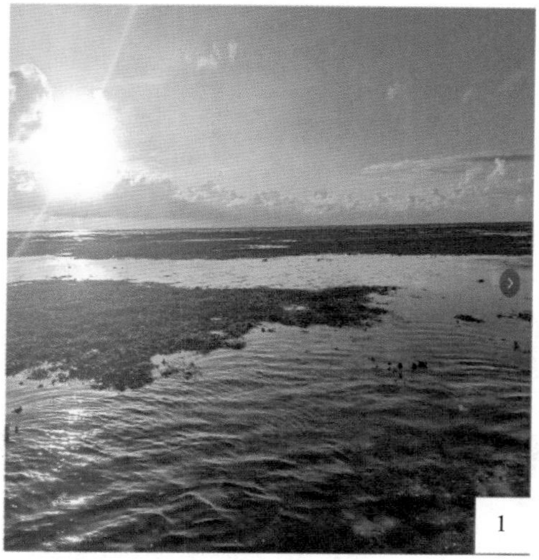
1

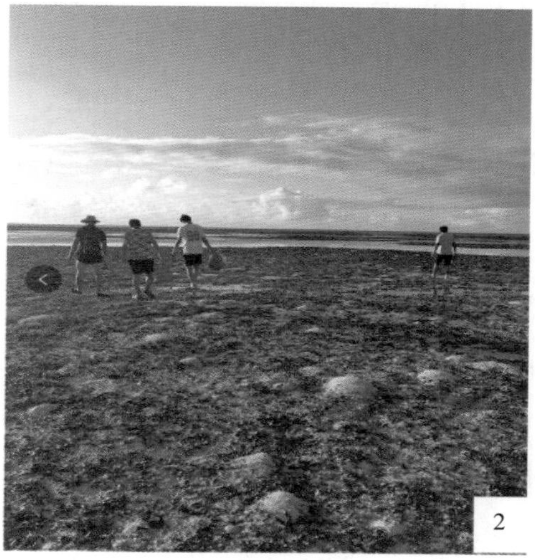
2

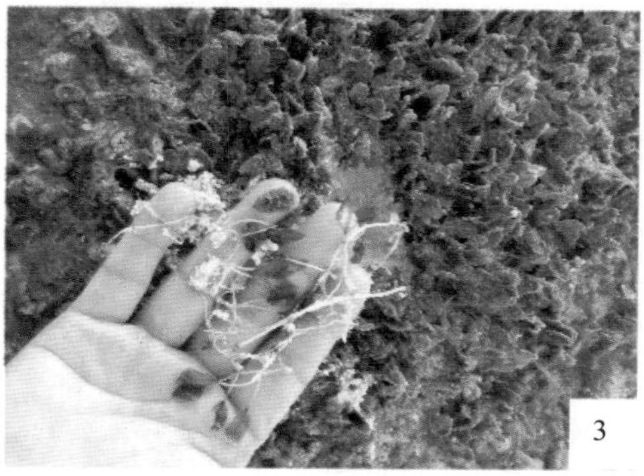
3

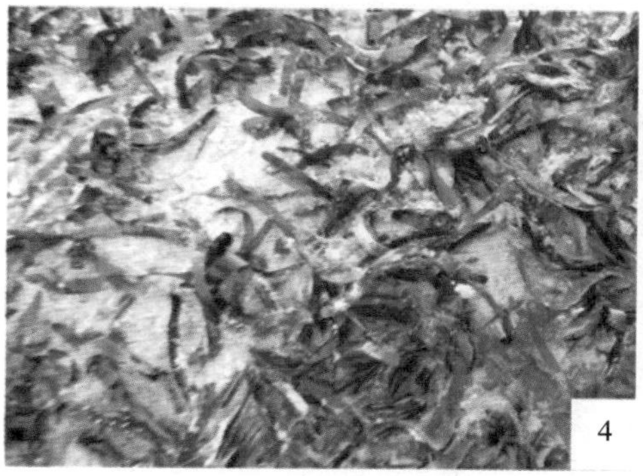
4

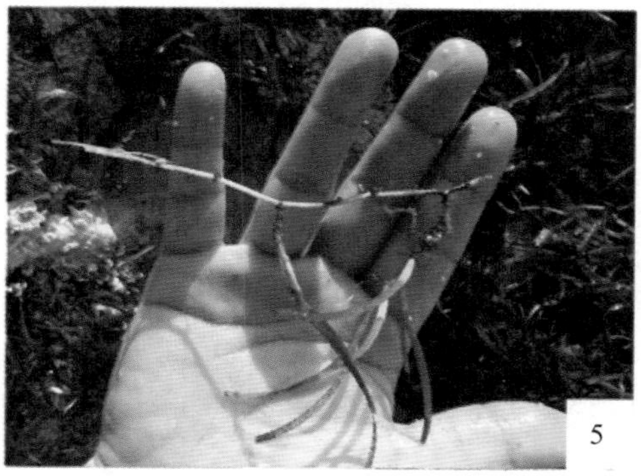
5

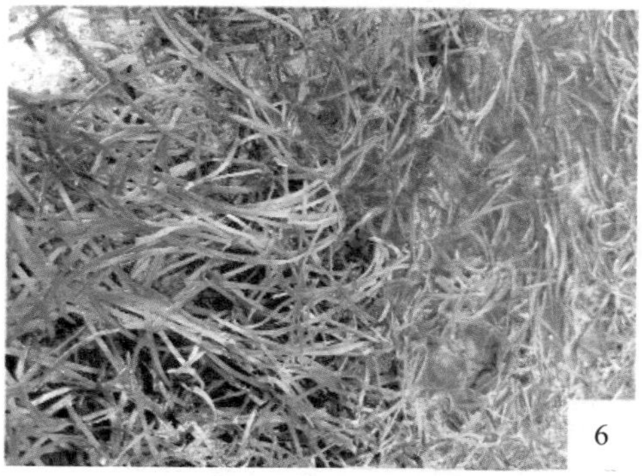
6

1～2：区域状况图；3：卵叶喜盐草（*Halophila ovalis*）；4：泰来草（*Thalassia hemprichii*）；5～6：圆叶丝粉草（*Cymodocea rotundata*）

海草床中的底上生物

1：海草床中的大型藻类（仙掌藻）；2～8：海草床中的大型底栖动物

调查工作照

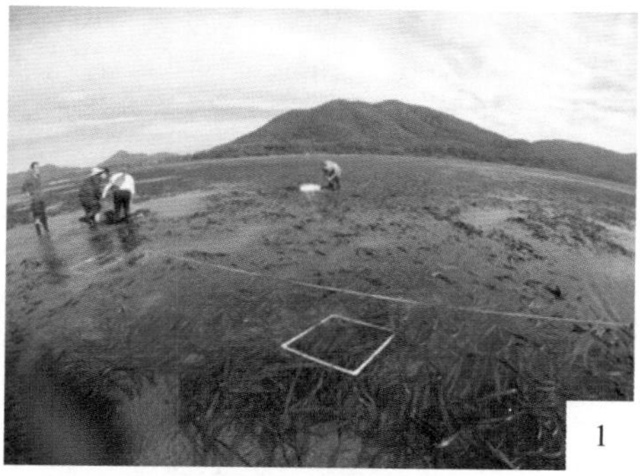

1～2：海草床样带调查；3～4：海草床碳储量调查；5：水质调查；6：采集底栖动物；7：无人机调查；8：对当地居民走访调查

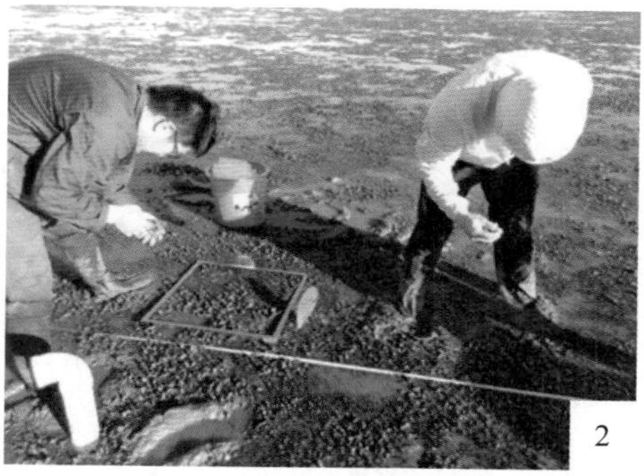

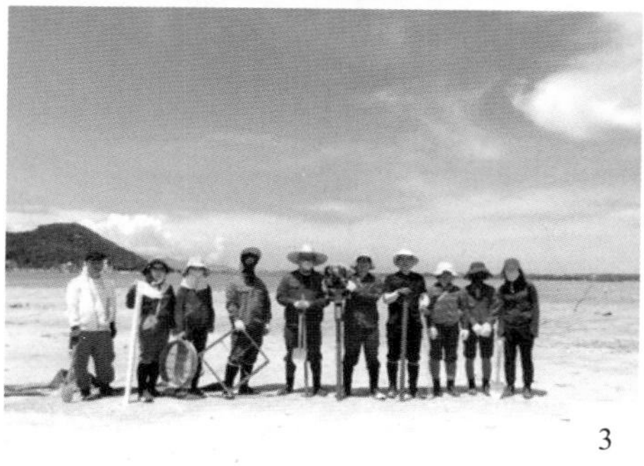

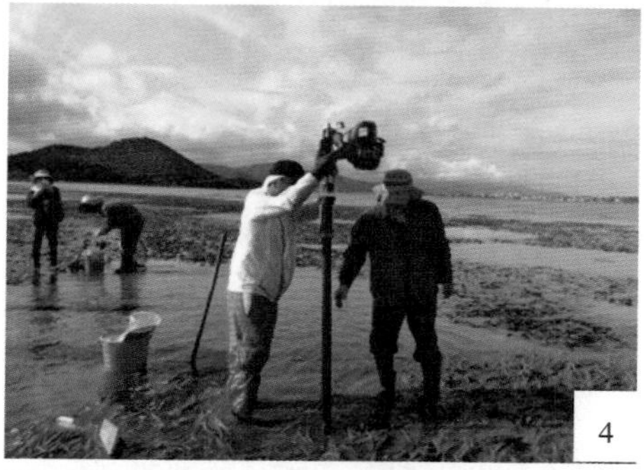

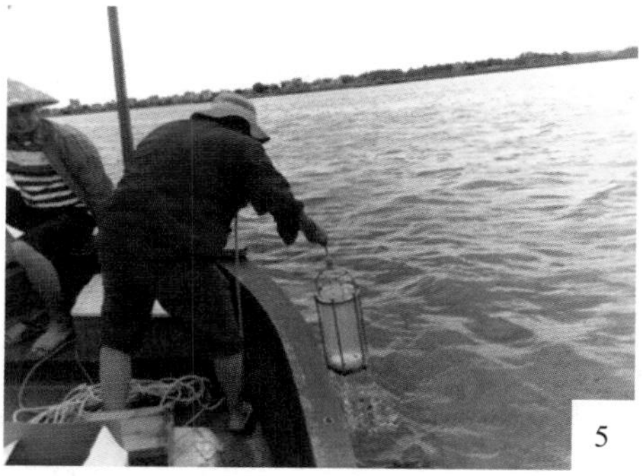

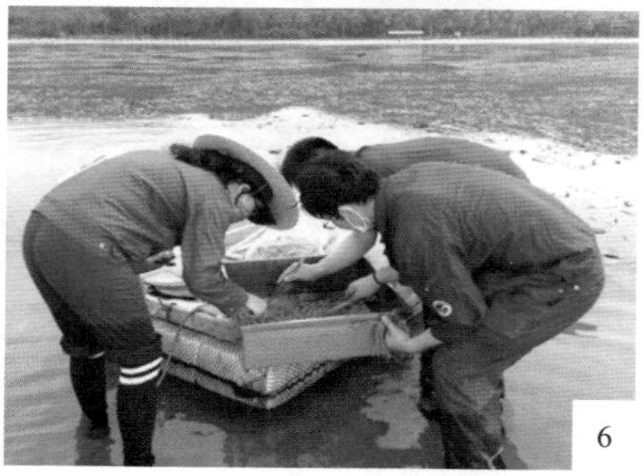

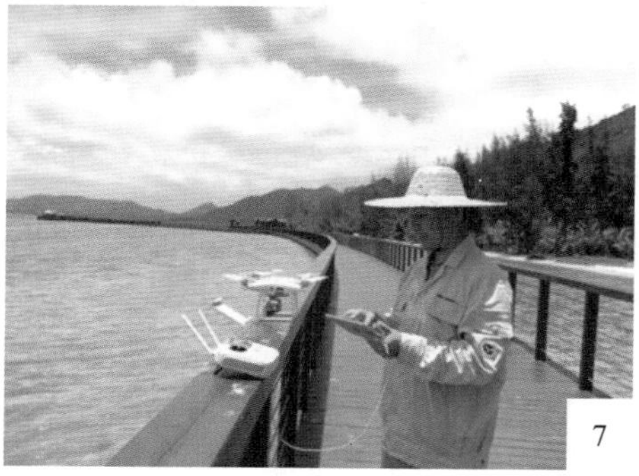

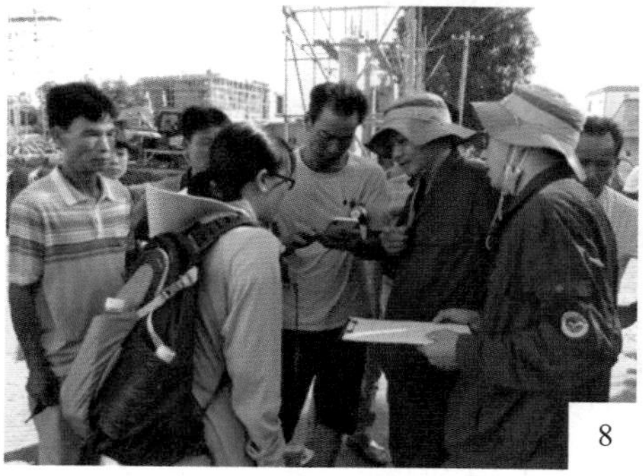

附表

附表1 南海区各区域海草群落特征

省（区）	区域	海草种类	盖度 / %		密度 / (shoots/m^2)		株高 / cm		地上生物量 / (gDM/m^2)		地下生物量 / (gDM/m^2)		总生物量 / (gDM/m^2)	
			范围	平均值	范围	平均值	范围	平均值	范围	平均值	范围	平均值	范围	平均值
广东	潮州柘林湾	卵叶喜盐草	44.0 ~ 44.0	44.0	1 508 ~ 1 508	1 508.0	4.2 ~ 4.2	4.2	—	—	—	—	21.4 ~ 21.4	21.4
	汕头义丰溪	贝克喜盐草	56.7 ~ 80	70.0	1 257 ~ 1 690	1 531.2	1.4 ~ 1.5	4.0	—	—	—	—	23.2 ~ 26	24.3
	湛江流沙湾	贝克喜盐草	0.2 ~ 0.2	0.2	86.7 ~ 86.7	86.7	0.7 ~ 0.7	0.7	0.04 ~ 0.04	0.04	0.09 ~ 0.09	0.09	0.13 ~ 0.13	0.13
		卵叶喜盐草	5.3 ~ 87.5	43.4	520 ~ 6 152.8	3 610.8	1.4 ~ 3.8	2.1	1.6 ~ 23.2	12.9	4 ~ 25.7	13.5	5.7 ~ 46.1	26.4
		小喜盐草	0.2 ~ 7.8	3.4	86.7 ~ 1 689.8	967.7	0.9 ~ 1.1	1.0	0.3 ~ 4	2.5	0.5 ~ 6.8	4.2	0.7 ~ 10.8	6.7
		单脉二药草	0.2 ~ 0.8	0.5	43.3 ~ 346.6	195.0	6.5 ~ 7.3	6.9	0 ~ 1.6	0.8	0.7 ~ 1.7	1.2	0.7 ~ 3.4	2.1
	珠海唐家湾	贝克喜盐草	6.2 ~ 72.5	33.4	325 ~ 2242.3	1 097.7	0.4 ~ 0.6	0.5	0.2 ~ 3.3	1.4	0.3 ~ 2.4	1.1	0.7 ~ 5.7	2.5
广西	北海铁山港	贝克喜盐草	2.8 ~ 10	6.9	8 017 ~ 1 5679	11 564.0	0.6 ~ 0.7	0.6	—	—	—	—	—	—
		卵叶喜盐草	30 ~ 78.8	46.3	3 122 ~ 6 172	5 190.8	1.6 ~ 4.1	3.0	—	—	—	—	—	—
	防城港珍珠湾	日本鳗草	4.4 ~ 37.5	18.7	848 ~ 1 824	1 282.0	2.1 ~ 7	4.4	—	—	—	—	—	—

续表

省（区）	区域	海草种类	盖度 / %		密度 / (shoots/m²)		株高 / cm		地上生物量 / (gDM/m²)		地下生物量 / (gDM/m²)		总生物量 / (gDM/m²)	
			范围	平均值	范围	平均值	范围	平均值	范围	平均值	范围	平均值	范围	平均值
海南	澄迈花场湾	贝克喜盐草	34.3 ~ 90	62.1	2 373.3 ~ 8 498.7	5 715.6	1.6 ~ 2.4	2.1	5.9 ~ 22.1	12.9	4.7 ~ 12.7	8.2	10.6 ~ 34.8	21.1
		丝状针叶草	14.2 ~ 14.2	14.2	840 ~ 840	840.0	1.5 ~ 1.5	1.5	1.1 ~ 1.1	1.1	2.5 ~ 2.5	2.5	3.6 ~ 3.6	3.6
	儋州黄沙港	泰来草	38.5 ~ 70.2	54.6	396.7 ~ 832.7	510.0	10.2 ~ 12.2	11.3	32.1 ~ 80	58.0	109.1 ~ 286.5	205.4	141.1 ~ 366.5	263.4
	海口东寨港	卵叶喜盐草	12.7 ~ 42	23.0	1 592 ~ 5 437.3	2 723.6	2.1 ~ 2.5	2.4	4 ~ 12.7	6.8	2.4 ~ 8	4.3	6.4 ~ 20.7	11.1
	陵水黎安港	海菖蒲	7.8 ~ 42.5	32.3	56.7 ~ 98	71.2	32.8 ~ 65.1	50.2	87.7 ~ 155.3	110.1	175.9 ~ 355.3	219.7	278.1 ~ 479.3	329.8
	陵水新村港	海菖蒲	1.8 ~ 75.7	28.7	22 ~ 101.3	42.7	28.5 ~ 86.3	61.3	38.8 ~ 507.5	156.6	66.8 ~ 407.3	188.0	125.4 ~ 914.7	344.7
		泰来草	0.5 ~ 8.2	4.2	5.3 ~ 48.7	35.0	6.6 ~ 9.4	7.9	1.8 ~ 24	11.4	4.7 ~ 49.7	25.1	6.5 ~ 73.7	36.5
	琼海	海菖蒲	0.2 ~ 28.7	11.4	2.7 ~ 54.7	27.3	7.8 ~ 24.3	18.3	0.9 ~ 51.8	22.1	6 ~ 194.3	87.1	6.9 ~ 246.1	109.2
		泰来草	4 ~ 40	19.8	160 ~ 554.7	345.8	4.5 ~ 8.8	7.0	12.2 ~ 44.3	30.3	55.4 ~ 193.7	111.7	67.5 ~ 238	142.0
	文昌	海菖蒲	0.5 ~ 28.3	11.1	2 ~ 62.7	31.5	9.7 ~ 43.5	26.2	2.4 ~ 104.8	46.0	8.4 ~ 335.2	143.7	10.9 ~ 439.9	189.7
		卵叶喜盐草	36.7 ~ 36.7	36.7	888 ~ 888	888.0	1.9 ~ 1.9	1.9	2.7 ~ 2.7	2.7	2.4 ~ 2.4	2.4	5.1 ~ 5.1	5.1
		泰来草	1.0 ~ 51.7	22.4	46 ~ 284.7	151.2	3.2 ~ 8.2	6.2	1.5 ~ 34.1	17.9	6.1 ~ 87	48.1	7.6 ~ 121.1	66.1

注：“—”表示未采集样品。

附表2 南海区各区域水环境特征

省（区）	调查区域	统计项目	水温 / ℃	盐度	透明度 / m	悬浮物 / （mg/L）	溶解氧 / （mg/L）	pH	油类 / （mg/L）
广东	湛江流沙湾	范围	31.6 ~ 31.9	33.25 ~ 34.16	0.5 ~ 0.8	3.8 ~ 42.6	5.08 ~ 8.31	—	—
		平均值	31.8	33.73	0.7	18.5	6.12	—	—
	珠海唐家湾	范围	30.6 ~ 30.8	8.17 ~ 8.96	0.6 ~ 0.8	—	6.05 ~ 6.55	8.12 ~ 8.14	—
		平均值	30.7	8.73	0.7	—	6.31	8.13	—
	汕头义丰溪	范围	30.5	17.98 ~ 20.44	0.5	4.5 ~ 25.8	3.96 ~ 4.08	—	—
		平均值	30.5	19.13	0.5	12.8	4.03	—	—
	潮州柘林湾	范围	31.9 ~ 32.0	23.80 ~ 24.19	0.6 ~ 0.7	4.8 ~ 6.9	5.78 ~ 6.04	—	—
		平均值	32.0	23.95	0.6	5.9	5.95	—	—
广西	北海铁山港	范围	30.8 ~ 31.4	27.26 ~ 31.19	0.4 ~ 0.6	13.4 ~ 72.9	4.66 ~ 5.70	—	—
		平均值	31.1	29.78	0.5	37.3	5.32	—	—
	防城港珍珠湾	范围	31.4 ~ 31.8	24.69 ~ 26.97	0.50 ~ 0.80	10.7 ~ 26.0	5.74 ~ 6.32	—	—
		平均值	31.6	25.92	0.66	17.8	6.03	—	—

续表

省（区）	调查区域	统计项目	水温 / ℃	盐度	透明度 / m	悬浮物 / (mg/L)	溶解氧 / (mg/L)	pH	油类 / (mg/L)
海南	文昌	范围	24.8 ~ 32.4	28.33 ~ 32.59	0.2 ~ 0.6	16.8 ~ 49.4	6.69 ~ 7.40	—	—
		平均值	27.5	30.32	0.4	30.1	7.04	—	—
	琼海	范围	31.2 ~ 32.4	31.71 ~ 33.20	0.3 ~ 1.1	7.4 ~ 93.0	7.03 ~ 7.91	—	—
		平均值	31.9	32.48	0.8	25.8	7.50	8.15 ~ 8.27	—
	陵水新村港	范围	29.0 ~ 30.2	34.18 ~ 34.28	0.7 ~ 1.2	0.2 ~ 6.7	7.38 ~ 10.05	8.23	—
		平均值	29.6	32.23	1.0	2.6	8.97	7.81 ~ 8.10	—
	陵水黎安港	范围	26.8 ~ 28.5	33.68 ~ 34.20	1.1 ~ 1.4	1.2 ~ 15.3	3.82 ~ 6.39	8.00	—
		平均值	27.7	34.04	1.2	5.8	5.46	—	—
	海口东寨港	范围	33.2 ~ 35.4	33.23 ~ 33.35	0.4 ~ 0.6	8.2 ~ 12.5	4.94 ~ 6.33	—	—
		平均值	34.4	32.62	0.5	10.0	5.43	—	—
	澄迈花场湾	范围	31.4 ~ 32.3	5.26 ~ 13.77	0.5 ~ 0.8	10.2 ~ 17.2	5.54 ~ 7.12	—	—
		平均值	31.9	10.74	0.7	13.2	6.45	—	—
	儋州黄沙港	范围	30.3 ~ 30.4	32.67 ~ 32.72	2.1 ~ 2.3	1.75 ~ 2.30	4.75 ~ 4.82	—	—
		平均值	30.4	32.69	2.2	1.98	4.80	—	—

续表

省(区)	调查区域	统计项目	NO_3-N /(μg/L)	NO_2-N /(μg/L)	NH_4-N /(μg/L)	DIN /(μg/L)	DIP /(μg/L)	硅酸盐 /(μg/L)	叶绿素 a /(μg/L)
广东	湛江流沙湾	范围	1.5 ~ 88.7	1.7 ~ 6.8	21.4 ~ 105.0	24.6 ~ 150.0	未检出 ~ 8.2	—	—
		平均值	28.7	5.0	67.0	101	3.7	—	—
	珠海唐家湾	范围	(0.156 ~ 1.39) $\times 10^3$	(0.036 8 ~ 0.130) $\times 10^3$	(未检出 ~ 0.070 2) $\times 10^3$	(0.263 ~ 1.52) $\times 10^3$	(0.021 4 ~ 0.048 7) $\times 10^3$	(0.981 ~ 3.07) $\times 10^3$	3.80 ~ 7.95
		平均值	1.14×10^3	0.114×10^3	$0.017\,2 \times 10^3$	1.27×10^3	$0.042\,0 \times 10^3$	1.92×10^3	6.04
	汕头义丰溪	范围	161.0 ~ 266.0	44.6 ~ 52.8	41.9 ~ 52.7	257 ~ 359	80.0 ~ 101.0	—	—
		平均值	213.0	48.9	47.5	310	93.8	—	—
	潮州柘林湾	范围	194.0 ~ 202.0	82.2 ~ 84.7	53.5 ~ 62.8	332.0 ~ 350.0	110.0 ~ 113.0	—	—
		平均值	197.0	83.3	58.8	339	112	—	—
广西	北海铁山港	范围	15.8 ~ 91.7	7.4 ~ 16.0	11.0 ~ 49.9	34.4 ~ 158.0	1.5 ~ 24.9	—	—
		平均值	47.0	11.3	22.4	80.8	10.2	—	—
	防城港珍珠湾	范围	40.0 ~ 66.4	8.6 ~ 13.7	13.2 ~ 17.2	61.8 ~ 97.3	2.5 ~ 6.3	—	—
		平均值	52.4	11.3	15.0	78.7	3.9	—	—

续表

省(区)	调查区域	统计项目	NO_3-N /(μg/L)	NO_2-N /(μg/L)	NH_4-N /(μg/L)	DIN /(μg/L)	DIP /(μg/L)	硅酸盐 /(μg/L)	叶绿素 *a* /(μg/L)
海南	文昌	范围	53.6 ~ 193.0	7.6 ~ 19.0	20.1 ~ 69.8	92.1 ~ 244.0	6.2 ~ 22.0	—	—
		平均值	130.0	12.9	33.3	176	15.6	—	—
	琼海	范围	7.5 ~ 106.0	3.4 ~ 10.7	11.8 ~ 57.6	27.2 ~ 158.0	1.3 ~ 10.2	—	—
		平均值	62.9	7.6	22.0	92.6	6.1	—	—
	陵水新村港	范围	8.2 ~ 20.2	2.0 ~ 3.7	12.5 ~ 44.1	25.7 ~ 60.1	5.4 ~ 11.1	—	—
		平均值	12.2	2.6	25.2	40.0	7.7	—	—
	陵水黎安港	范围	11.4 ~ 22.7	1.7 ~ 3.5	24.7 ~ 74.5	37.8 ~ 97.8	7.0 ~ 20.7	—	—
		平均值	18.0	2.3	46.1	66.5	11.5	—	—
	海口东寨港	范围	5.1 ~ 14.1	2.6 ~ 5.4	5.2 ~ 17.0	14.8 ~ 29.6	4.6 ~ 13.7	—	9.0 ~ 15.8
		平均值	7.5	3.6	10.8	21.9	9.9	—	12.6
	澄迈花场湾	范围	426.0 ~ 531.0	17.0 ~ 40.5	59.4 ~ 119.0	560.0 ~ 662.0	40.3 ~ 80.4	—	4.8 ~ 14.4
		平均值	479.0	27.8	96.6	604.0	61.9	—	9.8
	儋州黄沙港	范围	21.0 ~ 48.0	1.9 ~ 2.7	62.5 ~ 69.2	87.5 ~ 117.0	10.8 ~ 15.7	—	11.6 ~ 16.4
		平均值	30.5	2.3	66.2	99.1	12.4	—	13.6

注："未检出"表示样品测值低于检出限，未检出的样品量≥1/2样品总量时，计算时取其检出限的1/4，未检出的样品量<1/2样品总量时，计算时取其检出限的1/2；"—"表示未采集样品。

附表3　南海区海草床大型底栖动物种类名录

中文种名	拉丁文学名	广东				广西		海南						
		流沙湾	唐家湾	汕头	柘林湾	铁山港	珍珠湾	新村港	黎安港	东寨港	黄沙港	花场湾	文昌	琼海
腔肠动物门	**Cnidaria**													
角海葵	*Cerianthus* sp.					+								
纽形动物门	Nemertae													
纽虫	Nemertea	+												
环节动物门	**Annelida**													
缨鳃虫	*Sabella penicillus*		+											
独毛虫属	*Tharyx* sp.	+												
琴蛰虫	*Lanice conchilega*	+				+	+							
扁蛰虫	*Loimia medusa*					+								
吻蛰虫	*Artacama proboscidea*								+					
似蛰虫属	*Amaeana* sp.	+												
锤稚虫属	*Malacoceros* sp.								+					
印度锤稚虫	*Malacoceros indicus*	+												
中华异稚虫	*Heterospio sinica*					+	+							
长手沙蚕属	*Magelona* sp.		+											
蛇杂毛虫	*Poecilochaetus serpens*								+					
长吻沙蚕	*Glycera chirori*					+	+							
绻旋吻沙蚕	*Glycera tidactyla*						+							
色斑角吻沙蚕	*Goniada maculata*	+												
寡节甘吻沙蚕	*Glycinde gurjanovae*					+	+							
哈鳞虫属	*Harmothoe* sp.													
日本强鳞虫	*Sthenolepis japonica*													+
齿吻沙蚕科	Nephtyidae sp.													+
杰氏内卷齿蚕	*Aglaophamus jeffreysii*		+											
内卷齿蚕属	*Aglaophamus* sp.		+											
中华内卷齿蚕	*Aglaophamus sinensis*					+								

续表

中文种名	拉丁文学名	广东				广西		海南						
		流沙湾	唐家湾	汕头	柘林湾	铁山港	珍珠湾	新村港	黎安港	东寨港	黄沙港	花场湾	文昌	琼海
沙蚕科	Nereidae sp.	+												
粗突齿沙蚕	*Leonnates decipiens*	+												
羽须鳃沙蚕	*Dendronereis pinnaticirris*		+											
背褶沙蚕	*Tambalagamia fauveli*				+	+								
软疣沙蚕	*Tylonereis bogoyawlenskyi*	+												
红角沙蚕	*Ceratonereis erythraeensis*	+						+	+					
刺沙蚕属	*Neanthes* sp.													+
日本刺沙蚕	*Neanthes japonica*					+								
全刺沙蚕	*Nectoneanthes oxypoda*					+	+							
双齿围沙蚕	*Perinereis aibuhitensis*										+			
暗蛇潜虫	*Ophiodromus obscura*								+					
额刺裂虫	*Ehlersia cornuta*							+						
小芽艾裂虫	*Exogone verugera*			+										
花索沙蚕	*Arabella iricolor*	+												
长叶索沙蚕	*Lumbrineris longiforlia*								+					
纳加索沙蚕	*Lumbrineris nagae*				+	+								
索沙蚕属	*Lumbrineris* sp.	+											+	
异足索沙蚕	*Lumbrineris heteropoda*					+								
矶沙蚕属	*Eunice* sp.												+	
岩虫	*Marphysa sanguinea*	+	+			+		+	+					
贝氏岩虫	*Marphysa belli*							+	+					
莫桑比克岩虫	*Marphysa mossambicca*	+												
智利巢沙蚕	*Diopatra chiliensis*												+	
欧努菲虫	*Onuphis eremita*	+				+	+							
持真节虫	*Euclymene annandalei*				+	+								
钩齿短脊虫	*Asychis gangeticus*					+								

续表

中文种名	拉丁文学名	广东				广西		海南						
		流沙湾	唐家湾	汕头	柘林湾	铁山港	珍珠湾	新村港	黎安港	东寨港	黄沙港	花场湾	文昌	琼海
厚鳃蚕	*Dasybranchus caducus*					+	+	+	+				+	+
丝异须虫	*Heteromastus filiformis*													
背蚓虫	*Notomastus latericeus*	+											+	+
中蚓虫	*Mediomastus californiensis*	+	+											
阿曼吉虫属	*Armandia* sp.							+						
粘海蛹	*Ophelina limacina*					+	+							
长锥虫	*Haploscloplos elongtus*				+		+							
叉毛矛毛虫	*Phylo ornatus*					+	+							
红刺尖锥虫	*Scoloplos rubra*	+							+					
叶磷虫	*Phyllochaetopterus claparedii*							+	+					
螠虫动物	**Echiura**													
短吻铲荚螠	*Listriolobus brevirostris*					+								
星虫动物	**Sinpuncula**													
中华革囊星虫	*Phascolosoma sinense*					+								
裸体方格星虫	Sipunculus nubus						+				+			
软体动物门	**Mollusca**													
矮拟帽贝	*Patelloida pygmaea*	+					+							
斗嫁蝛	*Cellana grata*	+												
马蹄螺	*Trochus maculatus*										+			
马蹄螺属	*Trochus* sp.													+
朝鲜花冠小月螺	*Lunella coronate coreensis*										+			
粒花冠小月螺	*Lunella coronate granulata*										+			
齿纹蜒螺	*Nerita yoldi*		+											
奥莱彩螺	*Clithon oualaniensis*						+							
珠带拟蟹守螺	*Cerithidea cingulata*	+	+			+	+	+	+	+		+	+	+

续表

中文种名	拉丁文学名	广东				广西		海南						
		流沙湾	唐家湾	汕头	柘林湾	铁山港	珍珠湾	新村港	黎安港	东寨港	黄沙港	花场湾	文昌	琼海
沟纹笋光螺	*Terebralia sulcata*											+		
纵带滩栖螺	*Batillaria zonalis*	+				+	+			+				
蟹守螺属	*Cerithium* sp.												+	
特氏蟹守螺	*Cerithium trailii*												+	+
克氏锉棒螺	*Rhinoclavis sinensis*										+			
中华锉棒螺	*Rhinoclavis sinense*													+
凤螺属	*Strombus* sp.												+	
拟枣贝	*Erronea errones*												+	
绶贝	*Mauritia arabica*													+
可变荔枝螺	*Thais mustabilis*									+				
珠母核果螺	*Drupa margariticola*										+			
杂色牙螺	*Euplica scripta*										+			
甲虫螺	*Cantharus cecillei*								+					
节织纹螺	*Nassarius hepaticus*					+								
贞洁菖蒲螺	*Vexillum virgo*										+			
鸽螺	*Peristernia nassatula*												+	
亮螺	*Phos senticosus*									+			+	
角杯阿地螺	Cylichnatys angusta							+						
斜肋齿蜷	*Sermyla riqueti*											+		
古蚶	*Anadara antiquata*										+			
夹毛蚶	*Scapharca vellicata*													+
舵毛蚶	*Scapharca gubernaculums*	+												
凸壳肌蛤	*Musculus senhousia*		+			+	+							
耳偏顶蛤	*Modiolus auriculatus*										+			
牡蛎属	*Ostrea* sp.								+					
南海毛满月蛤	*Pillucina vietnamica*							+						

续表

中文种名	拉丁文学名	广东				广西		海南						
		流沙湾	唐家湾	汕头	柘林湾	铁山港	珍珠湾	新村港	黎安港	东寨港	黄沙港	花场湾	文昌	琼海
半纹鸟蛤	*Trifaricardium nomurai*										+			
红糙鸟蛤	*Trachycardium rubicundum*										+			
黄边糙鸟蛤	*Trachycardium flavum*													+
四角蛤蜊	*Mactra veneriformis*									+				
中日立蛤	*Meropesta dinojaponica*	+												
纹斑棱蛤	*Trapezium liratum*							+						
张玺圆滨蛤	*Sanguinolaria tchangsii*											+		
长格厚大蛤	*Codakia tigerina*												+	+
仿樱蛤	*Tellinides timorensis*					+								
拟箱美丽蛤	*Merisca capsoides*												+	
德氏美丽蛤	*Merisca tokunagai*									+				
胖樱蛤	*Pinguitellina robusta*									+				
刀明樱蛤	*Moerella culter*									+				
虹光亮樱蛤	*Nitidotellina iridella*						+							
小亮樱蛤	*Nitidotellina minuta*							+	+					
环肋樱蛤	*Cyclotellina remies*													+
皱纹樱蛤	*Quidnipagu palatum*												+	
紫蛤	*Sanguinolaria violacea*					+								+
长紫蛤	*Sanguinolaria elongata*												+	
大竹蛏	*Solen grandis*	+												
短竹蛏	*Solen dunkeriana*									+				
红树蚬	*Geloina erosa*					+								
鳞杓拿蛤	*Anomalodiscus squamosus*	+								+				+
突畸心蛤	*Cryptonema producta*					+	+							
粗帝汶蛤	*Timoclea scabra*						+							
伊萨伯雪蛤	*Clausinella isabellina*					+	+			+				

续表

中文种名	拉丁文学名	广东				广西		海南						
		流沙湾	唐家湾	汕头	柘林湾	铁山港	珍珠湾	新村港	黎安港	东寨港	黄沙港	花场湾	文昌	琼海
美女蛤	*Circe scripta*										+			
加夫蛤	*Gafrarium pectinatum*												+	+
凸加夫蛤	*Gafrarium tumidum*	+												
裂纹格特蛤	*Marcia hiantina*	+											+	
日本格特蛤	*Marcia japonica*												+	
细纹卵蛤	*Pitar striatum*										+			
日本镜蛤	*Dosinia japonica*	+				+	+							
圆镜蛤	*Dosinia orbiculata*											+		
菲律宾蛤仔	*Ruditapes philippinarum*						+						+	
波纹巴非蛤	Paphia undulata						+							
文蛤	*Meretrix meretrix*						+							
琴文蛤	*Meretrix lyrata*					+	+							
青蛤	*Cyclina sinensis*					+								
中国绿螂	*Glaucomya chinensis*		+			+								
焦河篮蛤	*Potamocorbucata ustulata*		+											
衣硬蓝蛤	*Solidicorbula tunicata*		+											
鸭嘴蛤	*Laternula anatina*	+												
南海鸭嘴蛤	*Laternula nanhaiensis*					+								
节肢动物门	**Arthropoda**													
纹藤壶	*Amphibalanus amphitrite*	+												
网纹藤壶	*Amphibalanus reticulatus*								+					
葛氏小口虾蛄	*Oratosquilla gravieri*					+								
钩虾亚目	*Gammaridea*			+										
窄掌亮钩虾	*Photis angustimanus*	+												
舟钩虾属	*Bemlos* sp.							+						
蜾蠃蜚属	*Corophium* sp.							+						+

续表

中文种名	拉丁文学名	广东				广西		海南						
		流沙湾	唐家湾	汕头	柘林湾	铁山港	珍珠湾	新村港	黎安港	东寨港	黄沙港	花场湾	文昌	琼海
蜾蠃蜚	*Corophium tridentium*	+												
日本拟背尾水虱	*Paranthura japonica*			+										
圆柱水虱属	*Cirolana* sp.	+												
中国斑点水虱	*Tachea chinensis*	+												
沙栖新对虾	*Metapenaeus moyebi*									+				
直额七腕虾	*Heptacarpus rectirostris*	+												
日本鼓虾	*Alpheus japonicus*					+								
短脊鼓虾	*Alpheus breuicriststus*										+			
鲜明鼓虾	*Alpheus distinguendus*	+								+				
鼓虾属	*Alpheus* sp.		+											+
毛掌活额寄居蟹	Diogenes penicillatus					+	+							
活额寄居蟹属	*Diogener* sp.	+												
缺刻矶蟹	*Pugettia incisa*					+								
玉蟹属	*Leucosia* sp.		+											
豆形拳蟹	*Philyra pisum*	+												
杂粒拳蟹	*Philyra heterograna*					+				+				
善泳蟳	*Charybdis natator*					+								
远海梭子蟹	*Portunus pelagicus*									+				
底栖短桨蟹	*Thalamita prymna*										+			
刺手短桨蟹	*Thalamita spinimana*									+				+
绣花脊熟若蟹	*Lophozozymus pictor*										+			
火红皱蟹	Leptodius exaratus												+	+
真壮海神蟹	*Pilumnopens eucraloides*	+												
马氏毛粒蟹	*Pilumnopeus makiana*									+				

续表

中文种名	拉丁文学名	广东				广西		海南						
		流沙湾	唐家湾	汕头	柘林湾	铁山港	珍珠湾	新村港	黎安港	东寨港	黄沙港	花场湾	文昌	琼海
拟光宽甲蟹	*Chasmocarcinops gelasimoides*									+				
齿腕拟盲蟹	*Typhlocarcinops denticarpes*					+								
北方凹指招潮蟹	*Uca uocans borealis*											+		
弧边招潮蟹	*Uca arcuata*					+								
双扇股窗蟹	*Scopimera bitympana*											+		
长趾股窗蟹	*Scopimera longidactyla*					+								
大眼蟹属	*Macrophthalmus* sp.		+											
大眼蟹属	*Macrophthalmus* sp.		+											
活跃大眼蟹	*Macrophthalmus verreauxi*												+	
宽身大眼蟹	*Macrophthalmus dilatatum*					+	+							
隆背大眼蟹	*Macrophthalmus convexus*	+								+				
明秀大眼蟹	*Macrophthalmus definitus*	+										+		
日本大眼蟹	*Macrophthalmus japonicus*					+	+							
太平洋大眼蟹	*Macrophthalmus pacificus*		+											
圆形肿须蟹	*Labuanium rotundatum*			+										
韦氏毛带蟹	*Dotilla wichmanni*					+								
短指和尚蟹	Mictyris brevidactylus					+								
短螯厚蟹	*Helice leachii*											+		
淡水泥蟹	*Ilyoplax tansuiensis*			+										
角眼切腹蟹	*Tmethypocoelis ceratophora*											+		
褶痕相手蟹	Sesarma plicata					+								
米埔螳臂蟹	*Chiromantes maipoensis*					+								
扁平拟闭口蟹	*paracleistostoma depressum*											+		

续表

中文种名	拉丁文学名	广东				广西		海南						
		流沙湾	唐家湾	汕头	柘林湾	铁山港	珍珠湾	新村港	黎安港	东寨港	黄沙港	花场湾	文昌	琼海
棘皮动物门	**Echinodermata**													
滩栖阳遂足	*Amphiura vadicola*					+								
糙刺参	*Stichopus horrens*	+												
棘刺锚参	*Protankyra bidentata*	+												
脊索动物门	**Chordata**													
鲬	*Marphological description*					+								
弹涂鱼	*Periophthalmus cantonensis*	+												
眼瓣沟鰕虎鱼	*Oxyurichthys ophthalmonema*									+				

附表4　南海区各调查区域大型底栖动物群落特征

省（区）	调查区域	种类数	栖息密度 /（ind/m^2）		生物量 /（g/m^2）		物种多样性指数 H'		均匀度 J		丰富度指数 D	
			范围	平均值	范围	平均值	范围	平均值	范围	平均值	范围	平均值
广东	湛江流沙湾	47	16.0 ~ 2096.0	280.0	1.99 ~ 849.04	189.31	0.28 ~ 1.72	0.92	0.12 ~ 0.78	0.49	0.38 ~ 3.01	1.71
	珠海唐家湾	17	8.0 ~ 184.0	42.6	0.13 ~ 68.98	13.56	0 ~ 1.56	0.58	0 ~ 0.97	0.48	0 ~ 1.03	0.37
	汕头义丰溪	5	32.0 ~ 272.0	101.3	1.00 ~ 10.40	5.80	0.22 ~ 1.05	0.67	0.32 ~ 1.00	0.88	0.18 ~ 0.46	0.29
	潮州柘林湾	4	—	192.0	—	4.40	—	1.20	—	0.86	—	0.57
广西	北海铁山港	52	28.0 ~ 220.0	109.0	6.72 ~ 343.56	75.81	1.86 ~ 2.81	2.42	0.62 ~ 0.98	0.79	1.39 ~ 2.52	1.77
	防城港珍珠湾	32	356.0 ~ 688.0	436.0	227.52 ~ 513.60	345.21	0.82 ~ 1.99	1.31	0.26 ~ 0.63	0.41	1.01 ~ 1.76	1.35
海南	陵水新村港	15	41.7 ~ 891.7	292.6	30.50 ~ 170.62	81.82	0.35 ~ 1.21	0.81	0.42 ~ 0.96	0.61	0.20 ~ 2.63	0.93
	陵水黎安港	17	91.7 ~ 200.0	133.4	47.49 ~ 155.40	102.22	0.63 ~ 1.40	0.95	0.37 ~ 0.72	0.58	0.40 ~ 1.55	1.03
	海口东寨港	20	17.0 ~ 165.0	63.8	31.93 ~ 150.71	71.86	0.73 ~ 1.82	1.22	0.46 ~ 0.95	0.72	0.36 ~ 1.44	0.79
	儋州黄沙港	18	52.0 ~ 80.0	69.3	23.30 ~ 80.28	46.47	1.07 ~ 2.35	1.59	0.68 ~ 0.84	0.73	0.67 ~ 2.34	1.34
	澄迈花场湾	11	44.0 ~ 564.0	250.7	48.20 ~ 139.24	80.88	0.62 ~ 1.44	1.14	0.31 ~ 0.67	0.52	0.71 ~ 1.18	0.92
	文昌	22	0.0 ~ 160.0	52.7	0.00 ~ 696.11	163.14	0 ~ 1.93	0.89	0 ~ 1.00	0.66	0 ~ 1.63	0.58
	琼海	21	8.0 ~ 80.0	36.6	0.14 ~ 1065.77	244.20	0 ~ 1.61	0.91	0 ~ 1.00	0.78	0 ~ 1.08	0.54

注：“—”表示数据缺失。